单片机原理与接口技术

新世纪高职高专教材编审委员会 组编
主 编 李 明 毕万新
副主编 金龙国 李树旺 崔 鹏
于 军 腾立国 房 超

第六版

大连理工大学出版社

图书在版编目(CIP)数据

单片机原理与接口技术 / 李明，毕万新主编. -- 6版. -- 大连 ：大连理工大学出版社，2022.1(2025.7 重印)
新世纪高职高专计算机应用技术专业系列规划教材
ISBN 978-7-5685-3734-6

Ⅰ. ①单… Ⅱ. ①李… ②毕… Ⅲ. ①单片微型计算机—基础理论—高等职业教育—教材②单片微型计算机—接口技术—高等职业教育—教材 Ⅳ. ①TP368.1

中国版本图书馆 CIP 数据核字(2022)第 023356 号

大连理工大学出版社出版

地址:大连市软件园路 80 号　邮政编码:116023
营销中心:0411-84707410 84708842　邮购及零售:0411-84706041
E-mail:dutp@dutp.cn　URL:https://www.dutp.cn

大连雪莲彩印有限公司印刷　　大连理工大学出版社发行

幅面尺寸:185mm×260mm　印张:16.75　字数:426 千字
2002 年 7 月第 1 版　　2022 年 1 月第 6 版
2025 年 7 月第 9 次印刷

责任编辑:高智银　　责任校对:李　红
封面设计:张　莹

ISBN 978-7-5685-3734-6　　定　价:47.80 元

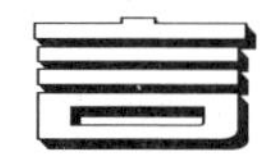

前言

《单片机原理与接口技术》(第六版)是“十四五”职业教育国家规划教材、“十三五”职业教育国家规划教材、“十二五”职业教育国家规划教材、普通高等教育“十一五”国家级规划教材、高职高专计算机教指委优秀教材,也是新世纪高职高专教材编审委员会组编的计算机应用技术专业系列规划教材之一。

党的二十大报告中指出,深入实施人才强国战略。培养造就大批德才兼备的高素质人才,是国家和民族长远发展大计。因此,培养造就更多大师、一流科技领军人才和创新团队、青年科技人才、卓越工程师、大国工匠、高技能人才显得尤为重要。单片机微控系统作为基础研究和原始创新不断加强,一些关键核心技术实现突破,历练出一批一批高精尖人才已为重中之重。

单片机系统的开发应用,给现代工业测控领域带来了一次新的技术革命。现代产品如汽车、机床、家电等的更新换代大多是由电子技术特别是单片机技术在各类产品上的应用带来的。单片机技术是一门应用性很强的课程,其理论知识与实践技能是从事机电类、计算机类工作的专业技术人员所不可或缺的。理论与实践的密切结合是本课程的重要特点。

本教材遵循的原则与方法如下:

1. 教材知识结构完整

本教材叙述深入浅出,语言通俗易懂,内容完整系统,提供丰富实用的资料,例题程序解释详细,每个知识点都有仿真项目,关键点有各种提示,实训项目指导详细、可操作性强,难点有视频演示,实际操作项目多,习题多样且附有参考答案。

2. 教材编写融入了“教、学、做”合一的理念

采用项目化教学,项目选取注重实用性、先进性、通用性和典型性,项目设计注重对学生进行工程分析、硬件设计、软件设计与调试技能训练,项目操作注重学生职业素养的培养。引入Proteus仿真技术,融“教、学、做”于一体,构建即学即用的开放式教学模式,真正实现了从概念到产品的完整设计。多元教学辅助、教学资源为学生自主学习、合作学习和个性化教学创造可操作的学习条件。

3.学有所用、递进式项目载体的教材结构

本教材整体结构以循序渐进的项目为载体组织教学单元，项目来源于实际产品的设计与制作的典型实例的提炼，各项目相对独立，部分项目之间具有一定关联性，部分项目可以组合完成复杂的工作任务，项目实施以实践为主线，“教、学、做”合一，让学生即学即用，动脑思考，体会到成功的喜悦，提高学习兴趣。以实践问题解决为纽带实现理论与实践、知识与技能以及知识与情感的有机整合。

4.精心构思、精心设计的以实践应用为主线的项目教学内容

将知识点和技能训练循序渐进地融于各项目之中，项目内容排列由简到繁、由易到难、梯度明晰、序化适当，知识、技能的学习随着工作任务的完成过程来进行，用所学知识去解决实际问题，注重程序架构的编写规范，增加C51编程技术，外围扩展串/并并重，将新技术融入相应的项目，缩短学习与应用开发之间的距离。

5.有利于自我高效学习的、多样化教学资源

本教材注重立体化教学资源建设，配备电子课件、习题解答、项目的仿真文件、重点及难点讲解视频、程序源代码、常用开发工具、相关芯片文档、拓展知识等图、文、声、像并茂的教学资源，为学生提供自我学习和高效学习的学习资源。

6.融入“思政”元素，传承红色基因

落实立德树人的根本任务重在课堂。本教材在每个醒目的项目规划单中提到“工匠明星”，特别是他们所获得的荣誉、奖章都代表着国家最高荣誉，值得歌颂与传承。这些英雄都代表着我们党走过的光辉历程、取得的重大成就，展现了先烈们的梦想和追求、情怀和担当、牺牲和奉献，都是鲜活感人的标杆。能够增强青年学生的民族自豪感和自信心，激发、引导青年学生树立对国家和民族事业的担当精神。

本教材由大连海洋大学应用技术学院李明、辽宁轻工职业学院毕万新任主编，青岛职业技术学院金龙国、辽宁轻工职业学院李树旺和崔鹏、大连海洋大学应用技术学院于军和腾立国、山东大学齐鲁医学院房超任副主编。具体编写分工如下：项目1由崔鹏编写；项目2由毕万新编写；项目3由李树旺编写；项目4由金龙国编写；项目5由李明编写；项目6由于军编写；项目7由腾立国编写；项目8由房超编写；李树旺、崔鹏帮助验证了例题和仿真文件，制作课件，为全书习题做了答案。全书由李明拟定编写大纲并负责统稿。

在编写本教材的过程中，我们参考、借鉴了许多专家、学者的相关著作，对于引用的段落、文字尽可能一一列出，谨向各位专家、学者一并表示感谢。

限于水平，书中仍有疏漏和不妥之处，敬请专家和读者批评指正，以使教材日臻完善。

编　者

所有意见和建议请发往：dutpgz@163.com
欢迎访问职教数字化服务平台：https://www.dutp.cn/sve/
联系电话：0411-84706671　84707492

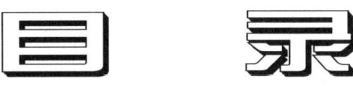

项目1 节日彩灯控制器

——MCS-51 单片机的基本结构及开发工具

项目规划单

项目名称	节日彩灯控制器
功能要求	制作一串色彩斑斓、不断闪烁的节日彩灯。要求使用单片机和 LED 实现
实施方案	利用单片机丰富的接口和灵活的编程能力,控制 LED 闪亮
知识目标	1. 单片机的特点和 MCS-51 单片机的基本结构及内部资源 2. 单片机的开发方法和工具 3. 模仿一个最简单的程序
能力目标	1. 使用软件设计电路图,编写并调试程序 2. 使用工具制作电路板并测试其正确性 3. 软、硬件联调,完成要求功能
素质目标	激发学习兴趣,建立学习信心,掌握学习方法,培养解决问题的能力、学习能力以及沟通协调能力等
工匠明星	袁隆平被誉为"杂交水稻之父"。"成功没有捷径,我不在家,就在试验田;不在试验田,就在去试验田的路上。""我成功的秘诀:知识、汗水、灵感、机遇。"这是袁老多年以来艰苦奋斗,实现自己初心使命历程的真实写照
实施过程	1. 完成知识学习 2. 建立仿真文件,编写程序并调试,实现预定功能 3. 利用实训设备,完成实物制作,实现预定功能
完成时间	课内 18 学时,课外 8 学时
扩展说明	采取不同的驱动电路,可以控制不同类型的发光灯具,产生不同的灯光效果
备注	受到编程能力所限,实际控制效果花样不多

彩灯控制器是利用单片机丰富的接口和灵活的编程能力,控制一串 LED 闪烁发光,可以增加节日气氛,如图 1-1 所示。

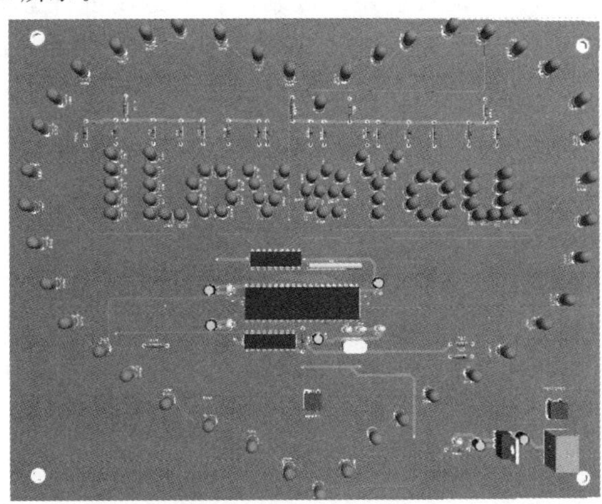

图 1-1 节日彩灯控制器外形图

将以上项目分解成若干个小任务，我们完成了这些小任务，项目也就基本完成了，单片机的基本结构和相关知识也就基本熟悉了，同时也就学会了单片机的开发方法。

任务 1.1 认识单片机——单片机概述

我们需要先了解一下单片机的用途和概念，然后学习单片机的开发方法。

1.1.1 单片机的用途

家用电器如彩电、冰箱、洗衣机、空调等，都有单片机在工作；飞机、汽车、轮船、火车，也都有单片机在工作；火箭、卫星、导弹，也都有单片机在工作；工农业生产中使用的各种机器设备、仪器仪表，也都有单片机在工作；服务行业比如通信更是离不开单片机。

计算机的出现，是人类对计算的强烈需求的产物；电子计算机的出现，是人类电子技术发展的必然结果；微型电子计算机（微机）的出现，使电子计算机得到普及；单片机的出现，使得计算机深入我们生活的所有领域。

1.1.2 单片机的基本概念

20 世纪 70 年代，一些半导体公司开始推出一种集成电路，它包含了计算机的三大组成部分：CPU、存储器和 I/O 接口等。由于它是在一个芯片上，形成芯片级的微型计算机，称为单片微型计算机（Single Chip Microcomputer），简称单片机。

单片机的出现是近代计算机技术发展史上的一个重要里程碑，单片机的诞生标志着计算机正式形成了通用计算机系统和嵌入式计算机系统两大分支。

单片机自从问世以来，就在控制领域得到广泛应用，特别是近年来，许多功能电路都被集成在单片机内部，如 A/D、D/A、PWM、WDT、I^2C 总线接口等，极大提高了单片机的测量和控制能力，我们现在所说的单片机已突破了微型计算机（Microcomputer）的传统内容，其更准确的名称应为微控制器（Microcontroller）。

单片机与现代微型计算机一样，系统结构均采用冯·诺依曼提出的“存储程序”思想，即程序和数据都被存放在内存中的工作方式，用二进制代替十进制进行运算和存储程序。人们将需要计算机处理的数据和运算方法、步骤，事先按计算机能执行的操作命令和有关原始数据编制成程序（二进制代码），存放在计算机内部的存储器中，计算机在运行时能够自动地、连续地从存储器中取出并执行，无须人工加以干预。

通常一个最基本的单片机由以下几部分组成：

（1）中央处理器 CPU，包括运算器、控制器和寄存器组。

（2）存储器，包括 ROM 和 RAM。

（3）输入/输出（I/O）接口，与外部输入/输出设备连接。

典型的单片机组成框图，如图 1-2 所示。

1.1.3 单片机的发展

以 1976 年 Intel 公司推出的 MCS-48 系列为代表，采用将 8 位 CPU、8 位并行 I/O 接口、8 位定时器/计数器、RAM 和 ROM 等集成于一块半导体芯片上的单片机结构。它是 MCS-51

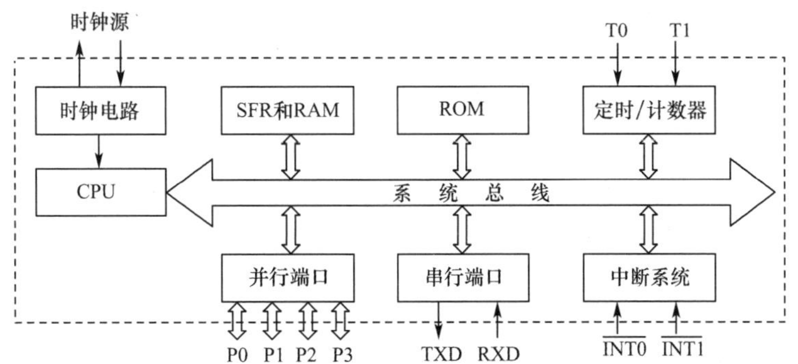

图1-2　典型的单片机组成框图

系列单片机的初级阶段。

1980年以后，以Intel公司的MCS-51系列为代表，推出的单片机(采用8位的CPU)普遍带有串行I/O端口，有多级中断处理系统、16位定时器计数器。片内RAM、ROM容量加大，且寻址范围可达64 KB，有的片内还带有A/D转换接口。结构体系逐步完善，性能已大大提高，面向控制的特点进一步突出，增强了单片机的控制功能，这是发展巩固阶段。

1982年，Intel推出MCS-96系列单片机。它是最具有代表性的，片内集成16位的CPU，RAM和ROM的容量也进一步增大，并且带有高速输入/输出部件，带有多通道A/D转换器，8级中断处理能力使其具有更强的实时处理功能。

今后，单片机将在集成度、功能、功耗、速度、可靠性、应用领域等各方面向更高水平发展。同时，在系统编程(ISP)和在应用编程(IAP)技术的发展，也给使用单片机带来很大方便。

1.1.4　单片机系列产品

比较常见的单片机主要有以下种类：

1. MCS-51系列(或MCS-51内核)的单片机

(1)AT89S51是美国Atmel公司生产的与Intel 8051全兼容的8位单片机，片内含4 KB的可在系统编程(ISP)的Flash只读程序存储器，可灵活应用于各种控制领域。

(2)Philps公司的LPC系列，是基于MCS-51内核的微控制器，每机器周期只需6个时钟周期；嵌入了诸如掉电检测、模拟功能以及片内RC振荡器等功能。

(3)Cygnal公司的C8051F系列单片机，该系列单片机大部分指令只需一个时钟周期即可完成，运行速度大大加快。其改进包括增加多个中断源、复位源，带有JTAG接口，可在系统编程(ISP)调试，可实现捕捉、高速输出、PWM功能等，是MCS-51系列单片机中的高端产品。

(4)AD公司的ADuC812、ADuC824，这两款单片机是AD公司结合其模拟技术特长而推出的基于MCS-51内核的单片机。

(5)深圳市宏晶科技有限公司的STC系列单片机，是以MCS-51内核为主的系列单片机，单时钟/机器周期的单片机，是高速、低功耗、超强抗干扰的新一代8051单片机。

2. 非51系列单片机

(1)美国微芯科技股份有限公司的PIC系列，品种齐全，其OTP(一次性可编程)产品大批量用于家电控制等场合，某些内置Flash ROM的型号用于工业控制也很合适。

(2)Atmel公司的AVR系列，速度快，高低档品种齐全，便于选择。该系列单片机主要由双龙公司推广。

(3)MSP430 系列,由德州仪器公司生产,是一种低功耗的混合信号微控制器。该系列芯片具有 16 位 RISC 结构,价格低廉,主要用于各种智能仪表、测试测量系统等,目前由利尔达公司代理。

由于 Intel 公司技术开放,因此众多厂家得以参与,这使得 51 系列单片机的发展长盛不衰,从而形成了一个既具有经典性又有旺盛生命力的单片机系列。我们现在经常提到 51 系列单片机,就是指在 Intel 公司 MCS-51 系列单片机的基础上发展起来的,与 MCS-51 兼容的所有单片机。

本书以 MCS-51 系列单片机中的一个型号 80C51 为主要研究对象,介绍它的功能和使用方法,同时在必要时提到一些比较新的改进型号及其特点,以便实际应用,比如实验教学中经常提到的 AT89C51 和 AT89S51 等。

提示:深圳市宏晶科技有限公司的单片机 STC 系列,与 MCS-51 系列兼容,性能大幅度提高,价格很有竞争力,应用越来越多,值得关注。

1.1.5 MCS-51 系列单片机

在 MCS-51 系列单片机中,有两个子系列:51 子系列和 52 子系列,每个子系列有若干种型号。51 子系列有 8051、8751 和 8031 三个型号,后来经过改进产生了 80C51、87C51 和 80C31 三个型号;52 子系列有 8052、8752 和 8032 三个型号,改进后的型号是 80C52、87C52 和 80C32。52 子系列与对应的 51 子系列相比增加了定时器 T2,并将内部程序存储器增加到 8 KB。Intel 公司停止生产 MCS-51 系列单片机之后,将其生产许可转移给许多其他公司,于是出现了许多与 MCS-51 兼容的单片机。现在生产 MCS-51 兼容单片机的公司都对其进行了不同程度的改进和提高。目前使用的比较多的有 AT89C51、AT89S51 和 STC89C51 等,其封装形式也各式各样,如图 1-3 所示。

图 1-3 几种单片机外形图

52 子系列和其他改进型的产品将根据使用的需要适当介绍。MCS-51 系列单片机内部结构简化框图如图 1-4 所示。

分析图 1-4,并按其功能部件划分可以看出,MCS-51 系列单片机是由八大部分组成的,分别是:

(1)一个 8 位中央处理器 CPU(又称为微处理器)。

CPU 的内部结构是由运算部件和控制部件组成,是单片机的核心部件。其中包括算术逻辑运算单元 ALU、累加器 ACC、程序状态字寄存器 PSW、堆栈指针 SP、寄存器 B、程序计数器(指令指针)PC、指令寄存器 IR 和暂存器等部件。

(2)128 B 的片内数据存储器 RAM。

片内数据存储器是随机存储器,用于存放数据和运算结果等。

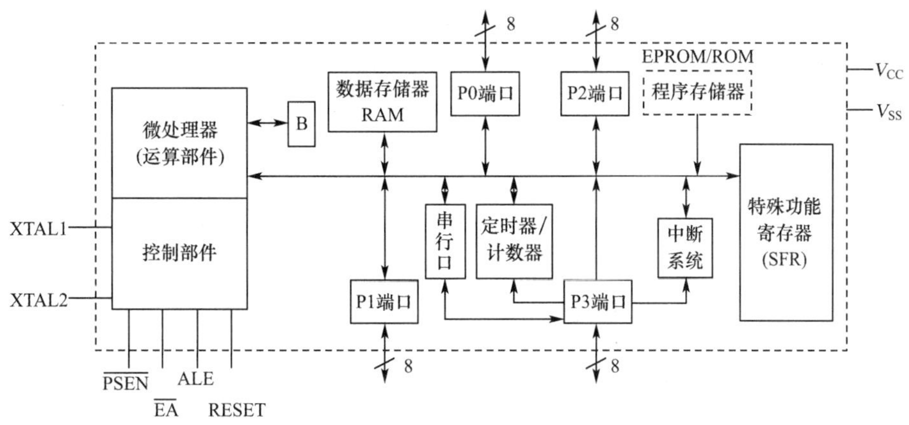

图 1-4　MCS-51系列单片机内部结构简化框图

(3)4 KB的片内程序存储器EPROM或ROM。

用于存放程序、原始数据和表格。相关改进产品这里一般都换成了Flash存储器。

(4)18个特殊功能寄存器SFR。

CPU内部包含了一些外围电路的控制寄存器、状态寄存器以及数据输入/输出寄存器，这些外围电路的寄存器构成了CPU内部的特殊功能寄存器。18个特殊功能的寄存器SFR有3个是16位的，共占用了21个字节。

(5)4个8位并行输入/输出I/O接口。

P0端口、P1端口、P2端口、P3端口(共32线)，用于并行输入或输出数据。

(6)1个串行I/O接口，实现串行通信。

(7)2个16位定时器/计数器T0、T1(52子系列有3个)。

(8)具有5个(52子系列为6个或7个)中断源，2个可编程优先级的中断系统。它可以接收外部中断申请，定时器/计数器中断申请和串行口中断申请。

上述内容是8051的内部结构。作为51系列，不同的型号其内部结构也有差别，见表1-1。几种51系列兼容机的主要特性见表1-2。

表 1-1　MCS-51系列单片机不同型号的主要区别

型　号	程序存储器 ROM	数据存储器 RAM	定时器	中断源
8051	4 KB掩膜ROM	128 B RAM	2×16位	5个
8751	4 KB EPROM	128 B RAM	2×16位	5个
8031	—	128 B RAM	2×16位	5个
8052	8 KB掩膜ROM	256 B RAM	3×16位	6个
8752	8 KB EPROM	256 B RAM	3×16位	6个
8032	—	256 B RAM	3×16位	6个

表 1-2　几种51系列兼容机的主要特性

型　号	程序存储器ROM	数据存储器RAM	EEPROM	定时器	中断源	最高频率/MHz	其他特性
AT89C51	4 KB	128 B	—	2×16	5	24	
AT89C52	8 KB	256 B	—	3×16	6	24	

（续表）

型　号	程序存储器 ROM	数据存储器 RAM	EEPROM	定时器	中断源	最高频率/MHz	其他特性
AT89S51	4 KB	128 B	—	2×16	5	33	ISP，双 DPTR，看门狗
AT89S52	8 KB	256 B	—	3×16	6	33	ISP，双 DPTR，看门狗
STC89C51	4 KB	512 B	1 KB	3×16	8	80	ISP，IAP，双 DPTR，看门狗，双倍速
STC89C52	8 KB	512 B	1 KB	3×16	8	80	ISP，IAP，双 DPTR，看门狗，双倍速
STC89C58	32 KB	1280 B	8 KB	3×16	8	80	ISP，IAP，双 DPTR，看门狗，双倍速
P89C52	8 KB	256 B	—	3×16	6	33	ISP，双 DPTR，看门狗，双倍速
C8051F020	64 KB	4352 B	128 B	5×16	22	25	ISP，IAP，双 DPTR，看门狗，双倍速 ADC，DAC

任务 1.2　设计单片机的最小系统

MCS-51 系列单片机有很多型号，与其兼容的单片机更是不可胜数，本节以最基本的型号 8051 为例来学习其性能特点和应用。由于市场有货并且基本性能与 MCS-51 非常接近，所以在有的举例和实训中，使用 AT89C51 或者 AT89S51。当然，本节将适时介绍其改进之处以及其他兼容型号。

本任务主要内容是 MCS-51 单片机引脚排列图、外部特性说明、时钟电路、复位电路、工作原理。利用 Proteus 软件设计最小系统电路图。

重点是单片机的外部特性，仿真软件的初步使用。

1.2.1　引脚功能

要使用单片机芯片，就要先了解其引脚特性，包括外部特性和内部特性。MCS-51 单片机 40 引脚配置如图 1-5 所示，单片机引脚功能见表 1-3。

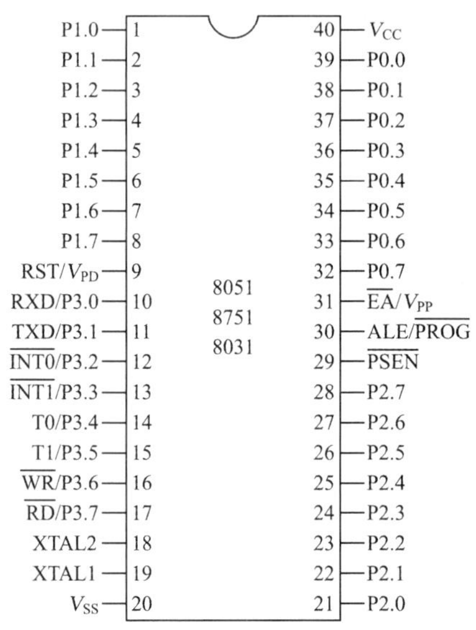

图 1-5　MCS-51 单片机 40 引脚配置图

表 1-3　单片机引脚功能

名　称	引脚号	类　型	功　能
V_{SS}	20	I	电源负，可接地
V_{CC}	40	I	电源正：提供掉电、空闲、正常工作电压
P0.0～P0.7	32～39	I/O	P0 端口：P0 端口为三态双向 I/O 端口，既可用作地址/数据总线使用（在访问外部程序存储器时用作地址的低字节，在访问外部数据存储器时用作数据总线），又可用作通用I/O口使用
P1.0～P1.7	1～8	I/O	P1 端口：P1 端口是带内部上拉电阻的双向 I/O 端口，向 P1 端口写入 1 后，P1 端口被内部上拉为高电平，可用作输入口
P2.0～P2.7	21～28	I/O	P2 端口：P2 端口是带内部上拉电阻的双向 I/O 端口，向 P2 端口写入 1 后，P2 端口被内部上拉为高电平，可用作输入口；在访问外部程序存储器和外部数据时作为地址的高位字节

（续表）

名　称	引脚号	类　型	功　能
P3.0～P3.7	10～17 10 11 12 13 14 15 16 17	I/O	P3端口：P3端口是带内部上拉电阻的双向I/O端口，向P3端口写入1时，P3端口被内部上拉为高电平，可用作输入口，此外P3端口还具有以下特殊功能： RXD(P3.0) 串行输入口 TXD(P3.1) 串行输出口 $\overline{\mathrm{INT0}}$(P3.2) 外部中断0输入 $\overline{\mathrm{INT1}}$(P3.3) 外部中断1输入 T0(P3.4) 定时器0外部脉冲输入 T1(P3.5) 定时器1外部脉冲输入 $\overline{\mathrm{WR}}$(P3.6) 外部数据存储器写信号输出 $\overline{\mathrm{RD}}$(P3.7) 外部数据存储器读信号输出
RST/V_{PD}	9	I	复位信号：单片机复位/备用电源引脚。RST是复位信号输入端，高电平有效。时钟电路工作后，在此引脚上连续出现2个机器周期的高电平(24个时钟振荡周期)，就可以完成复位操作
ALE/$\overline{\mathrm{PROG}}$	30	O	地址锁存允许信号：8051上电正常工作后，ALE端以1/6的晶振频率，周期性地向外输出正脉冲信号。P0端口作为地址/数据复用口，用ALE来判别P0端口的信息究竟是地址还是数据信号，当ALE为高电平期间，P0端口出现的是地址信息，ALE下降沿到来时，P0端口上的地址信息被锁存，当ALE为低电平期间，P0端口上出现指令和数据信息。对片内带有4 KB EPROM的8751编写固化程序时，$\overline{\mathrm{PROG}}$作为编程脉冲输入端。
$\overline{\mathrm{PSEN}}$	29	O	片外程序存储器读选通信号：当执行外部程序存储器代码时$\overline{\mathrm{PSEN}}$每个机器周期被激活两次；在访问外部数据存储器时$\overline{\mathrm{PSEN}}$无效，访问内部程序存储器时$\overline{\mathrm{PSEN}}$无效
$\overline{\mathrm{EA}}$/V_{PP}	31	I	内部和外部程序存储器选择信号： 当$\overline{\mathrm{EA}}$引脚接高电平时，CPU先访问片内4 KB的EPROM/ROM，执行内部程序存储器中的指令，但在程序计数器计数超过0FFFH时(即地址大于4 KB时)，将自动转向执行片外大于4 KB程序存储器内的程序 若$\overline{\mathrm{EA}}$引脚接低电平(接地)时，CPU只访问外部程序存储器，而不管片内是否有程序存储器。对于8031单片机(片内无ROM)需外扩EPROM，故必须将$\overline{\mathrm{EA}}$引脚接地 在对EPROM编写固化程序时，需对此引脚施加直流(＋12～＋21 V)的编程电压
XTAL1	19	I	接外部石英晶体的一端。在单片机内部，它是一个反相放大器的输入端，这个放大器构成了片内振荡器。当采用外部时钟时，对于HMOS单片机，该引脚接地；对于CHMOS单片机，该引脚作为外部振荡信号的输入端
XTAL2	18	O	接外部晶体的另一端。在单片机内部，接至片内振荡器的反相放大器的输出端。当采用外部时钟时，对于HMOS单片机，该引脚作为外部振荡信号的输入端；对于CHMOS芯片，该引脚悬空不接

注：类型中，I表示输入，O表示输出，I/O表示输入/输出均可。

1.2.2　时钟电路

单片机的时钟信号是单片机内部数字电路工作时的节拍信号，单片机内的所有部件都要在时钟信号的控制下配合工作，时钟信号的频率高低决定了单片机的工作速度。时钟信号的产生有两种方式：内部振荡器方式和外部引入方式。

1. 内部振荡器方式

采用内部振荡器方式时，如图1-6(a)所示。片内的高增益反相放大器通过XTAL1和

XTAL2 外接作为反馈元件的片外晶体振荡器(呈感性)与电容组成的并联谐振回路构成一个自激振荡器,向内部时钟电路提供振荡时钟。振荡器的频率主要取决于晶体的振荡频率,一般晶体可在 1.2～12 MHz 任选,电容 C1 和 C2 可在 5～30 pF 选择,电容的大小对振荡频率有微小的影响,可起到频率微调的作用。

2. 外部引入方式

外部脉冲信号由 XTAL2 端引脚输入,送至内部时钟电路。如图 1-6(b)所示。

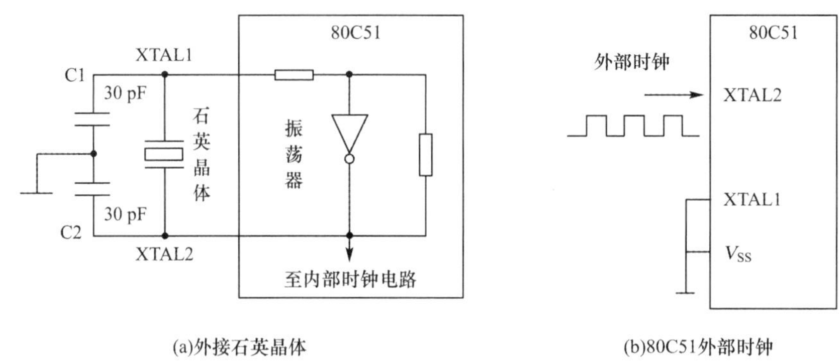

图 1-6 80C51 单片机时钟方式

提示:现在许多单片机的时钟频率范围已经远超 12 MHz,比如 STC15 系列其频率范围在 0～35 MHz。

1.2.3 复位电路

单片机在开机时或在工作中因干扰而使程序失控或程序处于某种死循环状态等情况下都需要复位。复位的作用是使中央处理器 CPU 以及其他功能部件都恢复到一个确定的初始状态,并从该状态开始工作。

复位后,程序计数器 PC＝0000H,程序执行必须从地址 0000H 开始。

单片机的复位靠外部电路实现,信号由 RST(RESET)引脚输入,高电平有效(一般复位正脉冲宽度大于 10 ms)。复位分为上电复位和按键复位方式,上电复位电路如图 1-7(a)所示;按键复位有电平方式和脉冲方式,电路如图 1-7(b)和图 1-7(c)所示。

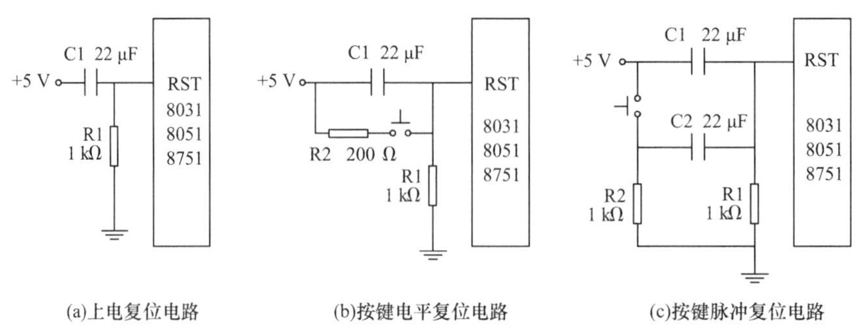

图 1-7 80C51 复位电路

要点:只要保持 RST 引脚高电平两个机器周期,单片机即能正常复位。

提示:我们在本书实训和应用举例中经常用到的单片机是 AT89C51 或者 AT89S51。

这两个型号的单片机与80C51完全兼容，但有若干改进。最重要的改进是AT89C51的程序存储器使用了可以电擦除的Flash存储器，可以擦写1000次以上。而AT89S51除了上述改进之外，还可以在系统编程使用很简单的下载装置进行串行通信，对其内部的Flash存储器进行擦除和编程，我们称这种下载装置为下载线。现在各种接口的下载线都很容易找到且使用方便，价格低廉。

由于AT89C51和AT89S51与Intel的80C51兼容，也就是说，原来用80C51的地方，可以用AT89C51或AT89S51来替换而不用做任何改变。所以在本书中，许多实验和实训都使用了AT89C51或AT89S51。在以下的叙述中，除特别指出外，我们将与MCS-51系列兼容的单片机统称为51系列单片机，类似这种情况以后不再说明。

1.2.4　单片机的开发方法

为了某种应用，给单片机设计外围电路和应用程序，称为单片机的开发。

由于单片机内部没有任何驻机软件，因此要实现一个产品的应用系统时，需要进行软、硬件开发。单片机应用系统的开发流程如图1-8所示，除了产品立项后的方案论证和总体设计外，主要的技术工作还有硬件系统设计与调试、应用程序设计、仿真调试和系统脱机运行检查四部分。

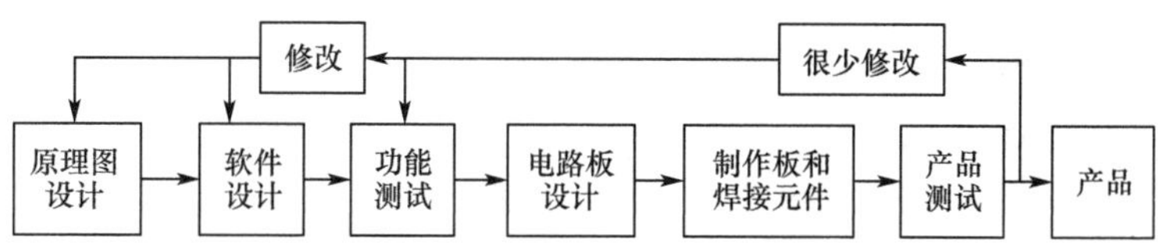

图1-8　单片机应用系统的开发流程

1.2.5　单片机应用开发工具简介

一个单片机应用系统，从提出任务到软、硬件设计到最终正式投入运行的过程，称为单片机的开发，开发过程所用的设备称为开发工具。

作为单片机的开发工具，个人计算机往往是必不可少的，许多开发工具软件要用到它。除此之外，还要用到下列工具。

1. 硬件设计工具

根据工程要求，绘制电路原理图，根据电路原理图设计制作印刷电路板（又称PCB板），需要到工厂专门定制。简单的电路在实验阶段可以使用面包板或通用电路板替代，学校实验室一般都有与仿真器配套的实验目标板。绘制电路原理图和设计制作印刷电路板都需要借助CAD软件完成，使用Protel和OrCAD等，有关这类软件的使用可以参看相关资料。

2. 程序设计工具

确定了硬件设计后，要针对目标板进行软件程序设计。无论使用汇编语言还是高级语言，编写好源程序后，都要进行编译，编译中发现语法错误就要进行修改。只要没有语法格式错误就可以形成“.hex”文件，然后文件的执行和调试必须借助仿真器。

3. 仿真工具（仿真器）

系统设计完成后，进行程序调试时需对其进行仿真。仿真有两种形式：一种是硬件仿真；另一种是软件仿真，又称为模拟仿真。

(1)硬件仿真

硬件仿真要使用仿真器,通过仿真头完全替代目标板的单片机芯片,在调试过程中可以实时反映 CPU 的真实运行情况,51 系列单片机仿真器种类较多,其运行环境及主要功能甚至使用方法都相差不大。

比较流行的仿真器有南京伟福公司生产的伟福仿真器和广州周立功公司生产的 TKS 系列仿真器。如图 1-9 所示。

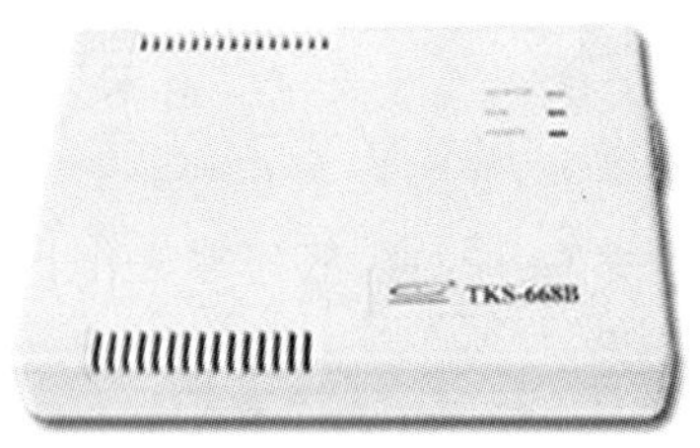

图 1-9 TKS 系列仿真器外形

(2)软件仿真

完全采用软件的方式模拟单片机实际的运行情况,运行过程仅仅在计算机的屏幕上模拟显示,通过软件模拟,可以基本了解和掌握仿真调试的所有过程。目前比较流行的仿真软件有 Keil 和 WAVE。

4. 编程器和 ISP(在系统可编程)

编程器又称为程序固化器,是将调试生成的.bin 或.hex 文件固化到存储器中的装置。现在已不常用。

利用 ISP 技术对单片机进行程序固化时,不必将单片机从目标板上移出,直接利用 ISP 专用线便可对单片机进行程序固化操作。

5. 单片机系统的 Proteus 设计与仿真平台

Proteus 软件是由英国 Lab Center Electronics 公司开发的 EDA 工具软件,是目前世界上比较先进、比较完整的多种型号微处理器系统的设计与仿真平台,真正实现了在计算机中完成电路原理图设计、电路分析与仿真、微处理器仿真、系统测试与功能验证到形成印刷电路板的完整电子设计和研发过程。

1.2.6 利用 Proteus 设计一个简单的仿真项目

该软件的使用方法请参考本书所附带的电子文档有关内容。

首先,观看一个 Proteus 仿真项目的演示;其次,学习 Proteus 软件的使用方法;最后,自己动手模拟实施一个 Proteus 项目。

本书中使用了目前单片机仿真比较理想的软件之一 Proteus 来帮助读者学习单片机,因此要求读者一定要学会并熟练地使用。

利用仿真软件 Proteus 打开本书所附带的电子文档中的仿真文件。例如,本书最后一个项目自动定时打铃器(自动打铃器.dsn),就可以看到其电路原理图。单击运行,即可看到自动打铃器的功能,按照操作说明进行操作,实现自动打铃。

还可以打开其他仿真文件,比如 P1P2.dsn,这是一个非常简单的仿真项目,只有几个按键和几个发光二极管。运行后,用鼠标单击按钮,对应的发光二极管就会亮。

观看完演示后即可自行开发一个与 P1P2.dsn 类似的项目。

学中做

【技能训练 1-1】 仿真软件使用演练:Proteus 使用入门。

目的:掌握 Proteus 软件的使用方法。

内容:自己做一个与 P1P2.dsn 类似的项目。这是一个模仿型项目,为了便于学习,现将电路图和程序给出,如图 1-10 所示。

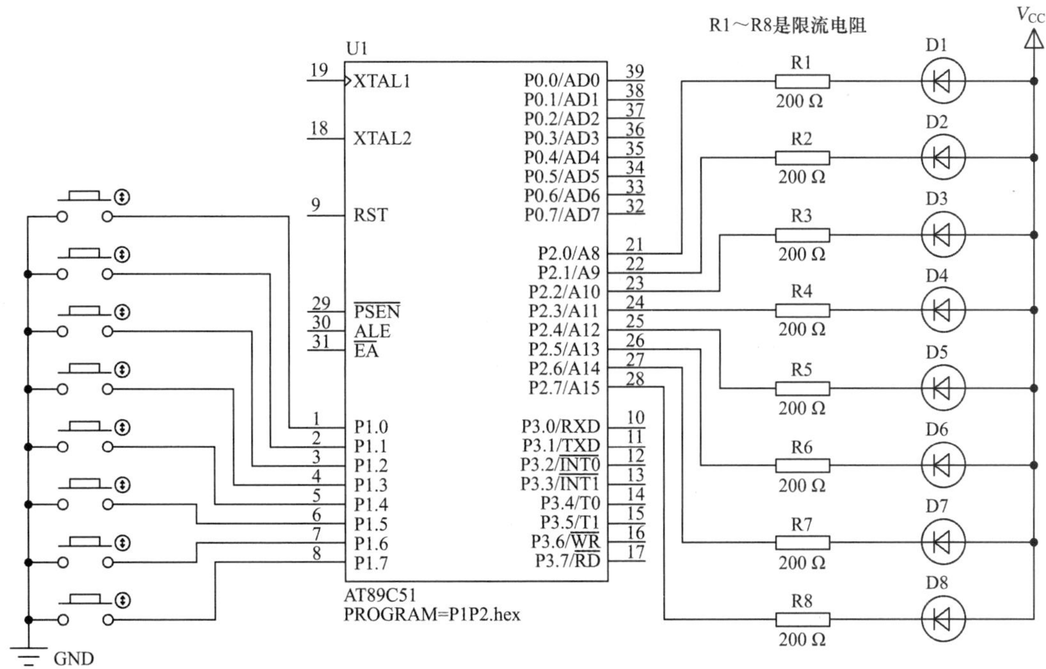

图 1-10　技能训练 1-1 的电路

说明：图中电路缺少时钟电路和复位电路。仿真可以如此，但实际应用中时钟电路和复位电路是不可或缺的。

汇编程序：

```
MAIN:   MOV    P2,P1          ;读 P1,内容送到 P2
        SJMP   MAIN           ;无条件转移到 MAIN
        END                   ;汇编语言程序结束
```

(1)MAIN：是标号，可以看成程序名。

(2)MOV P2,P1 是数据传送指令，将 P1 端口输入的内容传送到 P2 端口输出。

(3)从分号开始，以后的内容是注释。

C 语言程序：

```
/* P1 端口、P2 端口实验 */
//==声明区======================================
#include <reg51.h>              //定义 8051 寄存器的头文件
//==主程序======================================
main()    //主程序开始
{
    while(1)                    //无穷循环，程序一直运行
        P2=P1;
}                               //主程序结束
```

操作步骤：

(1)在电脑上启动 Proteus 软件。

(2)新建一个项目。

(3)保存项目,指定保存路径和文件名。

(4)找到本项目需要用到的元件。

(5)在图中放置元件。

(6)调整元件的位置和方向。

(7)按照电路图连线,必要时调整连线。

(8)保存所画电路图。

(9)添加程序(注意,这里使用汇编语言,选择汇编器;程序名自定,后缀是.asm)。

(10)编辑源程序(输入前面给出的三行指令,保存源程序)。

(11)编译源程序,如有错误需要修改并重新编译,直到没有错误。

(12)运行仿真。

(13)运行中单击图中按钮,观察图中变化:输入端和输出端电平指示,LED 的亮/灭。

(14)停止仿真。

(15)保存好文件,向教师机提交作业。

(16)交流训练体会。

(17)按照要求继续工作。

如果使用 C 语言,则使用 Keil 软件来编辑源程序,其使用方法可以参见电子文档有关 Keil 软件的使用说明。操作步骤中(9)~(11)可以改为:

(9)启动 Keil 软件,新建一个项目,新建一个文件,程序名自定,后缀是.c,添加到项目中。

(10)编辑源程序(输入前面给出的 C 语言程序,保存源程序)。编译源程序,如有错误需要修改并重新编译,直到没有错误,生成十六进制机器语言文件(后缀是.hex)。

(11)在 Proteus 软件中,给单片机添加程序,就是后缀为.hex 的文件。

简而言之,利用 Proteus 软件仿真,就是把程序添加到电路上,编译、运行并查看效果。以上操作步骤要熟练掌握,以后经常要用,不论是汇编语言还是 C 语言。

1.2.7 51 系列单片机运行的硬件条件

51 系列单片机内部配有 ROM 和 RAM,单片机能够运行的最基本配置是:

(1)配有为单片机提供时钟信号的振荡电路,如图 1-6 所示。

(2)配有上电复位或手动复位电路,如图 1-7 所示。

(3)要对$\overline{EA}$脚进行处理,选择外部或内部程序存储器。

(4)要为单片机提供一个稳定的、满足单片机工作电压条件的工作电源。

AT89C51 系列单片机的最小应用系统的连接如图 1-11 所示。上电后能执行预先固化的程序。

【技能训练 1-2】 Proteus 使用入门的 51 单片机的最小系统。

训练目的:掌握最小系统和软件的使用。

训练内容:51 单片机的最小系统。

操作说明:参照图 1-11,参照技能训练 1-1 的过程和步骤,完成这个训练。这个项目就是画最小系统原理图,不用仿真运行。这个原理图在后续项目中使用,将文件保存好并命名为“最小系统.dsn”。

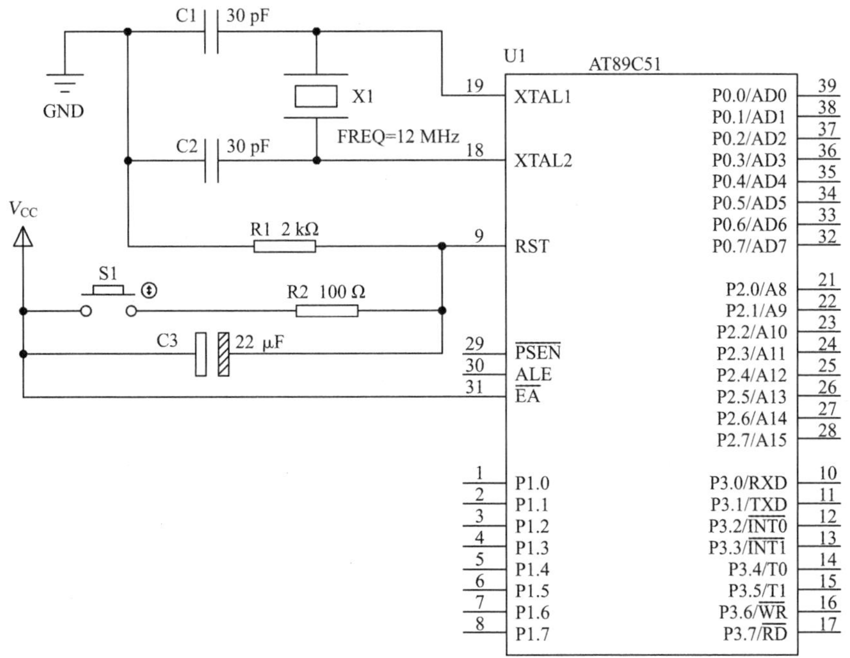

图 1-11　AT89C51 的最小应用系统

任务 1.3　设计 LED 的驱动电路

到现在为止，我们了解了单片机的大致结构和工作条件，学习了开发工具的使用，但是，LED 的驱动电路还需要单片机的输入/输出接口。

1.3.1　单片机的并行端口

重点：端口功能、端口地址、端口结构、负载能力。

在 MCS-51 单片机中有四个双向并行 I/O 端口 P0～P3。每个端口都有 8 条端口线，共 32 条线，并都配有端口锁存器、输出驱动器和输入缓冲器，每个 I/O 端口可以进行字节输入/输出，也可单独进行位输入/输出，对各 I/O 端口进行读写操作，即可实现 I/O 功能。这四个 I/O 端口在电路结构上不完全相同，但是每个 I/O 端口中的 8 位结构相同。

下面首先介绍 P0 端口的结构和应用特点，然后对比 P0 端口，介绍其他三个端口的异同点。

1. P0 端口

(1)端口结构

P0 端口是一个三态双向口，其位结构原理如图 1-12 所示。P0 端口由 8 个这样的电路组成。锁存器(图中的 D 触发器)起输出锁存作用，8 个锁存器构成了特殊功能寄存器 P0；场效应管 T1、T2 组成输出驱动器，以增大带负载能力；三态门 1 是引脚输入缓冲器；三态门 2 用于读锁存器端口；与门 3、反相器 4 及模拟转换开关 MUX 构成输出控制电路。

(2)通用 I/O 接口功能

当系统不进行片外的 ROM 扩展，也不进行片外 RAM 扩展时，P0 用作通用 I/O 端口。在这种情况下，单片机硬件自动使多路开关“控制”信号为“0”(低电平)，MUX 开关接锁存器的反相输出端。另外，与门 3 输出的“0”使输出驱动器的上拉场效应管 T1 处于截止状态。此时，输出级是漏极开路电路。

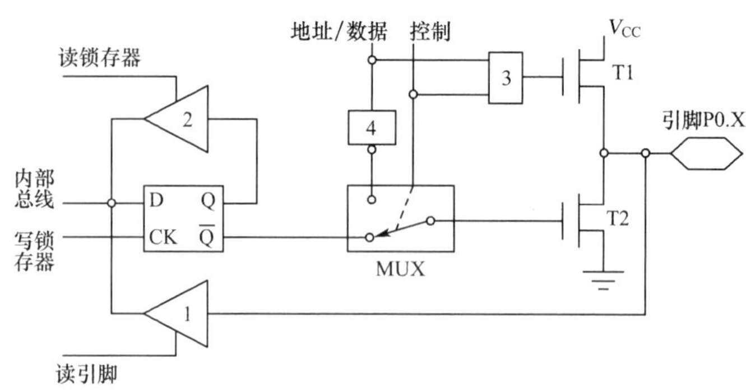

图 1-12　P0 端口位结构原理

①P0 作为输出口时

作为输出口时，CPU 执行输出指令，内部数据总线上的数据在“写锁存器”信号的作用下由 D 端进入锁存器，经锁存器的反向端($\overline{Q}$)送至模拟开关(MUX)，再送到场效应管 T2 的控制极(栅极)，再经 T2 反相，在 P0.X 引脚出现的数据正好是内部总线的数据。输出级是漏极开路电路，类似于 OC 门，当驱动拉电流负载时，需要外接上拉电阻。P0 端口带有锁存器(D 触发器构成)，具有输出锁存功能。

②P0 作为输入口时

作为输入口时，数据可以读自端口的锁存器，也可以读自端口的引脚。这要根据输入操作采用的是“读锁存器”指令还是“读引脚”指令来决定。

CPU 在执行“读—修改—写”类输入指令时(如：ANL P0，A)，内部产生的“读锁存器”操作信号，使锁存器 Q 端数据进入内部数据总线，在与累加器 A 进行逻辑与运算之后，结果又送回 P0 端口锁存器并出现在引脚。读口锁存器可以避免因外部电路原因使原口引脚的状态发生变化造成的误读。

CPU 在执行“MOV”类输入指令时(如：MOV A，P0)，内部产生的操作信号是“读引脚”。注意，在执行该类输入指令前要先把锁存器写入“1”，使场效应管 T2 截止，使引脚处于悬浮状态，可以作为高阻抗输入。否则，在作为输入方式之前曾向锁存器输出过“0”，则 T2 导通会使引脚箝位在“0”电平，使输入高电平“1”无法读入。

注意：P0 端口在作为通用 I/O 端口时，属于准双向口；“读引脚”操作时，需事先将锁存器置 1；输出时需外接上拉电阻。

(3)地址/数据分时复用功能

当系统进行片外的 ROM 扩展或进行片外的 RAM 扩展时，P0 用作地址/数据总线，在这种情况下，单片机内硬件自动使多路开关“控制”信号为“1”(高电平)，MUX 开关接反相器 4 的输出端，这时与门的输出由地址/数据线的状态决定。

在这种情况下，CPU 在执行数据输入/输出指令时，低 8 位地址信息和数据信息分时出现在地址/数据总线上，P0.X 引脚的状态与地址/数据线的信息相同。CPU 在执行输入指令时，首先低 8 位地址信息出现在地址/数据总线上，P0.X 引脚的状态与地址/数据总线的地址信息相同；然后，CPU 自动地使转换开关 MUX 拨向锁存器，并向 P0 端口写入 0FFH，同时“读引脚”信号有效，数据经缓冲器进入内部数据总线(输入就是读，输出时数据传送方向与此相反)。此时 P0 端口作为地址/数据总线使用时是一个真正的双向口。

提示：分时，就是在时间上有先有后，不同时间有不同内容。这里是先地址后数据。

注意：多路开关“控制”信号、“读锁存器”以及“读引脚”信号是由硬件根据指令自动完成的；用作地址/数据总线时，P0 端口不能进行位操作。

(4)端口操作

在 MCS-51 单片机中，没有专门的输入/输出指令，而是将 I/O 端口的锁存器与存储器一样看待，使用和读写 RAM 一样的指令实现输入/输出功能，当向 I/O 端口锁存器写入数据时，即通过相应引脚向外输出；而当从 I/O 端口读入数据时，则通过引脚将外部提供的信号输入单片机。

单片机 I/O 端口既可以按字节寻址，也可以按位寻址。MCS-51 单片机有不少指令可直接进行端口操作。指令的详细功能见项目 2 的有关内容。

2. P1 端口

P1 端口的位结构如图 1-13 所示。

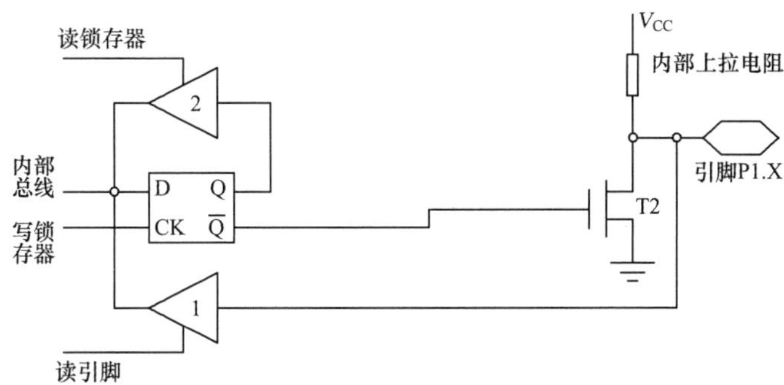

图 1-13　P1 端口的位结构

在结构上，与 P0 相比，主要有两个不同：一是不需要多路开关；二是本身具备上拉电阻。

在应用上，P1 端口只能做一般 I/O 端口使用，除了做输出口使用时不必外接上拉电阻外，其他应用特点及注意事项与 P0 端口完全一样。

3. P2 端口

P2 端口的位结构如图 1-14 所示。

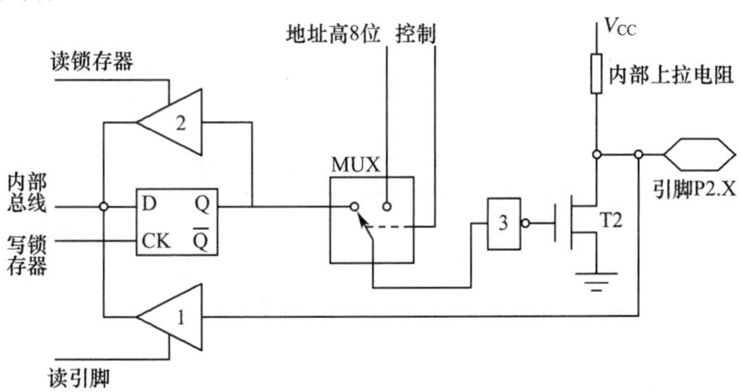

图 1-14　P2 端口的位结构

在结构上，与 P0 端口相比有两个不同：一是多路开关 MUX 的一个输入端只是“地址”，而不是“地址/数据”；二是 P2 端口自身具备上拉电阻。

在应用上分两种情况：一是做一般 I/O 端口使用，与 P1 端口相同；二是用于为外部扩展存储器或 I/O 端口提供高 8 位地址。

注意：在扩展存储器或 I/O 端口应用中，P2 端口只能作为地址线而不能作为数据线使用。

4. P3 端口

P3 端口位结构如图 1-15 所示。与 P1 端口结构相比，多了一个与非门 3 和一个输入缓冲器 4。

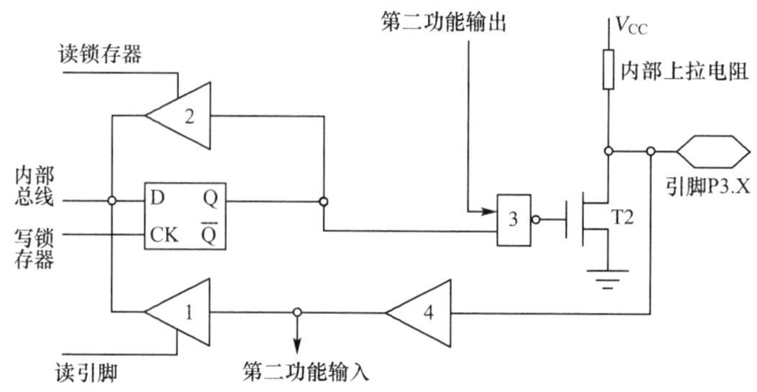

图 1-15　P3 端口的位结构

(1)作为一般的 I/O 端口使用

当 CPU 对 P3 端口进行字节或位寻址时，单片机内部的硬件自动将第二功能输出线置 1。这时，对应的口线为通用 I/O 端口方式，其应用特点与注意事项与 P1 端口相同。

(2)P3 端口用作第二功能使用

当 CPU 不对 P3 端口进行字节或位寻址时，内部硬件自动将 P3 端口锁存器的 Q 端置 1。这时，P3 端口作为第二功能使用，引脚的第二功能见表 1-4。

表 1-4　　P3 端口 8 位口线第二功能

端口线	第二功能
P3.0	RXD(串行口输入)
P3.1	TXD(串行口输出)
P3.2	$\overline{\text{INT0}}$(外部中断 0 输入)
P3.3	$\overline{\text{INT1}}$(外部中断 1 输入)
P3.4	T0(定时器 0 的外部输入)
P3.5	T1(定时器 1 的外部输入)
P3.6	$\overline{\text{WR}}$(片外数据存储器写选通)
P3.7	$\overline{\text{RD}}$(片外数据存储器读选通)

①输入第二功能信号时

此时锁存器输出端及“第二功能输出”信号端均应保持高电平。第二功能输入信号通过 P3. X 引脚缓冲器 4 的输出端进入单片机内部。

②输出第二功能信号时

此时锁存器应预先置 1，以保持与非门对第二功能信号的输出能顺利进行。

5. 端口负载能力与接口要求

输出能力：P0 端口的每一位能驱动 8 个 LS 型 TTL 输入端。但是在把它作为通用 I/O 端口工作时，输出要接上拉电阻，一般可选 5～10 kΩ。当把它当作地址/数据总线使用时，则不需要上拉电阻。P1、P2、P3 端口各能驱动 4 个 LS 型 TTL 负载，不需要上拉电阻。

输入特性：P0～P3 端口，可以而且只能接受标准 TTL 电平。

提醒：输入之前一定要先输出高电平。

标准的51单片机，端口只能提供几毫安的电流，所以在其驱动较大电流的负载时，需要外加驱动电路。在一些改进型的51兼容机中，有的负载能力比较强，可以提供10 mA左右的电流，使用时请仔细阅读产品说明书。

在实际应用中，P0和P2端口有时用于构建系统的数据总线和地址总线。P0端口用作构建8位数据总线和低8位地址总线，而P2端口用来构建高8位地址总线。P3端口多用于第二功能，真正用作一般I/O端口的往往是P1端口，如图1-16所示。

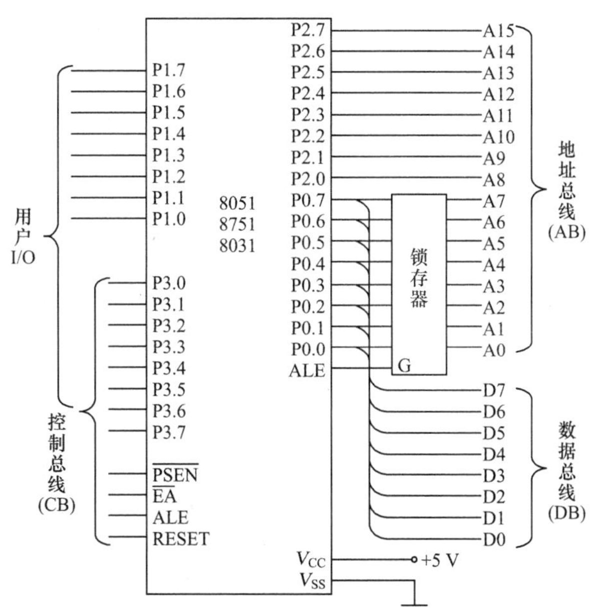

图1-16　三总线构成示意图

在现在的情况下，有许多改进的兼容51单片机，内部资源足够使用，不必扩展外部存储器，也就不必占用P0端口、P2端口和P3端口的一部分。这时的51单片机才是真正的单片机。

注意：P3端口第二功能是CPU依据对端口的使用状态由硬件自动产生；复位后P0～P3端口均为0FFH。

1.3.2　简单的LED接口

重点：LED特性，与单片机端口驱动能力匹配电路，限流电阻，节电考虑，点亮一个LED。

现在，在单片机最小系统的基础之上，设计控制LED发光的电路。有时为了简单，在软件仿真时，可以省略时钟电路和复位电路。

1. LED简介

LED就是发光二极管，现在有很多种，常见的发光颜色有红、绿、黄、蓝和白等。发红色光、绿色光和黄色光的二极管工作电压在1.6 V左右，发蓝色光和白色光的工作电压在3 V左右。正常工作电流大都在10 mA左右。图1-17是常见的LED构造，图1-18是常见的LED外形图。

照明用的发光二极管近年来发展较快，其工作电压和工作电流比较大，规格比较多，这里暂不介绍。

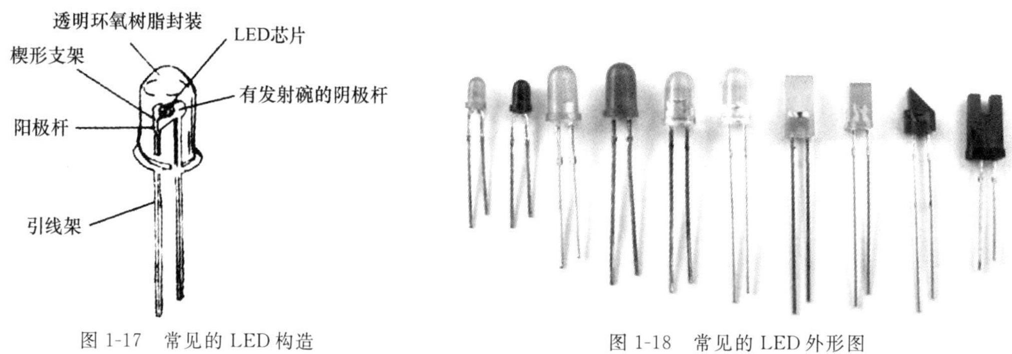

图 1-17　常见的 LED 构造　　　　图 1-18　常见的 LED 外形图

2. 单片机驱动 LED

单片机驱动 LED，常见的有两种接法，如图 1-19 所示。

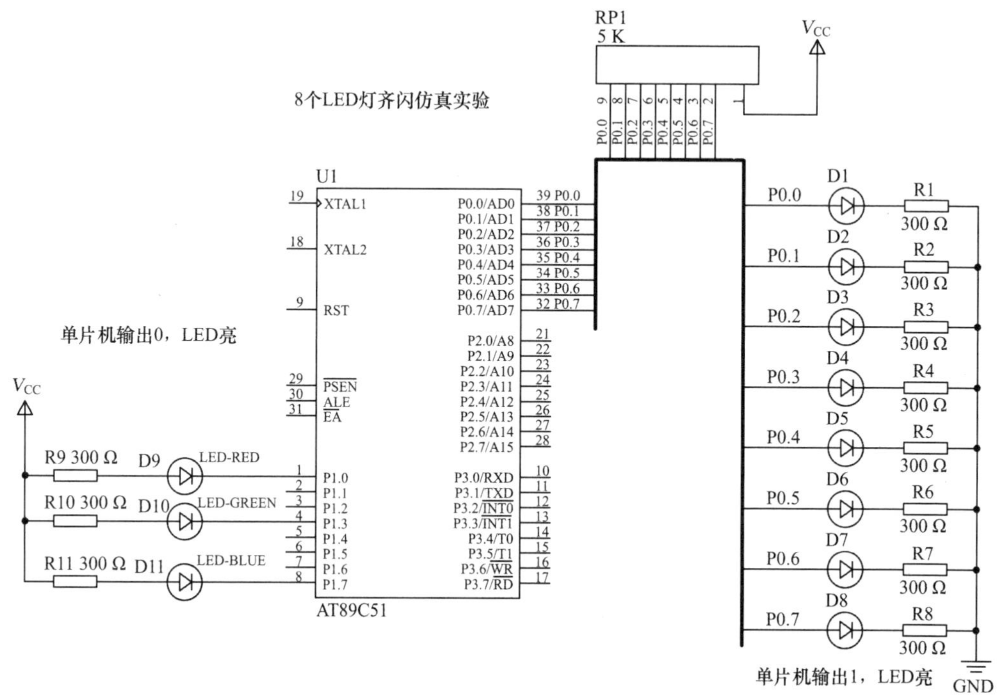

图 1-19　单片机驱动 LED

参看本书所附带的电子文档文件：LED. dsn。

在图 1-19 中，D1～D8 的接法是单片机输出高电平 LED 亮；D9～D11 的接法是单片机输出低电平 LED 亮。

在图 1-19 中，每一个 LED 都串联一个 300 Ω 电阻，作用是限制电流。实际电路中，红色、绿色 LED 有 5 mA 就明显亮，10 mA 电流就很亮，再大的电流就没有太大的意义了。

计算 R9 和 D9 回路：P1. 0 低电平 0. 3 V，D9 工作电压 1. 6 V，工作电流 10 mA，电源电压 V_{CC} =5 V，电阻 R9 上的电压=5 V−0. 3 V−1. 6 V=3. 1 V，为了得到 10 mA 的电流，R9 的阻值应该是：$R=U/I$=3. 1 V/0. 01 A=310 Ω，取近似值 300 Ω。

单片机采用 AT89C51，其输出低电平承受 10 mA 的灌电流是可以的。STC 单片机的 I/O 端口可以承受最大 20 mA 的电流。如果换用其他型号的单片机或者使用其他类型的 LED，需要根据有关使用说明书重新计算。

为了看到电路的工作情况，给出一个测试程序：8D 齐闪 4.asm，程序的功能是在四个并行口不断地输出全 0 或者全 1，以便观察电路的反应。

汇编语言程序清单（8D 齐闪 4.asm）：

```
ORG 0000H
START:  MOV    A,#00H          ;送显示模式字给 ACC
NEXT:   MOV    P0,A            ;ACC 内容送给 P0 端口，控制连接 P0 的发光二极管
        MOV    P1,A
        MOV    P2,A
        MOV    P3,A
        ACALL  DELAY           ;调用延时子程序
        CPL    A               ;累加器 ACC 中的内容取反
        SJMP   NEXT            ;无限循环
DELAY:  MOV    R3,#0FFH        ;延时子程序开始
DEL2:   MOV    R4,#0FFH
DEL1:   NOP
        NOP
        DJNZ   R4,DEL1
        DJNZ   R3,DEL2
        RET                    ;延时子程序结束
        END                    ;整个程序结束
```

C 语言程序清单：

```
/* LED 闪亮实验 */
//==声明区======================================
#include <reg51.h>              //定义 8051 寄存器的头文件
void delay1ms(int x);           //延时函数声明
//==主程序======================================
main()                          //主程序开始
{
    while(1)                    //无穷循环，程序一直运行
    {
        P0=~P0;                 //取反
        P1=~P1;                 //取反
        P2=~P2;                 //取反
        P3=~P3;                 //取反
        delay1ms(5);            //延时
    }
}                               //主程序结束
//===延时函数，延时约 x*1 ms==============================
void delay1ms(int x)
{
    int i,j;                    //声明整型变量 i,j
    for(i=0;i<x;i++)            //计数 x 次，延时约 x*1 ms
    for(j=0;j<120;j++);         //计数 120 次，延时约 1 ms
}
```

学中做

【技能训练 1-3】 单片机端口驱动 LED。

目的：端口驱动，软件使用。

过程和步骤：

（1）运行 Proteus 软件，打开电子文档文件 LED. dsn，运行，可以看到发光二极管闪亮。

（2）暂停，单击电阻，可以看到电阻上的电流电压等运行参数。

（3）停止后，修改电阻值，重新运行，查看结果。

这里用到的程序文件名是“8D 齐闪 4. asm”，功能是四个 I/O 端口不断地输出高、低电平。我们以后还要利用这个程序验证外接电路。

这个技能训练的目的是理解单片机端口的输出能力，学习仿真软件的使用。

1.3.3 带简单驱动的 LED 接口

如果单片机不能提供较大的输出电流，可以使用并行口驱动器件来提高单片机的驱动能力。一般使用中小规模的数字集成电路，比如 74LS373 和 74LS245 等。图 1-20 就是利用 74LS245 来驱动 LED 的一个例子。

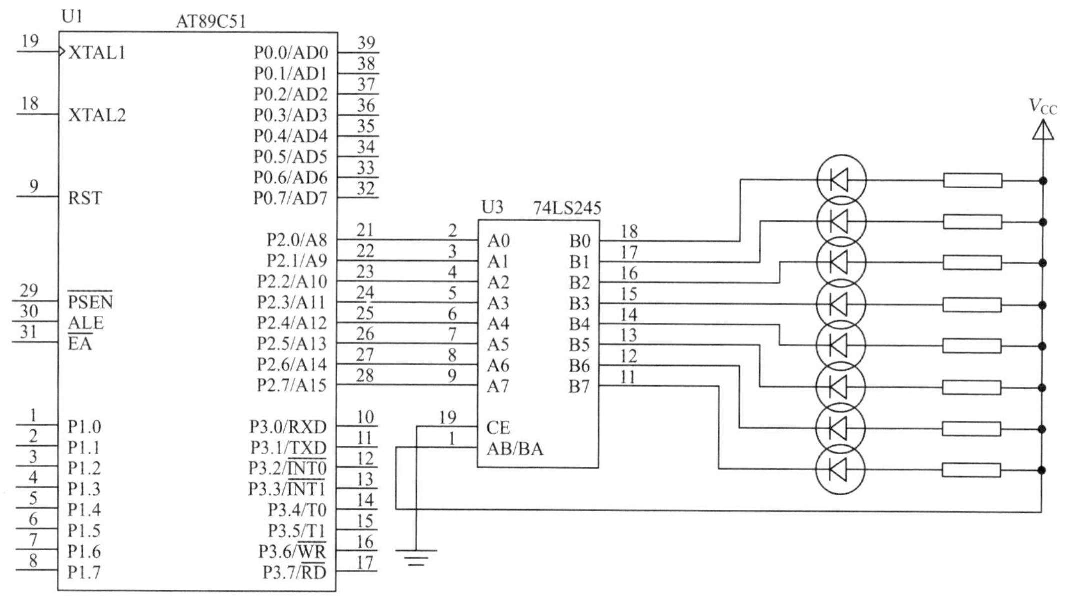

图 1-20 利用 74LS245 驱动 LED

74LS245 是双向总线驱动器，每一个端口线可以提供最大 24 mA 灌电流。1 号引脚可以控制信号的传送方向。1 号引脚接高电平时，传送方向是从 A 到 B；1 号引脚接低电平时，传送方向是从 B 到 A。（电子文档文件：简单 IO 驱动 245. dsn）

1.3.4 设计节日彩灯控制器电路

现在，我们开始设计节日彩灯控制器。先设计彩灯的外形，再根据需要设计控制电路。

1. 彩灯外形设计

彩灯设计思路：用一些 LED，排列成一幅图，或者一个字。在这个思路指导下，设计如图 1-21 所示的一个图案。

方案 1：汉字“我爱单片机”。汉字比较麻烦，制作困难。

方案 2：英文“I LOVE YOU”。英文相对简单。

大家可以根据条件自行选择其中一种方案。

图 1-21　一种彩灯外形设计图

2. 彩灯控制器电路设计

设想：用单片机控制心形图形跑马灯，文字带闪烁效果。

节日彩灯电路设计原理图如图 1-22 所示。

参看本书所附带的电子文档文件：JRCD. dsn。

图 1-22 中驱动电路采用 ULN2803，其引脚如图 1-23 所示，I1～I8 是输入端，O1～O8 是输出端，COMMON 是公共电源端。其内部的二极管在驱动电磁继电器的情况下作为续流二极管用。ULN2803 是个反相器，其输出端最大可以承受 500 mA 电流和 50 V 电压。不同厂家的产品略有不同，详细资料可以自行查找。

设计电源使用 12 V，这样用 ULN2803 来驱动 5 个 LED。如果给 ULN2803 输入低电平，其对应端输出高电平，LED 不亮。如果给 ULN2803 输入高电平，其对应端输出低电平，LED 亮。串联的限流电阻值，可以根据 LED 特性和电源电压计算。图 1-22 中电阻值仅供参考。

将 P0 端口的 LED 排列成英文字母(图 1-22)，将 P1 端口的 LED 排列成一个心形图案。如果有兴趣，还可以在 P2 和 P3 端口接更多的 LED。

单片机电源必须使用 5 V，这里采用三端集成稳压电路 7805，从 12 V 转换成 5 V。电源还加了退耦电容。

学中做

【技能训练 1-4】 彩灯电路设计。

目的：驱动电路设计。

内容：彩灯控制器。

步骤：

(1)利用 Proteus 软件，打开以前的项目文件：最小系统. dsn。

(2)单击“文件”菜单下“另存为”命令，英文菜单是“Save Design As...”。

(3)指定新的文件名和保存位置。

(4)将设计图纸的尺寸改成 A3。

(5)按照上面的电路图，调入需要的元件，画出节日彩灯的电路。(注意保存文件，以免意外丢失)

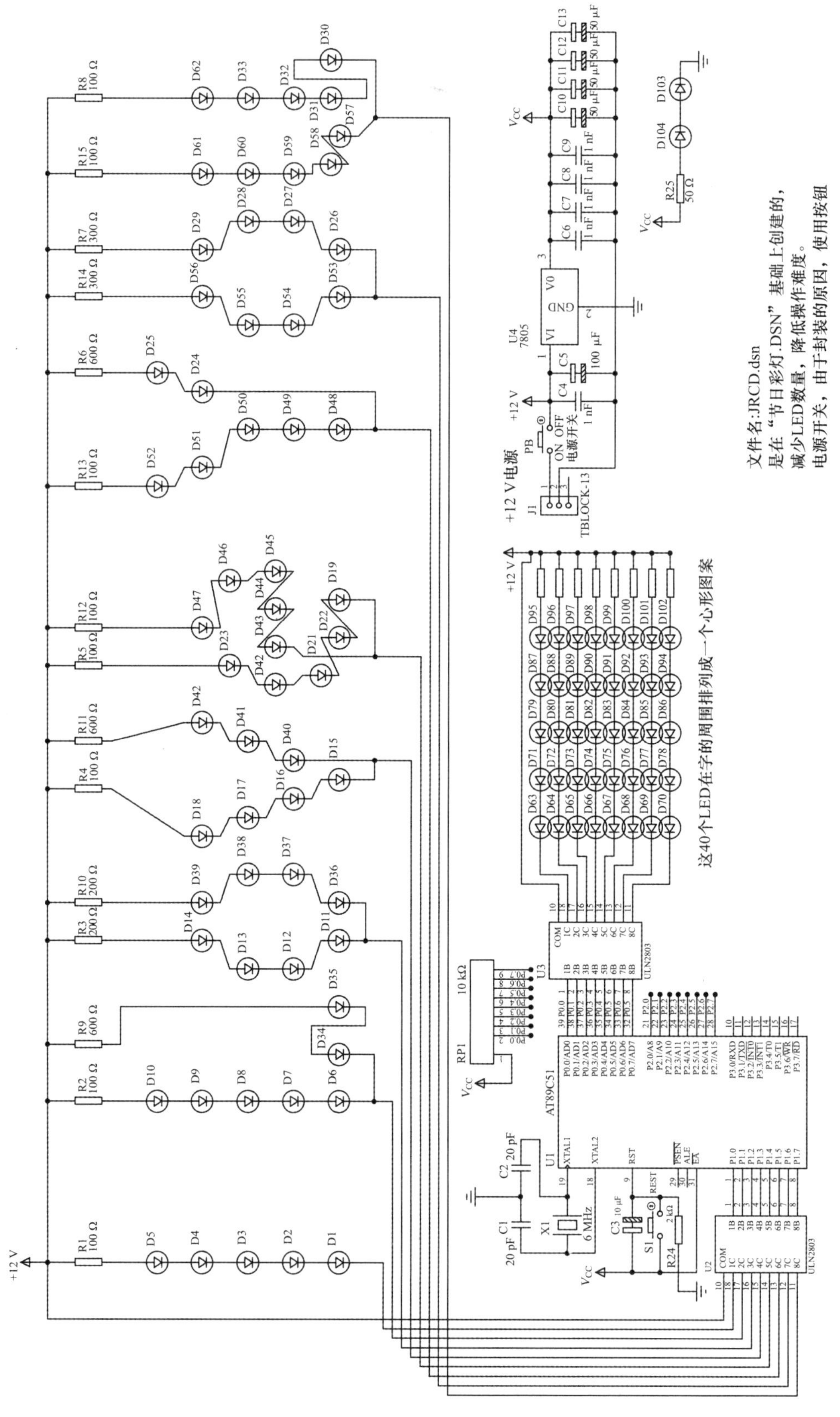

+12 V
AT89C51
ULN2803
7805
+12 V电源
电源开关
TBLOCK-13
这40个LED在字的周围排列成一个心形图案
文件名:JRCD.dsn
是在“节日彩灯.DSN”基础上创建的，
减少LED数量，降低操作难度。
电源开关，由于封装的原因，使用按钮

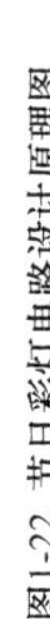

图1-22 节日彩灯电路设计原理图

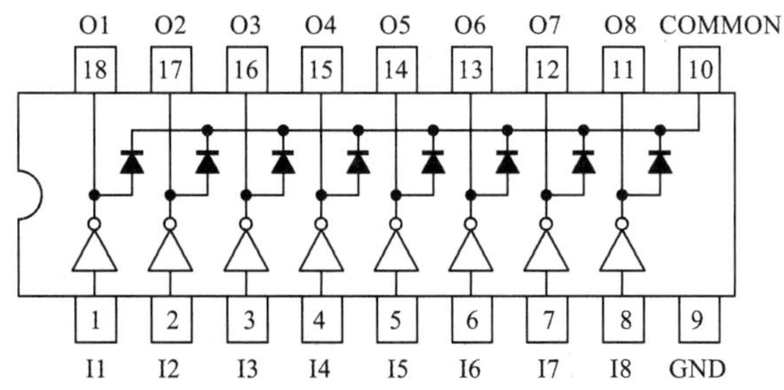

图1-23　ULN2803引脚及内部结构图

(6)如有可能,将P0端口的LED在字符周围排列成一个心形图案。(可能还要扩大图纸尺寸)

(7)使用汇编语言源程序:8D齐闪4.asm,以验证电路工作是否正常。

这个技能训练的目的是理解单片机接口电路,学习仿真软件的使用。

任务1.4　节日彩灯控制器的工作过程和仿真调试

本任务主要内容为添加程序、修改程序、编译程序、执行程序、单步执行程序的操作方法。给定程序直接使用。

1.4.1　在Proteus中给项目添加程序

电路设计完成后,下面要给电路配上程序。程序设计是下一个项目的主要任务,这里给出一个参考程序,能看到彩灯的显示效果即可。节日彩灯.asm,程序清单如下:

```
;节日彩灯的程序
;P0端口接8串LED,排列成心形图案,ULN2803驱动,高电平亮
;P1端口接8串LED,排列成字符图案,ULN2803驱动,高电平亮
;程序翻译成二进制的机器码,要存放到单片机的程序存储器中
;单片机才能识别并在上电复位后开始执行
            ORG     0000H           ;复位入口地址(固定地址)
            LJMP    MAIN            ;转移到主程序
;其他固定入口地址暂时不用,空着
;----------------------------------------------------------分隔线1
;以下是主程序
            ORG     0030H           ;主程序开始地址(自定地址)
MAIN:       MOV     SP,#37H         ;堆栈从内部数据存储器38H开始
            MOV     PSW,#10H        ;工作寄存器使用第2组
START:      MOV     P0,#0FFH        ;P0全亮
            ACALL   DELAY           ;调用延时子程序
            ACALL   P1LS            ;调用P1流水子程序
            ACALL   DELAY           ;调用延时子程序
            MOV     P1,#0FFH        ;P1全亮
            ACALL   DELAY           ;调用延时子程序
```

```
            ACALL  P0LS             ;调用 P0 流水子程序
            ACALL  DELAY            ;调用延时子程序
            LJMP   START            ;无限循环
;主程序到此结束
;-------------------------------------------------------------分隔线 2
;以下是 P0 流水子程序(没有指定地址,紧接此前程序存放)
P0LS:       MOV    A,#0FEH          ;送显示模式字,最低位 P0.0 亮
            MOV    P0,ACC           ;点亮连接 P0 的发光二极管
            ACALL  DELAY            ;调用延时子程序
            MOV    A,#0FDH          ;P0.1 亮
            MOV    P0,ACC           ;点亮连接 P0 的发光二极管
            ACALL  DELAY            ;调用延时子程序
            MOV    A,#0FBH          ;P0.2 亮
            MOV    P0,ACC           ;点亮连接 P0 的发光二极管
            ACALL  DELAY            ;调用延时子程序
            MOV    A,#0F7H          ;P0.3 亮
            MOV    P0,ACC           ;点亮连接 P0 的发光二极管
            ACALL  DELAY            ;调用延时子程序
            MOV    A,#0EFH          ;P0.4 亮
            MOV    P0,ACC           ;点亮连接 P0 的发光二极管
            ACALL  DELAY            ;调用延时子程序
            MOV    A,#0DFH          ;P0.5 亮
            MOV    P0,ACC           ;点亮连接 P0 的发光二极管
            ACALL  DELAY            ;调用延时子程序
            MOV    A,#0BFH          ;P0.6 亮
            MOV    P0,ACC           ;点亮连接 P0 的发光二极管
            ACALL  DELAY            ;调用延时子程序
            MOV    A,#07FH          ;P0.7 亮
            MOV    P0,ACC           ;点亮连接 P0 的发光二极管
            ACALL  DELAY            ;调用延时子程序
            RET                     ;P0 流水结束,返回主程序
;P0 流水子程序结束
;-------------------------------------------------------------分隔线 3
;以下是 P1 流水子程序(没有指定地址,紧接此前程序存放)
P1LS:       MOV    A,#0FEH          ;送显示模式字,最低位 P1.0 亮
            MOV    P1,ACC           ;点亮连接 P1 的发光二极管
            ACALL  DELAY            ;调用延时子程序
            MOV    A,#0FDH          ;P1.1 亮
            MOV    P1,ACC           ;点亮连接 P1 的发光二极管
            ACALL  DELAY            ;调用延时子程序
            MOV    A,#0FBH          ;P1.2 亮
            MOV    P1,ACC           ;点亮连接 P1 的发光二极管
            ACALL  DELAY            ;调用延时子程序
```

```
        MOV    A,#0F7H             ;P1.3 亮
        MOV    P1,ACC              ;点亮连接 P1 的发光二极管
        ACALL  DELAY               ;调用延时子程序
        MOV    A,#0EFH             ;P1.4 亮
        MOV    P1,ACC              ;点亮连接 P1 的发光二极管
        ACALL  DELAY               ;调用延时子程序
        MOV    A,#0DFH             ;P1.5 亮
        MOV    P1,ACC              ;点亮连接 P1 的发光二极管
        ACALL  DELAY               ;调用延时子程序
        MOV    A,#0BFH             ;P1.6 亮
        MOV    P1,ACC              ;点亮连接 P1 的发光二极管
        ACALL  DELAY               ;调用延时子程序
        MOV    A,#07FH             ;P1.7 亮
        MOV    P1,ACC              ;点亮连接 P1 的发光二极管
        ACALL  DELAY               ;调用延时子程序
        RET                        ;P1 流水结束,返回主程序
;P1 流水子程序结束
;-------------------------------------------------------分隔线 4
;以下是延时子程序(没有指定地址,紧接此前程序存放)
DELAY:  MOV    R3,#0FFH            ;延时子程序开始
DEL2:   MOV    R4,#0FFH
DEL1:   NOP
        NOP
        DJNZ   R4,DEL1
        DJNZ   R3,DEL2
        RET                        ;延时子程序返回,返回主程序
;延时子程序结束
;-------------------------------------------------------分隔线 5
        END                        ;程序全部结束
```

这个程序实际上并不复杂。很多指令重复出现,只是操作数不同。看下面:

```
        MOV    A,#0FEH             ;P0.0 亮
        MOV    P0,ACC              ;点亮连接 P0 的发光二极管
        ACALL  DELAY               ;调用延时子程序
```

这三条指令被大量重复,第一条指令是数据传送指令,将一个十六进制数送给累加器 ACC(简称 A),0FEH=11111110 B,对应最低位是 0。

第二条指令也是数据传送指令,将累加器 A 中的数据(11111110 B)传送给 P0 端口。P0 端口将数据输出,到达 U2(ULN2803),经 U2 反相后,到达 LED 阴极。最低位的 0 经反相变成 1,对应的一串 LED 不亮,而其余的 7 串 LED 亮。

第三条指令是调用一个子程序,延时一段时间,保持各串 LED 亮/灭状态。

如果修改操作数,显示结果就会不同。当我们学习了单片机的指令之后,再回头分析这个程序,就会觉得这个程序太简单了。

这种程序的写法是为了以后改成循环结构。请记住，学习了项目 2 之后，再回来修改这个程序。

C 语言的程序清单：

```
//节日彩灯的程序
//P0 端口接 8 串 LED，排列成心形图案，ULN2803 驱动，高电平亮
//P1 端口接 8 串 LED，排列成字符图案，ULN2803 驱动，高电平亮
//程序翻译成二进制的机器码，要存放到单片机的程序存储器中
//单片机才能识别并在上电复位后开始执行
#include <reg51.h>                          //引用库定义
void delayms(unsigned int t);               //延时声明
void P1LS();                                //P1 流水声明
void P0LS();                                //P0 流水声明
void main()
{
    while(1)
    {
        P0=0xff;                            //P0 全亮
        delayms(300);                       //调用延时子程序
        P0LS();                             //调用 P0 流水子程序
        delayms(300);                       //调用延时子程序
        P1=0xff;                            //P1 全亮
        delayms(300);                       //调用延时子程序
        P1LS();                             //调用 P1 流水子程序
    }
}
void delayms(unsigned int t)                //延时子程序，约 1 毫秒
{
    unsigned int i,j;
    for(i=0;i<t;i++)
        for(j=0;j<124;j++);
}
void P0LS()
{
    P0=0xfe;                                //P0.0 亮
    delayms(300);
    P0=0xfd;                                //P0.1 亮
    delayms(300);
    P0=0xfb;                                //P0.2 亮
    delayms(300);
    P0=0xf7;                                //P0.3 亮
    delayms(300);
    P0=0xef;                                //P0.4 亮
```

```
    delayms(300);
    P0=0xdf;                        //P0.5亮
    delayms(300);
    P0=0xbf;                        //P0.6亮
    delayms(300);
    P0=0x7f;                        //P0.7亮
    delayms(300);
    P0=0xff;                        //全灭(亮,因为驱动电路ULN2803是反相器)
}
void P1LS()
{
    P1=0xfe;                        //P1.0亮
    delayms(300);
    P1=0xfd;                        //P1.1亮
    delayms(300);
    P1=0xfb;                        //P1.2亮
    delayms(300);
    P1=0xf7;                        //P1.3亮
    delayms(300);
    P1=0xef;                        //P1.4亮
    delayms(300);
    P1=0xdf;                        //P1.5亮
    delayms(300);
    P1=0xbf;                        //P1.6亮
    delayms(300);
    P1=0x7f;                        //P1.7亮
    delayms(300);
    P1=0xff;                        //全灭(亮,因为驱动电路ULN2803是反相器)
}
```

做中学

【技能训练1-5】 节日彩灯的仿真调试和花样修改。

目的:学习查看内存。

内容:仿真调试节日彩灯。

步骤:

(1)利用Proteus软件,打开节日彩灯项目(技能训练1-4的内容,电路要正确完整)。

(2)单击"源文件"菜单,选择"添加/移除源程序"。

(3)在弹出的对话框中,单击"更改"按钮。

(4)在弹出的对话框中,找到"节日彩灯.asm",单击"打开"按钮。

(5)单击"OK"按钮。

(6)单击"源文件"菜单,选择"全部编译"。

(7)出现提示信息,全部OK,关闭信息窗口。

(8)如果有错误信息,需要解决错误后方可进行下去。

(9)单击“运行”按钮,查看运行情况。

(10)单击“暂停”按钮,查看程序。

(11)在弹出的程序窗口,单击“单步”按钮,查看程序执行过程(此时程序很可能处于延时子程序中,只在几条指令之间反复)。

(12)单击“跳出子程序”按钮,返回调用程序(上一级程序)。

(13)继续单步执行,看 LED 变化(如果程序窗口影响观察,可以用鼠标按住窗口上沿移动位置)。

(14)单击“调试”菜单,在下拉菜单中选择“3. 8051 CPU Registers-U1”选项,会弹出 8051CPU 内部寄存器窗口,有各个寄存器的内容,如图 1-24 所示。

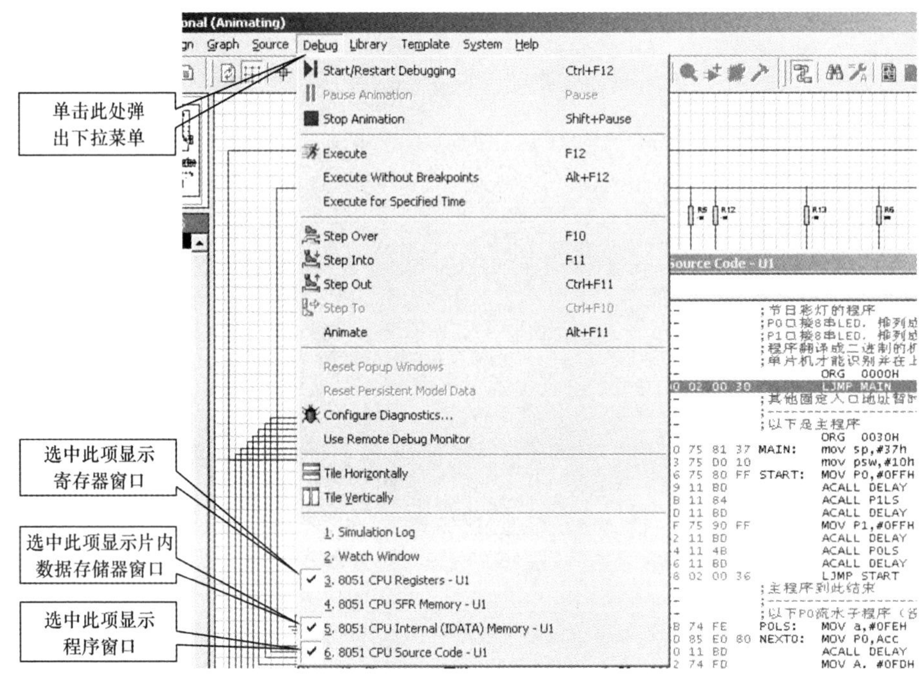

图 1-24 调试菜单的下拉菜单(仿真截图)

(15)单击菜单“调试”,在下拉菜单中选择“5. 8051 CPU Internal(IDATA)Memory-U1”选项,会弹出 8051 内部数据存储器窗口,有 256 个字节的内容(地址从 00H～0FFH)。

(16)以上窗口都可以用鼠标来移动位置。

(17)看完后,单击“停止”按钮,停止仿真(不要直接关闭这些小窗口,下次暂停时还会出现。如果不想看了,可以关闭。下次再看可以重新打开)。

(18)如果看不懂小窗口的内容,说明还要继续学习下面的一节。

(19)如果要修改程序参数,可以单击菜单“源程序”,在下拉菜单中,单击最后一行“1. 节日彩灯. asm”,即可弹出源文件的编辑窗口。编辑后要保存文件,重新编译,运行,查看结果。

(20)讨论、交作业。

帮助:在程序窗口右上角有六个按钮,从左到右依次是:全速运行、单步运行、跟踪到子程序内部单步运行、跳出当前子程序、运行到当前光标所在行以及设置断点。

在程序窗口中单击鼠标右键,可以设置这个窗口的显示选项,比如行号和代码。

C 语言程序的操作过程：

(1)启动 Keil 软件，新建项目，新建文件，编辑上述节日彩灯的 C 语言源程序。

(2)编译通过，产生十六进制程序文件。

(3)利用 Proteus 软件打开节日彩灯电路图。

(4)建立 Keil 和 Proteus 之间联调。

(5)Keil 进入仿真调试状态，全速运行程序。

(6)在 Proteus 软件窗口观看彩灯变化。

(7)Keil 进入仿真调试状态，单步运行程序。

(8)在 Proteus 软件窗口观看彩灯变化。

1.4.2　单片机存储器结构

单片机的构造，概括起来就是 CPU、存储器以及 I/O 接口三大部分。

单片机要工作，首先要把程序装进单片机。仿真暂停时打开的小窗口，就是单片机的内部存储器窗口。程序窗口就是程序存储器内容。

为了存储数据和指令，单片机需要有若干存储器。存储的基本单位是二进制位，每 8 个二进制位组成一个字节(Byte，简写为 B)，每个字节称为一个"单元"。为了区别这些不同的存储单元，通常为每一个单元编一个号码，称为"地址"，这样就可以根据确定的地址，将所需的数据写入或读出。

MCS-51 单片机在存储器的设计上，将程序存储器 ROM 和数据存储器 RAM 分开，8051 单片机的存储器从物理上分四个存储空间：①片内程序存储器；②片外程序存储器；③片内数据存储器；④片外数据存储器。如图 1-25 所示。

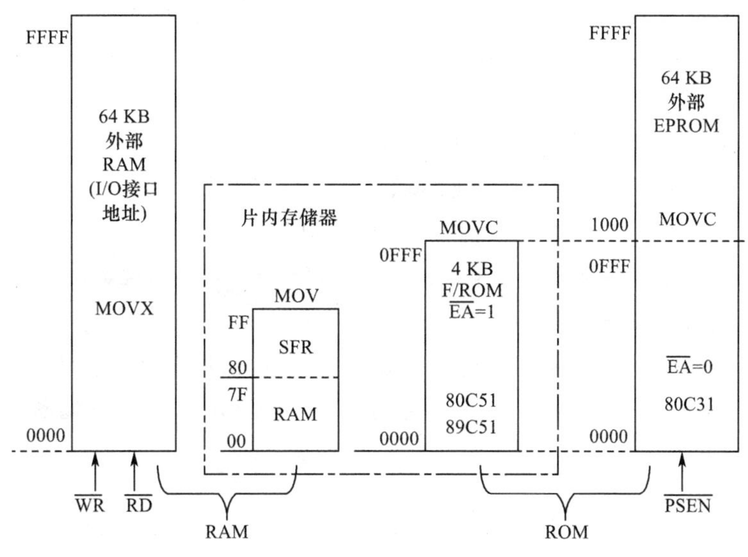

图 1-25　8051 单片机的存储器地址空间分布图

从用户的角度考虑，8051 单片机的存储器又可分为三个逻辑空间：①片内、片外统一编址的 64 KB(0000H～FFFFH)程序存储器地址空间；②片内 128 B 的数据存储器地址空间；③片外可扩展的 64 KB(0000H～FFFFH)数据存储器地址空间。

尽管数据存储器地址空间与程序存储器地址空间重叠，但不会造成混乱。访问片外程序存储器用 MOVC 指令，产生 $\overline{\text{PSEN}}$ 选通信号；访问片外数据存储器用 MOVX 指令，产生 $\overline{\text{RD}}$（读）和 $\overline{\text{WR}}$（写）选通信号。

数据存储器由内部数据存储器（内部 RAM）和外部数据存储器组成，地址空间也重叠，但也不会造成混乱。因为内部数据存储器通过 MOV 指令读写，此时外部数据存储器读选通信号 $\overline{\text{RD}}$、写选通信号 $\overline{\text{WR}}$ 均无效，而外部数据存储器通过 MOVX 指令访问，并由 $\overline{\text{RD}}$（读操作）或 $\overline{\text{WR}}$（写操作）信号选通。

片内程序存储器和数据存储器的访问也是用不同的指令来实现的，单片机内部自动产生控制信号来区分。

提示：单片机的存储器结构有两个重要的特点：一是把数据存储器和程序存储器截然分开，二是存储器有片内片外之分。

1.4.3 程序存储器 ROM

1. 片内 ROM 的配置形式

无 ROM 型（8031、8032 等），应用时要在片外扩展程序存储器。

（1）掩膜 ROM 型（8051、8052 等），用户程序由芯片生产厂商写入。

（2）EPROM 型（8751、8752 等），用户程序通过写入装置写入，通过紫外线照射擦除。

（3）FlashROM 型（89C51、89C52 等），用户程序可以电写入或擦除。

（4）OTPROM 型（一次性编程写入 ROM），具有较高的环境适应性和可靠性。

2. 程序存储器的编址

计算机的工作是按照事先编制好的程序一条条指令循序执行的，程序存储器就是用来存放这些已编好的程序和表格常数。80C51 单片机有 64 KB 程序存储器空间，片内为 4 KB，地址为 0000H～0FFFH；片外最多可扩展至 64 KB，地址为 0000H～FFFFH。当引脚 $\overline{\text{EA}}$ 接高电平时，程序计数器 PC 值在 0000H～0FFFH 范围内，执行片内 ROM 中的程序；当程序计数器 PC 值超过 0FFFH 时，就自动转向片外 ROM 取指令。当 $\overline{\text{EA}}$ 接低电平时，片内 ROM 不起作用，CPU 只能从片外 ROM/EPROM 中取指令。对于 8031 芯片，因其片内无 ROM，故应使 $\overline{\text{EA}}$ 接低电平，这样才能直接从外部扩展的 EPROM 中取指令。

注意：单片机程序存储器的寻址范围是由程序计数器 PC 的位数决定的。

3. 程序运行的入口地址

实际应用时，程序存储器的容量由用户根据需要扩展，而程序地址空间原则上也可由用户任意安排，但程序最初运行的入口地址是固定的，用户不能更改。程序存储器中有七个固定的入口地址见表 1-5。

表 1-5　程序运行入口地址

存储单元	保留目的
0000H～0002H	复位后初始化引导程序地址
0003H～000AH	外部中断 0
000BH～0012H	定时器 0 溢出中断

（续表）

存储单元	保留目的
0013H～001AH	外部中断1
001BH～0022H	定时器1溢出中断
0023H～002AH	串行接口中断
002BH	定时器2中断(52子系列才有)

单片机复位后程序计数器PC的内容为0000H，故必须从0000H单元开始取指令来执行程序。0000H单元是系统的起始地址，一般在该单元存放一条无条件转移指令，将PC值转向主程序或初始化程序的入口地址。用户设计的程序是从转移后的地址开始存放的，如：

```
        ORG     0000H       ;ORG指示随后的指令码从0000H单元开始存放
        LJMP    Main        ;在0000H单元放一条长跳转指令，共3个字节
        ORG     0003H
        LJMP    INT0        ;跳到外中断INT0服务程序的入口地址
        …                   ;其他中断入口地址初始化
        ORG     0050H       ;主程序代码从50H单元开始存放
Main:                       ;Main是主程序入口地址标号，主程序开始
        …
INT0:                       ;中断0服务程序入口地址标号
        …
        RETI
        …                   ;其他中断服务程序
```

提示：通常程序设计时在0000H单元和中断地址区首地址存放一条长跳转指令，分别指向主程序和中断服务程序的入口地址。

当中断响应后，系统能按中断种类，自动转到各中断区的首地址去执行程序。因此在中断地址区中本应存放中断服务程序，但在通常情况下，八个单元难以存放下一个完整的中断服务程序，因此一般也是从中断地址区首地址开始存放一条无条件转移指令，以便中断响应后，通过中断地址区，再转到中断服务程序的实际入口地址去。中断知识见项目3。

4. 程序装入程序存储器的方法

对于Flash ROM（闪存）型单片机，一般都具有在系统编程和在应用编程（ISP/IAP）功能，可以在应用电路板上留出接口，需要时连接台式机（或笔记本），直接在系统编程，完成后可以立即开始执行程序。

我们现在常用的，比如AT89S51、STC12C5A60S2就可以在系统编程（ISP/IAP）。

具有在系统编程功能的单片机，一般是在单片机的某几个（一般为2～3个）引脚具备编程功能，使用时在这几个引脚加上规定的信号来实现编程。单片机应用程序设计完成，经过汇编（或编译）通过，会生成机器码文件，保存在你的计算机中，有二进制和十六进制两种格式。利用下载线（一种信号传输和转换装置）连接计算机和单片机，在计算机上运行下载软件，实现将机器码文件的程序传输到单片机的程序存储器中。

各种不同类型的单片机，编程工具不同，具体的使用方法也不尽相同。

提示：电路设计时，最好加上用来编程的电路接口，以便实际制作时下载程序。

1.4.4 片内数据存储器 RAM

数据存储器一般采用随机存取存储器(RAM)。这种存储器是一种在使用过程中随时可以写入信息,又可以随时读出信息的存储器。8051 单片机数据存储器有片内和片外之分。片内有 128 个字节 RAM,地址范围为 00H～7FH,如图 1-26 所示,其中 80H～0FFH 地址范围内的是特殊功能寄存器(SFR)。片外数据存储器可以有 64 KB 存储空间,地址范围为 0000H～FFFFH,但两者的地址空间是分开的,各自独立的。

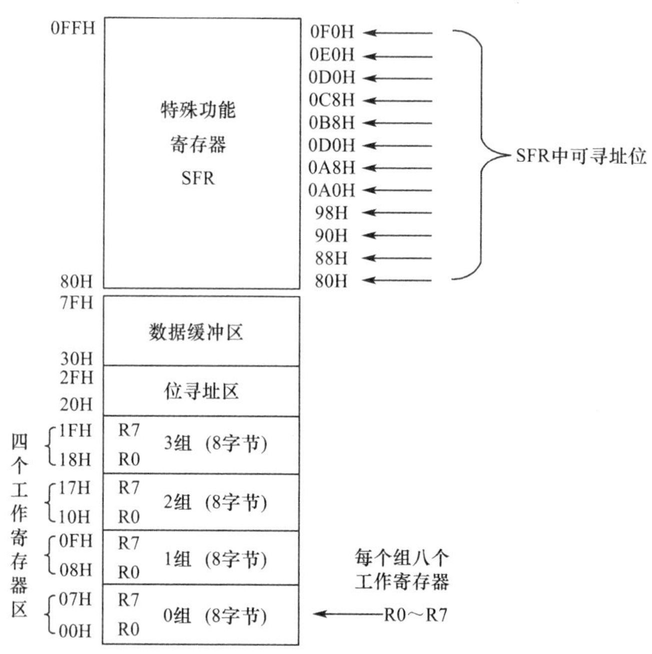

图 1-26 片内数据存储器分布图

1. 片内数据存储器(低 128 B RAM)

片内数据存储器 128 字节,可以分为三个功能区:工作寄存器区、位寻址区和数据缓冲区。此外,堆栈区也要安排在这里(如图 1-26 所示)。

(1)工作寄存器区

内部 RAM 的 00H～1FH 区,共分四个组,每组有八个工作寄存器 R0～R7,共 32 个内部 RAM 单元。见表 1-6。

表 1-6 工作寄存器与内部 RAM 单元关系

工作寄存器 0 组		工作寄存器 1 组		工作寄存器 2 组		工作寄存器 3 组	
地　址	寄存器	地　址	寄存器	地　址	寄存器	地　址	寄存器
00H	R0	08H	R0	10H	R0	18H	R0
01H	R1	09H	R1	11H	R1	19H	R1
02H	R2	0AH	R2	12H	R2	1AH	R2
03H	R3	0BH	R3	13H	R3	1BH	R3
04H	R4	0CH	R4	14H	R4	1CH	R4
05H	R5	0DH	R5	15H	R5	1DH	R5

（续表）

工作寄存器0组		工作寄存器1组		工作寄存器2组		工作寄存器3组	
地　址	寄存器	地　址	寄存器	地　址	寄存器	地　址	寄存器
06H	R6	0EH	R6	16H	R6	1EH	R6
07H	R7	0FH	R7	17H	R7	1FH	R7

工作寄存器共有四组，但程序每次只用1组，其他各组不用。哪一组寄存器工作由程序状态字PSW中的PSW.3(RS0)和PSW.4(RS1)两位来选择，其对应关系见表1-7。CPU通过软件修改PSW中的RS0和RS1两位状态，可任选一个工作寄存器组工作，这个特点使8051单片机具有快速现场保护功能，提高程序的效率和响应中断的速度。没用的工作寄存器组所对应的单元可以作为一般的数据缓冲区使用。

表1-7　　工作寄存器组选择

RS1	RS0	工作寄存器组号	R0～R7的物理地址
0	0	0	00H～07H
0	1	1	08H～0FH
1	0	2	10H～17H
1	1	3	18H～1FH

(2)位寻址区

20H～2FH单元为位寻址区，这16个单元(共计128位)的每1位都有一个8位二进制数表示的位地址，位地址范围为00H～7FH，见表1-8。

表1-8　　位寻址区与位地址

字节地址	位地址							
	D7	D6	D5	D4	D3	D2	D1	D0
2FH	7FH	7EH	7DH	7CH	7BH	7AH	79H	78H
2EH	77H	76H	75H	74H	73H	72H	71H	70H
2DH	6FH	6EH	6DH	6CH	6BH	6AH	69H	68H
2CH	67H	66H	65H	64H	63H	62H	61H	60H
2BH	5FH	5EH	5DH	5CH	5BH	5AH	59H	58H
2AH	57H	56H	55H	54H	53H	52H	51H	50H
29H	4FH	4EH	4DH	4CH	4BH	4AH	49H	48H
28H	47H	46H	45H	44H	43H	42H	41H	40H
27H	3FH	3EH	3DH	3CH	3BH	3AH	39H	38H
26H	37H	36H	35H	34H	33H	32H	31H	30H
25H	2FH	2EH	2DH	2CH	2BH	2AH	29H	28H
24H	27H	26H	25H	24H	23H	22H	21H	20H
23H	1FH	1EH	1DH	1CH	1BH	1AH	19H	18H
22H	17H	16H	15H	14H	13H	12H	11H	10H
21H	0FH	0EH	0DH	0CH	0BH	0AH	09H	08H
20H	07H	06H	05H	04H	03H	02H	01H	00H

位寻址区的每 1 位都可当作软件触发器，由程序直接进行位处理。通常可以把各种程序状态标志、位控制变量存于位寻址区内。同样，位寻址的 RAM 单元也可以按字节操作，作为一般的数据缓冲区使用。

(3)数据缓冲区

30H～7FH 是数据缓冲区，也即用户 RAM 区，共 80 个单元。

(4)堆栈区

在片内 RAM 中，常常要指定一个专门的区域来存放某些特别的数据，它遵循顺序存取和后进先出(LIFO/FILO)的原则，这个 RAM 区叫堆栈。

堆栈的作用：

①子程序调用和中断服务时 CPU 自动将当前 PC 值压栈保存，返回时将自动弹回 PC。

②保护现场/恢复现场。

③数据传递。

堆栈区由特殊功能寄存器堆栈指针 SP 管理，堆栈区原则上可以安排在 RAM 区任意位置，但一般不安排在工作寄存器区和可按位寻址的 RAM 区，通常放在 RAM 区靠后的位置。

单片机复位后堆栈指针的初值为 07H，通常需在程序初始化中修改 SP 的初值，例如：MOV SP，#30H，则栈底被确定为 30H 单元，避开通用寄存器区和位寻址区。

2. 片内数据存储器的操作

片内数据存储器 RAM，可以通过直接寻址访问，也可以通过间接寻址访问，位寻址的区域还可以进行位操作。

3. 特殊功能寄存器(片内高 128 B)

(1)特殊功能寄存器 SFR

MCS-51 单片机内高 128 字节的地址中，集合了一些特殊用途的寄存器(SFR)，专用于控制、选择、管理以及存放单片机内部各部分的工作方式、条件、状态和结果的，不同的 SFR 管理不同的硬件模块，负责不同的功能，它们包括程序状态字寄存器、累加器、I/O 端口锁存器、定时器/计数器、串口数据缓冲器以及数据指针等，其地址分散在 80H～0FFH，见表 1-9。

表 1-9　　8051 单片机的特殊功能寄存器

名称	定义	地址	位功能和位地址								复位值
ACC*	累加器	0E0H	E7	E6	E5	E4	E3	E2	E1	E0	00H
B*	B 寄存器	0F0H	F7	F6	F5	F4	F3	F2	F1	F0	00H
DPTR	数据指针(双字节)										
DPH	指针高字节	83H									00H
DPL	指针低字节	82H									00H
IE*	中断使能	0A8H	AF	AE	AD	AC	AB	AA	A9	A8	
			EA	—	—	ES	ET1	EX1	ET0	EX0	0XX00000B
IP*	中断优先级	0B8H	BF	BE	BD	BC	BB	BA	B9	B8	
			—	—	—	PS	PT1	PX1	PT0	PX0	XXX00000B
P0*	P0 端口	80H	87	86	85	84	83	82	81	80	
			AD7	AD6	AD5	AD4	AD3	AD2	AD1	AD0	0FFH

（续表）

名　称	定　义	地　址	位功能和位地址								复位值
P1*	P1 端口	90H	97	96	95	94	93	92	91	90	
			P1.7	P1.6	P1.5	P1.4	P1.3	P1.2	P1.1	P1.0	0FFH
P2*	P2 端口	0A0H	A7	A6	A5	A4	A3	A2	A1	A0	
			AD15	AD14	AD13	AD12	AD11	AD10	AD9	AD8	0FFH
P3*	P3 端口	0B0H	B7	B6	B5	B4	B3	B2	B1	B0	
			RD	WR	T1	T0	INT1	INT0	TXD	RXD	0FFH
PCON	电源控制寄存器	87H	SMOD				CF1	CF0	PD	IDL	0XXX0000B
PSW*	程序状态字	0D0H	D7	D6	D5	D4	D3	D2	D1	D0	
			CY	AC	F0	RS1	RS0	OV	—	P	000000X0B
SBUF	串口数据缓冲区	99H									XXXXXXXXB
SCON*	串行口控制	98H	9F	9E	9D	9C	9B	9A	99	98	
			SM0	SM1	SM2	REN	TB8	RB8	TI	RI	00H
SP	堆栈指针	81H									07H
TCON*	定时器控制	88H	8F	8E	8D	8C	8B	8A	89	88	
			TF1	TR1	TF0	TR0	IT1	IE1	IT0	IE0	00H
TH0	定时器 0 高字节	8CH									00H
TH1	定时器 1 高字节	8DH									00H
TL0	定时器 0 低字节	8AH									00H
TL1	定时器 1 低字节	8BH									00H
TMOD	定时器模式	89H	GATE	C/T	M1	M0	GATE	C/T	M1	M0	00H

注：带 * 号的 SFR 可位寻址，“—”表示保留位，未定义

注意：凡是特殊功能寄存器字节地址能被 8 整除的单元均能按位寻址。

提示：一些新型号的单片机增加了一些片内资源，要用到一些特殊功能寄存器，就是使用了一些现在没用到的地址。

特殊功能寄存器的说明：

①程序计数器 PC（表中没有列出，不可以直接访问）

程序计数器 PC 是一个 16 位的专用计数器，用于存放 CPU 下一条要执行指令的地址，即 CPU 取指令的地址，每取出一个字节，PC 值自动加 1。

②数据指针 DPTR

数据指针 DPTR 是一个 16 位的专用寄存器，由 DPH（数据指针高 8 位）和 DPL（数据指针低 8 位）组成，既可以作为一个 16 位寄存器使用，也可作为两个独立的 8 位寄存器 DPH 和 DPL 使用，DPTR 通常用于存放外部数据存储器的存储单元地址。

提示：DPTR 是 MCS-51 单片机中唯一的一个供用户使用的 16 位寄存器。某些型号的新型单片机具有两个 DPTR。

③堆栈指针 SP

堆栈指针 SP 是一个 8 位的特殊功能寄存器，用于指出堆栈栈顶的地址。数据被压入堆栈，SP 自动加 1，数据从堆栈中弹出，SP 自动减 1。

提示：系统复位时由硬件使 SP=07H；用户可用软件对 SP 进行设置。

④程序状态字寄存器 PSW

程序状态字寄存器 PSW(8 位)是一个标志寄存器，保存了指令执行结果的特征信息，以供程序查询和判别，比如作为程序转移的条件，其中有些位是在指令执行中由硬件自动设置的，而有些位则由用户设定。其程序状态字格式及含义如下：

程序状态字格式及含义

位编号	PSW.7	PSW.6	PSW.5	PSW.4	PSW.3	PSW.2	PSW.1	PSW.0
位定义	CY	AC	F0	RS1	RS0	OV	—	P
位地址	0D7H	0D6H	0D5H	0D4H	0D3H	0D2H	0D1H	0D0H

CY(PSW.7)——进位标志位。在执行加、减法指令时，如果运算结果的最高位(D7 位)有进位或借位，CY 位被置 1，否则清零。

AC(PSW.6)——辅助进位(或称半进位)标志。在执行加、减法指令时，其低半字节向高半字节有进位或借位时(D3 位向 D4 位)，AC 位被置 1，否则清零。AC 位主要被用于 BCD 码加法调整。

F0(PSW.5)——用户定义的标志位。它是用户定义的一个状态标志位，根据需要可以用软件来使它置位/清除。

RS1(PSW.4)、RS0(PSW.3)——工作寄存器组选择位。

MCS-51 单片机共有四组工作寄存器组，每组八个工作寄存器 R0～R7。用指令设定 RS1、RS0 的值，确定所选的工作寄存器组。RS1、RS0 状态与工作寄存器 R0～R7 的物理地址关系见表 1-7。

通常通过选择不同的工作寄存器组完成数据传送和保护任务。

单片机上电复位后，RS1、RS0 的状态为 00。

OV(PSW.2)——溢出标志位。在计算机内，带符号数一律用补码表示。在 8 位二进制中，补码所能表示的范围是-128～+127，而当运算结果超出这一范围时，OV 标志为 1，即溢出；反之为 0。

注意：当运算有溢出时，运算结果是不正确的。

PSW.1——未定义位。

P(PSW.0)——奇偶标志位。用于指示累加器 A 中 1 的个数的奇偶性，若累加器 A 中 1 的个数为奇数，则 P=1；若 1 的个数为偶数，则 P=0。该标志位用在串行通信中，常用奇偶校验的方法检验数据传输的可靠性。

CY、AC、OV、P 的置 1 或清零是由硬件自动完成的(也可以由软件来操作，但是在执行影响本标志的指令时，就会按照影响规则来自动设置其值)。

F0、RS1、RS0 是由用户设定的。

(2)SFR 的寻址方式

SFR 只能使用直接寻址方式来访问，汇编语言程序中可以使用 SFR 的地址，也可以使用寄存器名来访问。对于可以位寻址的寄存器，也可以用位寻址方式访问其中的有效位。

注意：访问特殊功能寄存器只允许使用直接寻址方式，对于特殊功能寄存器来说，用直接地址或寄存器名寻址没有区别。

MCS-51 中可位寻址 SFR 的直接地址为 X0H 和 X8H。

(3)SFR 复位状态

MCS-51 单片机复位后，程序计数器 PC 和特殊功能寄存器复位的状态在表 1-8 中已经列出，这里重新归纳见表 1-10。复位不影响片内 RAM 存放的内容。

表 1-10　　　　复位后内部寄存器的状态

寄存器	内　容	寄存器	内　容
PC	0000H	TMOD	00H
ACC	00H	TCON	00H
B	00H	TL0	00H
PSW	00H	TH0	00H
SP	07H	TL1	00H
DPTR	0000H	TH1	00H
P0～P3	0FFH	SCON	00H
IP	XXX00000B	SBUF	00H
IE	0XX00000B	PCON	0XXX0000B

由表 1-10 可看出：

①(PC)＝0000H 表示复位后程序的入口地址为 0000H；

②(PSW)＝00H，其中 RS1(PSW. 4)＝0，RS0(PSW. 3)＝0，表示复位后单片机选择工作寄存器 0 组；

③(SP)＝07H 表示复位后堆栈在片内 RAM 的 08H 单元处建立；

④P0 端口～P3 端口锁存器为全 1 状态，说明复位后这些并行接口可以直接做输入口，无须向端口写 1；

⑤定时器/计数器、串行口以及中断系统等特殊功能寄存器复位后的状态对各功能部件工作状态的影响，将在后续有关项目介绍。

1.4.5 外部数据存储器

外部数据存储器一般由静态 RAM 芯片组成。扩展存储器容量的大小，由用户根据需要而定，但 MCS-51 单片机访问外部数据存储器可用 1 个特殊功能寄存器——数据指针寄存器 DPTR 进行寻址。由于 DPTR 为 16 位，可寻址的范围可达 64 KB，所以扩展外部数据存储器的最大容量是 64 KB。

片外数据存储器寻址空间的数据传送使用专门的 MOVX 指令。片外数据存储器只能和累加器 A 交换数据，通过地址指针 DPTR 或工作寄存器 Ri(i＝0～1)间接寻址。

```
MOVX    A,@DPTR
MOVX    @DPTR,A
```

或

```
MOVX    A,@Ri
MOVX    @Ri,A
```

注意：外部扩展的数据存储器、I/O 口及外围设备是统一编址的。

提示：有的新型号单片机片上已经集成了一些外部 RAM。

1.4.6 CPU 的结构

单片机的三大组成部分,我们已经学习了两个,CPU 是最后一部分。

中央处理器(CPU)是单片机内部的核心部件,决定了单片机的主要功能特性。它由运算器和控制器两大部分组成。

为了便于说明工作原理,把单片机内部结构进行了细化,如图 1-27 所示。

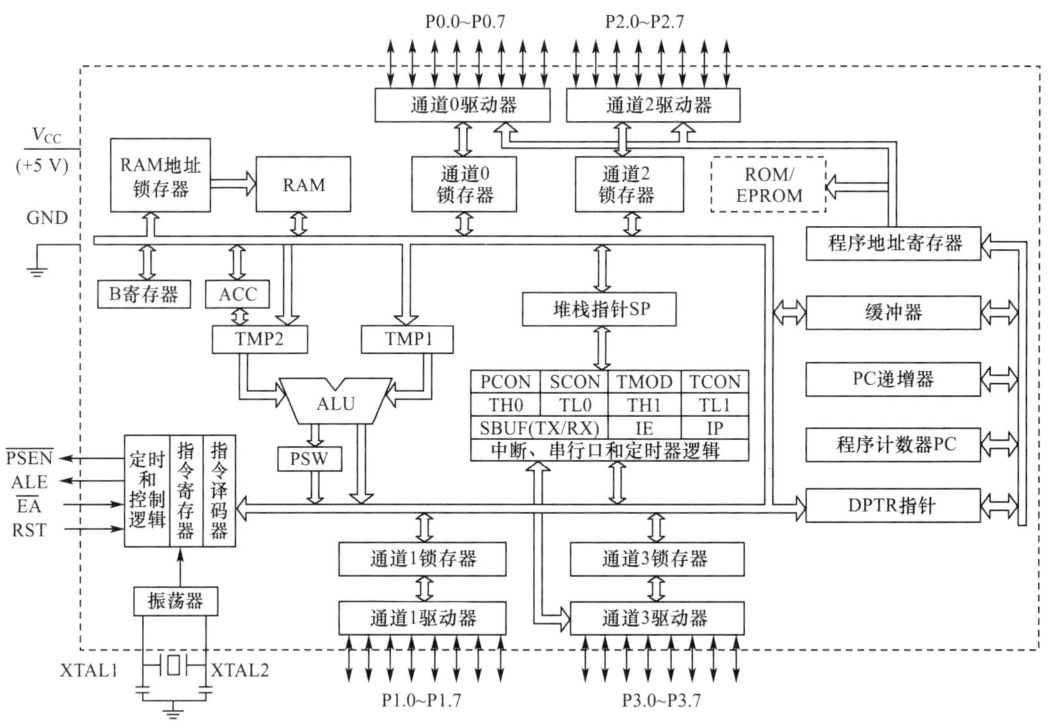

图 1-27 80C51 系列单片机的内部结构框图

1. 控制器

控制器主要包含程序计数器 PC、指令寄存器 IR、指令译码器 ID 和时序电路等。

(1)程序计数器 PC

程序存储器中指令的第一个字节所在地址称为该指令的指令地址。指令地址是 CPU 读取指令的重要线索。程序计数器 PC,用于存放 CPU 下一条要执行指令的地址。CPU 根据 PC 中的地址值到程序存储器中读取程序指令代码,并送给指令寄存器 IR 进行分析。每取出现行指令的一个字节后,PC 就自动加 1,即(PC)+1→PC,指向下一个要读取字节的地址。PC 本身没有地址,用户不能直接对它进行读写操作,但可以通过分支、跳转、调用、中断或复位等指令操作改变 PC 值,实现程序的转移。

(2)指令寄存器 IR

指令寄存器 IR 用于存放根据 PC 地址从 ROM 中读出的指令操作码。

(3)指令译码器 ID

指令译码器 ID 是用于分析指令操作的部件,指令操作码经译码后产生相应某一特定操作的信号。用户不能直接使用指令寄存器和指令译码器。

(4)时序电路

单片机系统的各部分是在 CPU 的统一指挥下协调工作的,CPU 的控制器根据不同指令,产生相应的定时信号和控制信号,各部分和各控制信号之间要满足一定的时间顺序。

①振荡周期:为单片机提供时钟信号的振荡源的周期(晶振周期或外加振荡源周期)。振荡脉冲的周期也称为节拍,用 P 表示。

②状态周期:即 CPU 从一个状态转换到另一状态所需的时间。在 MCS-51 中,一个状态周期由两个时钟周期组成。两个振荡周期为一个状态周期,用 S 表示。

③机器周期:是计算机完成一次完整的、基本的操作所需要的时间。MCS-51 机器周期由 6 个状态周期组成,用 S1、S2、…、S6 表示,共 12 个振荡周期。

1 个机器周期=6 个状态周期=12 个振荡周期。

④指令周期:执行一条指令所需的时间,指令周期往往由一个或一个以上的机器周期组成。指令周期的长短与指令所执行的操作有关。51 系列单片机的指令周期通常为 1～4 个机器周期。

振荡周期、状态周期、机器周期和指令周期的关系如图 1-28 所示。

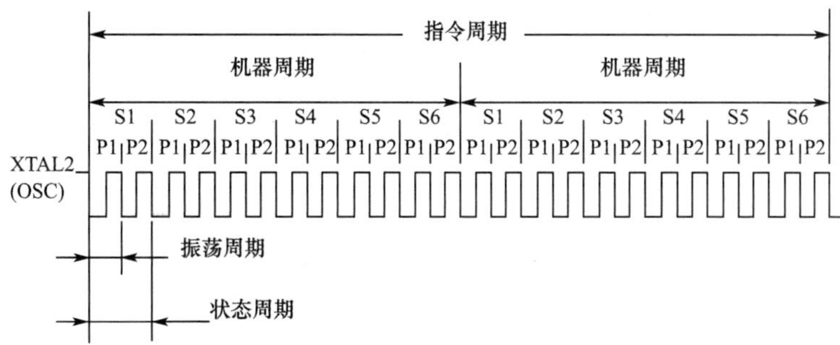

图 1-28　51 系列单片机周期关系

例如:外接晶振为 12 MHz 时,MCS-51 单片机的四个时间周期的具体值为:

振荡周期=1/12 μs;

状态周期=1/6 μs;

机器周期=1 μs;

指令周期=1～4 μs。

2. 运算器

运算部件是以算术逻辑单元 ALU 为核心,加上累加器 A、寄存器 B、暂存器 TMP1 和 TMP2、程序状态字寄存器 PSW 及专门用于位操作的布尔处理机组成的,它能实现数据的算术逻辑运算、位变量处理和数据传送操作。

(1)算术逻辑单元 ALU

算术逻辑单元 ALU 不仅能完成 8 位二进制数的加(带进位加)、减(带借位减)、乘、除、加 1、减 1 及 BCD 加法的十进制调整等算术运算,还能对 8 位变量进行逻辑"与""或""异或""求补"和"清零"等逻辑运算,并具有数据传送和程序转移等功能。

(2)暂存寄存器 TMP1、TMP2

用来存放参与算术运算和逻辑运算的另一个操作数,对用户不开放。

(3)累加器 ACC

累加器 ACC 简称累加器 A,为一个 8 位寄存器,是 CPU 中使用最频繁的寄存器。用来存放参与算术运算和逻辑运算的一个操作数或运算结果。

(4)寄存器 B

寄存器 B 是为 ALU 进行乘除法设置的。

(5)程序状态字寄存器 PSW

程序状态字寄存器 PSW(8 位)是一个标志寄存器,它保存指令执行结果的特征信息,以供程序查询和判别。

(6)布尔处理器

单片机主要用于各种控制,MCS-51 系列单片机既是八位机,同时也是一个功能完善的一位机。作为一位机时,它有自己的 CPU、位存储区(位于内部 RAM 的 20H～2FH 单元)以及位寄存器,进位标志 CY 作为"位累加器",以及具有完整的位操作指令,包括置 1、清零、非(取反)、与、或、异或、传送、测试转移等。

布尔处理器能有效解决位控制,用软件可以实现各种组合逻辑功能。

学中做

【技能训练 1-6】 仿真软件使用演练之内存查看。

目的:了解内存。

内容:内存查看。

步骤:

(1)利用 Proteus 软件运行节日彩灯项目。

(2)暂停,查看程序窗口(其他窗口关掉)。

(3)如果暂停后程序窗口没有出现,可能是你上次暂停时把它关掉了。

(4)重新打开程序窗口的方法是:在暂停状态,单击菜单"调试",在图 1-24 所示的下拉菜单中选择"6. 8051 CPU Source Code-U1",出现如图 1-29 所示的程序窗口。

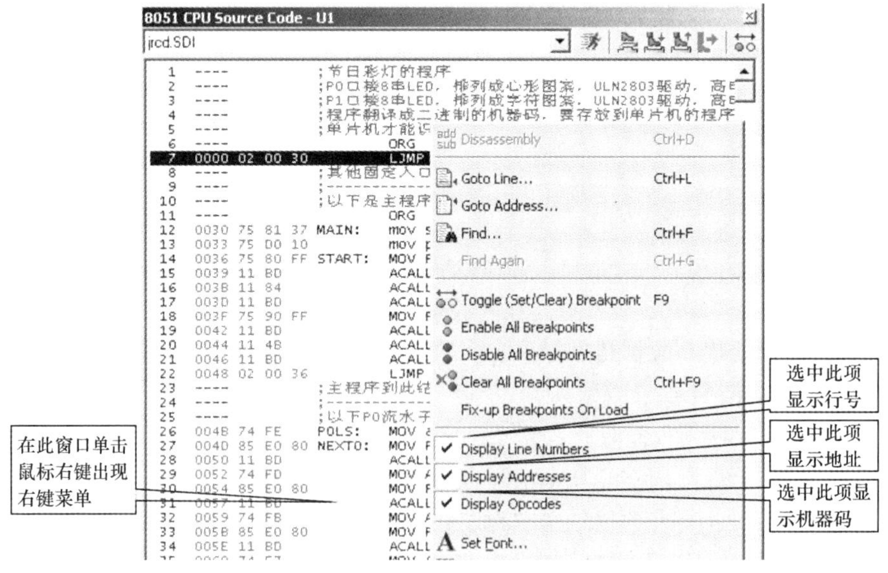

图 1-29 程序窗口内单击右键时出现右键菜单(仿真截图)

(5)在程序窗口内右击,出现如图 1-29 所示右键菜单,选择显示机器码。

(6)同上,选择显示行号。

(7)查看程序存储器中的内容(说明)。

(8)单击菜单"调试",在下拉菜单中选择"3. 8051 CPU Registers-U1",会弹出 8051 CPU 内部寄存器窗口,有各个寄存器的内容,包括特殊功能寄存器和工作寄存器。

(9)单击菜单"调试",在下拉菜单中选择"5. 8051 CPU Internal(IDATA)memory-U1",会弹出 8051 内部数据存储器窗口,有 256 个字节的内容(地址从 00H～0FFH,其中 80H～0FFH 的地址空间只存在于 52 子系列)。

(10)以上窗口都可以用鼠标来移动位置。

(11)单步运行程序,观察各个窗口内容变化。

查看内部程序存储器容量、地址以及内容等,特殊功能寄存器地址内容和数据存储器地址内容对于将来调试、分析程序非常有用。

说明:这是程序存储器里的内容(参看图 1-30)。看行号 7,地址:0000(十六进制数),代码:02 00 30(均为十六进制数),源程序指令:LJMP MAIN,注释:转移到主程序。

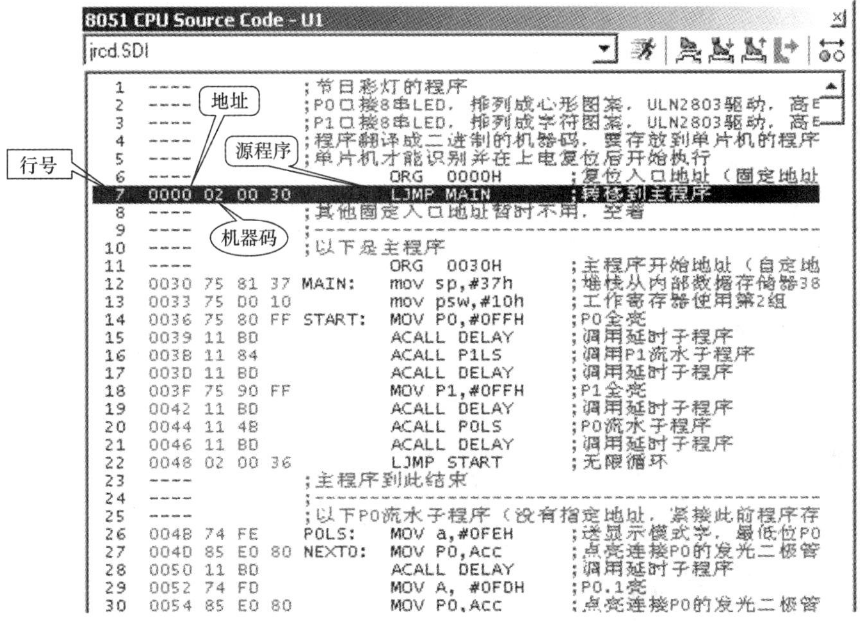

图 1-30　程序窗口截图

在这个窗口里,没有地址的行,也没有代码。有代码的行,都有地址。

行号 7 的内容意思是:程序存储器中,地址为 0000H 的单元的内容是 02H;地址为 0001H 的单元的内容是 00H;地址为 0002H 的单元的内容是 30H;这三个单元的内容连起来是 020030H,代表一条指令,就是 LJMP MAIN。或者说,LJMP MAIN 这条指令翻译成机器码就是 020030H。

地址为 0003H 的单元内容不确定;地址 0003H 到 0030H 之前内容都不确定。

第 12 行,地址为 0030H 的单元内容是 75H;地址为 0031H 的单元内容是 81H;地址为 0032H 的单元内容是 37H;这三个单元的内容连起来是 758137H,代表一条指令,就是 mov sp,＃37h。或者说,mov sp,＃37h 这条指令翻译成机器码就是 758137H。

紧接着看第 13 行,地址为 0033H 的单元内容是 75H;地址为 0034H 的单元内容是 0D0H;地址为 0035H 的单元内容是 10H;这三个单元的内容连起来是 75D010H,代表一条指令,就是 mov psw,＃10h。或者说,mov psw,＃10h 这条指令翻译成机器码就是 75D010H。

本节要求会看各种存储器，具体内容及其意义，以后会继续介绍。

Proteus 软件中的图形是彩色的，还可以随程序而改变。

说明：延时子程序就是反复执行一些无用的指令来消磨时间。

这个技能训练的目的是理解单片机内存配置和使用以及学习仿真软件的几项调试功能用法。

任务 1.5 节日彩灯控制器的制作调试

从原理图到 PCB 板设计，可以用 Proteus 或 Protel 99，亦可参照 PCB 图在万能板上制作、测量和功能验证。最好重新设计原理图，为了以后增加外设预留接口位置。

完成技能训练 1-5 之后，节日彩灯的硬件设计就完成了。技能训练 1-6 的内容，是为以后的软件设计打下基础。

设计完成之后的工作是制作。

1.5.1 制作方案的选择

1. 一般情况，可以按照电路原理图设计电路板，我们可以利用 Proteus 软件来进行。具体操作方法可以参考软件使用说明。现在给出设计好的板图，以供参考。本项目开始展示的是电路板的 3D 预览图。本设计使用双面板，图 1-31 和图 1-32 所示是其单面图。

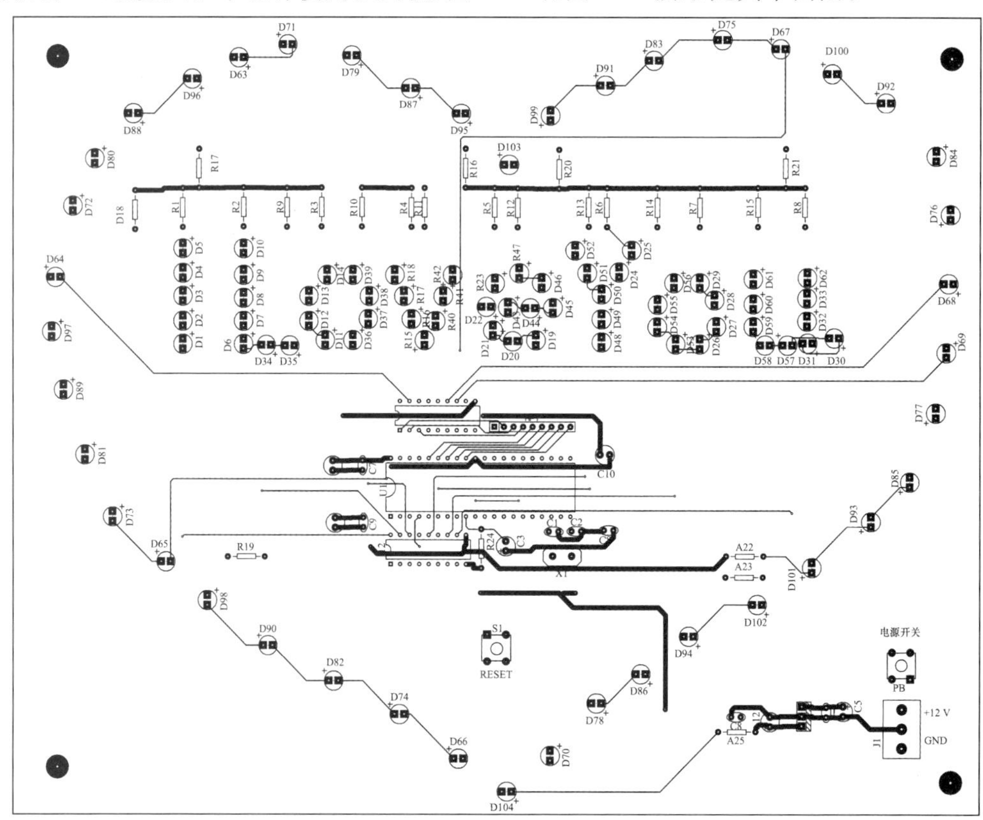

图 1-31 电路板的单面图——顶层

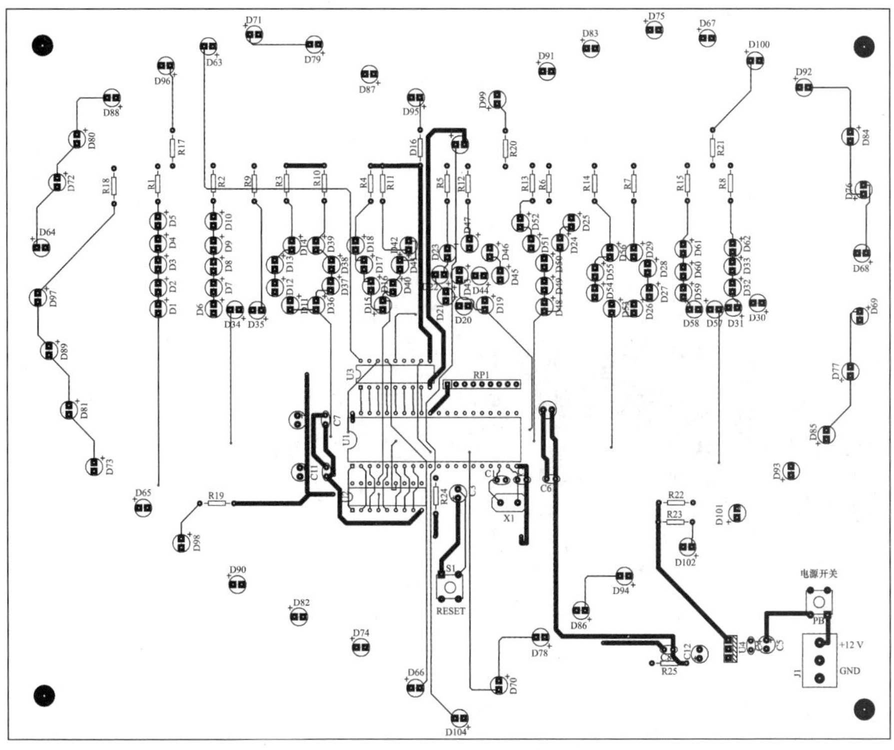

图 1-32 电路板的单面图——底层

该图中的电路板设计为双面板,双面图如图 1-33 所示。电路是由软件自动布线完成的,有很多地方不是很合理,还需要人工修改。图中比较粗的线是电源线和地线,其他信号线较细。

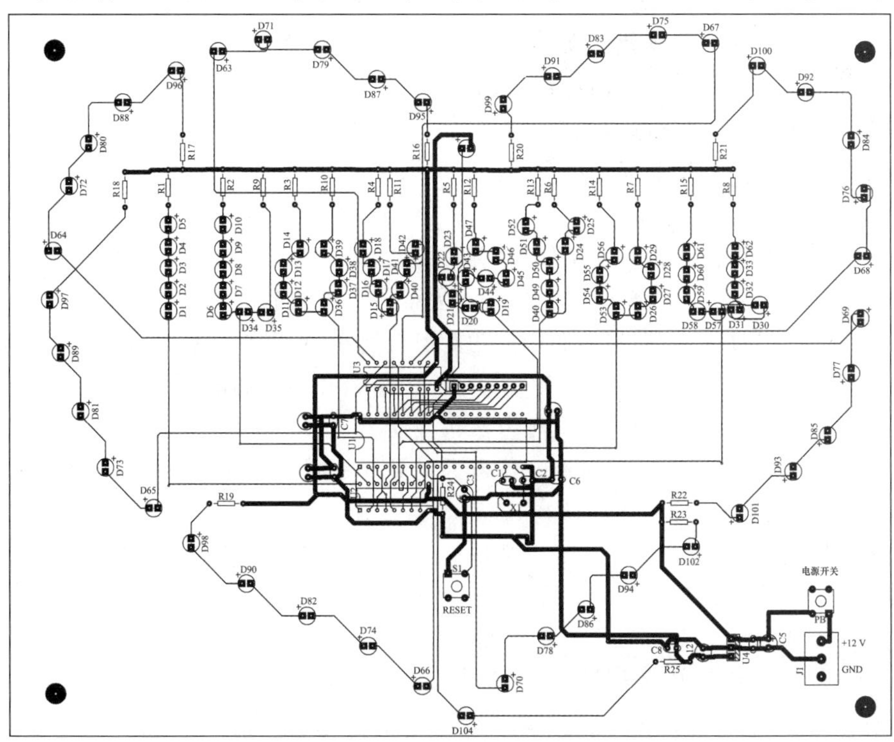

图 1-33 电路板的双面图

Proteus 软件还提供 3D 预览图，如图 1-34 所示。

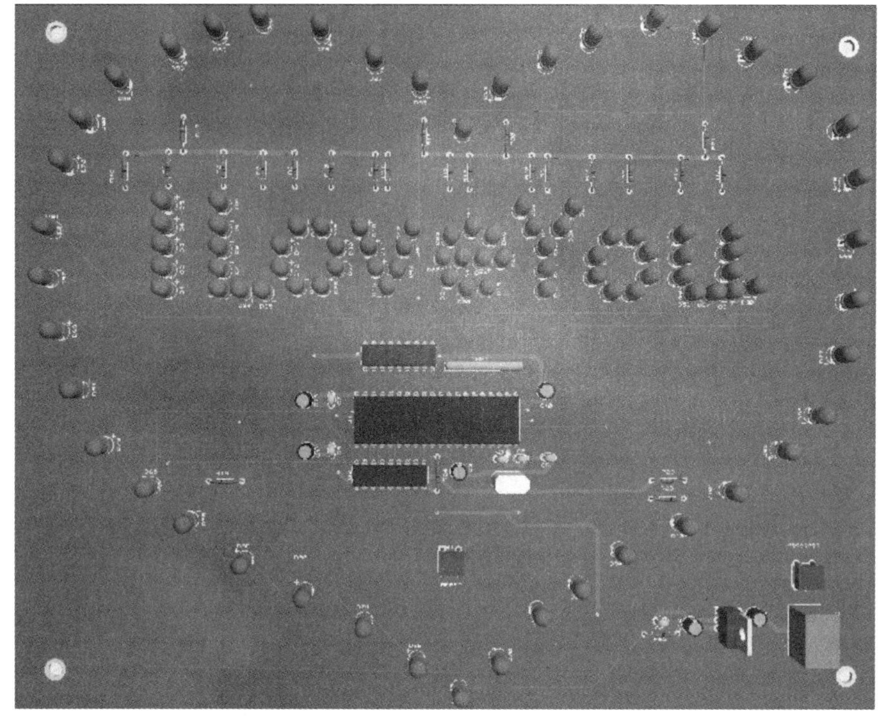

图 1-34 电路板的 3D 预览图(包含元件)

电路板图设计完成之后，就可以交给电路板生产厂商按图生产。一般需要几天时间才能完成。然后就可以进行测试、焊接、试验。

2. 由于正规厂商生产成本比较高，可以采用自己加工的办法。

这个办法需要有制板设备和原材料，如果有条件可自行尝试。

3. 可以利用万能板(又称洞洞板)。购买已经按照标准 PID 封装尺寸制作了焊盘和通孔的电路板，按照需要裁剪、安装元件以及焊接就可以了，只是需要自己加连线，个别孔大小不合适需要改。

4. 有一些单片机开发板留有连接外部电路的余地，一般有几个并行口可以引出。如果有这样的开发板可用，就可以只制作外部电路，省去了单片机的最小系统。

5. 有的学校有分体式实验板，按照所需功能组合使用，实现节日彩灯功能。

6. 还可以使用面包板。面包板上有很多标准距离插孔，可以插元件和导线。简单的电路而且不需要长期使用的实验电路，用这种方法很方便。

以上几种方案，可以根据读者现有条件选择。最好是制作一个有保留价值的彩灯，以做纪念，而且还是学习成果的见证。

无论采用哪种方案，按照绘出的板图文件，打印一份，作为焊接和调试过程中的参考是有必要的。最好再有一份原理图作为对照。

1.5.2 制作节日彩灯控制器

制作开始之前，要先阅读项目实施指导，牢记安全要求和其他要求，然后按照实际操作步骤的指导，逐步实施。

(1)定制的电路板要先检查质量,确认没有错误和损坏。

(2)元件质量检测,确认质量合格才使用。

(3)安装要注意元件引脚位置和顺序,不要装反或装错。

(4)焊接技术需要多练习,保证没有虚焊和短路,不要烫坏元件和电路板。还要注意人身安全和设备安全。

(5)焊接完成要先检查焊接质量,测量电路正确性,验证电路功能。完全没有问题了,才可以通电试验。

(6)硬件验证之后,可以加载软件,进行联合调试。

(7)软件要先固化到单片机的程序存储器中才能运行。固化方法一般都采用在系统编程的工具上进行,可以根据所用单片机具体型号确定使用的工具。具体使用方法可以查看工具的使用说明书。

一般仿真正确的程序,在单片机上实际运行时问题都不大。出现问题要根据现象查找原因,对症下药解决问题。

功能全部符合预计,就基本满足要求,剩下的就是实际运行的考验了。现场实际环境复杂多变,很有可能出现问题。需要耐心查找问题来源,找到解决办法,实现正常运行。

最后,向使用者提交使用说明和有关资料。

实施过程中有各种表格需要填写和记录,保存好各种资料,最后还要整理完整,评定成绩。

任务1.6　节日彩灯控制器的改进

关于节日彩灯控制器的改进建议。

1. LED的布置,可以采用更好的方案。

2. LED的数量,可以根据需要增减。按照ULN2803的驱动能力,两串LED并联没有问题,如果需要,还可以多串并联。

3. LED的品种,可以有更多的选择。注意:电路参数要重新计算。每串LED数量不同,要注意电阻值。

4. 编写更多花样的控制程序。

项目小结

1. 单片机内部结构及外部引脚、CPU、存储器、I/O接口、总体结构图、时钟电路和时序、复位和运行以及MCS-51单片机的最小系统。

2. MCS-51单片机存储结构有四个物理空间和三个逻辑空间等。内部数据存储器的低128单元包括了寄存器区、位寻址区、用户RAM区以及这些单元的地址分配、作用等。内部数据存储器高128单元,是专用寄存器,用于存放单片机相应部件的控制命令、状态或数据等,地址范围为80H～0FFH。了解SFR的部分寄存器。

3. CPU部件运算器及相关寄存器(PSW)、控制器及相关寄存器,单片机的工作过程,了解单片机时序的相关概念和工作过程。指令提前出现,分散难点。以硬件为主的项目,程序不必细究,知道大致功能即可。

4. 单片机开发工具、仿真软件的使用。

习题 1

一、填空题

1. 若使用 MCS-51 单片机片内程序存储器,引脚$\overline{\text{EA}}$必须接______。

2. MCS-51 单片机内部 RAM 的通用寄存器区共有______个单元,分为______组寄存器,每组______个单元,以______作为寄存器名称。

3. MCS-51 单片机的堆栈区是软件填写堆栈指针临时在______数据存储器内开辟的区域。

4. MCS-51 单片机中,凡字节地址能被______整除的特殊功能寄存器均能位寻址。

5. MCS-51 系统中,当信号$\overline{\text{PSEN}}$有效时,表示 CPU 要从______存储器读取信息。

6. MCS-51 单片机片内 20H～2FH 范围内的数据存储器,既可以______寻址又可以字节寻址。

7. MCS-51 单片机在物理上有______个独立的存储器空间。

8. 使 MCS-51 单片机复位有______和______两种方法。

9. 复位后 PC 值为______,执行当前指令后,PC 内容为______。

10. 如果 8051 单片机的时钟频率为 12 MHz,则一个机器周期是______ μs。

二、单项选择题

1. 单片机程序存储器的寻址范围是由程序计数器 PC 的位数决定的,MCS-51 单片机的 PC 为 16 位,因此其寻址范围是(　　)。

A. 4 KB　　B. 64 KB　　C. 8 KB　　D. 128 KB

2. 内部 RAM 中的位寻址区定义的位是给(　　)。

A. 位操作准备的　　B. 移位操作准备的

C. 控制转移操作准备的　　D. 以上都是

3. MCS-51 单片机上电复位后,SP 的内容是(　　)。

A. 00H　　B. 07H　　C. 60H　　D. 70H

4. PC 中存放的是(　　)。

A. 下一条指令的地址　　B. 当前正在执行的指令

C. 当前正在执行指令的地址　　D. 下一条要执行的指令

5. 以下有关 MCS-51 单片机 PC 和 DPTR 的说法中错误的是(　　)。

A. DPTR 是可以访问的,而 PC 不能访问

B. 它们都是 16 位的寄存器

C. 它们都具有自动加 1 功能

D. DPTR 可以分为两个 8 位的寄存器使用,但 PC 不能

6. 关于 MCS-51 单片机的堆栈操作,正确的说法是(　　)。

A. 先入栈,再修改栈指针　　B. 先修改栈指针,再出栈

C. 先修改栈指针,再入栈　　D. 以上都不对

7. 要访问 MCS-51 单片机的特殊功能寄存器,应使用的寻址方式是(　　)。

A. 寄存器间接寻址　B. 变址寻址　　C. 直接寻址　　D. 相对寻址

8. 当 ALE 信号有效时,表示(　　)。

A. 从 ROM 中读取数据　　B. 从 P0 端口可靠地送出地址低 8 位

C. 从 P0 端口送出数据　　D. 从 RAM 中读取数据

三、判断题

1. MCS-51单片机的程序存储器只是用来存放程序。（　　）

2. MCS-51系列单片机的四个I/O端口都是多功能的I/O端口。（　　）

3. 当MCS-51单片机上电复位时，堆栈指针SP=00H。（　　）

4. MCS-51单片机外扩I/O与外扩RAM是统一编址的。（　　）

5. MCS-51单片机PC存放的是当前正在执行的指令。（　　）

6. MCS-51单片机的片外RAM与外部设备统一编址时，需要专门的输入/输出指令。（　　）

7. MCS-51单片机的特殊功能寄存器分布在60H～80H地址范围内。（　　）

8. MCS-51单片机内部的位寻址区，只能进行位寻址，而不能进行字节寻址。（　　）

四、简答题

1. 什么是单片机？

2. 单片机应用于哪些领域？

3. 简述单片机应用系统的开发过程。

4. 简述在Proteus环境下仿真方法。

5. 什么是堆栈？

6. 什么是单片机的机器周期、状态周期、振荡周期和指令周期？它们之间是什么关系？

7. 程序状态字寄存器PSW的作用是什么？常用状态有哪些？作用是什么？

8. MCS-51单片机有几种复位方法？应注意什么事项？

9. MCS-51单片机内部包含哪些主要逻辑功能部件？

10. MCS-51单片机的存储器从物理结构上和逻辑上分别可划分为哪几个空间？

11. 程序存储器中有几个具有特殊功能的单元？作用分别是什么？

12. MCS-51单片机片内128 B的数据存储器可分为几个区？作用分别是什么？

13. 为什么MCS-51单片机的程序存储器和数据存储器共用同一地址空间而不会发生总线冲突？

14. MCS-51的四个并行I/O端口在使用时有哪些特点和分工？

五、计算题

1. 按要求进行数制转换(无限小数取8位)。

(1)61.85=(　　)B　　　　(2)0A5H=(　　)B

(3)1011110B=(　　)H　　　　(4)89H=(　　)D

(5)1100110B=(　　)D　　　　(6)118=(　　)H

2. 将下列各数转换成BCD码。

(1)86=($)_{BCD}$　　　　(2)11010011B=($)_{BCD}$

六、仿真实验题

1. 设计电路，P1端口作为输入口，接八个按键，P0端口、P2端口、P3端口作为输出端口，分别对接八只发光二极管、一个共阳极数码管和一个共阴极数码管。

2. 编程实现，P1端口的按键开关状态输出到P0端口，用八只发光二极管亮灭表示相应位置上的开、关状态。

3. 编程实现，P1端口的低四位开关状态，输出到P2端口，由数码管(共阳极)显示；P1端口高四位输出到P3端口，由数码管(共阴极)显示。

项目2 产品计数器

——单片机汇编语言指令和程序设计

项目规划单

项目名称	产品计数器
功能要求	已放置于产品流水线关键部位的光电传感器，可以感知一个产品的通过。每通过一个产品，产生一个脉冲信号，产品数量脉冲送入单片机，对脉冲计数、显示
实施方案	产品数量脉冲输入单片机，单片机检测到信号之后对脉冲进行计数，同时使用 LED 数码管显示所计数量
知识目标	1.汇编语言指令和伪指令的格式、类型、功能、用法以及寻址方式 2.伪指令的格式、类型、功能以及用法 3.程序设计的一般方法，常用子程序
能力目标	1.使用软件设计电路图，编写并调试程序 2.使用工具制作电路板并测试其正确性 3.软、硬件联调，完成要求功能
素质目标	诚信、踏实、抗挫抗压能力、理解能力、主动学习能力、问题解决能力以及沟通协调能力等诸方面都有提高
工匠明星	林俊德为"两弹一星"开拓者、中国工程院院士。病床上劝说医生"我要工作，不能躺下，一躺下就起不来了！"，这是他在生命最后时刻常说的一句话。最后坚持整理、备份了 1.5 GB 的科研机密资料，留给国家。这是真英雄！
实施过程	1.完成知识学习 2.建立仿真文件，编写程序并调试，实现预定功能 3.利用实训设备，完成实物制作，实现预定功能
完成时间	课内 18 学时，课外 8 学时
扩展说明	采取不同的传感器，可以对不同的生产流水线采集产品数量脉冲；增加产品生产即时速度和平均速度计算和显示
备注	实际产品计数器的一部分功能，以后可以根据需要添加其他功能 参考样本：电子文档中的仿真文件：产品计数器.dsn(包括电路和程序)

产品计数器外形示意图如图 2-1 所示。

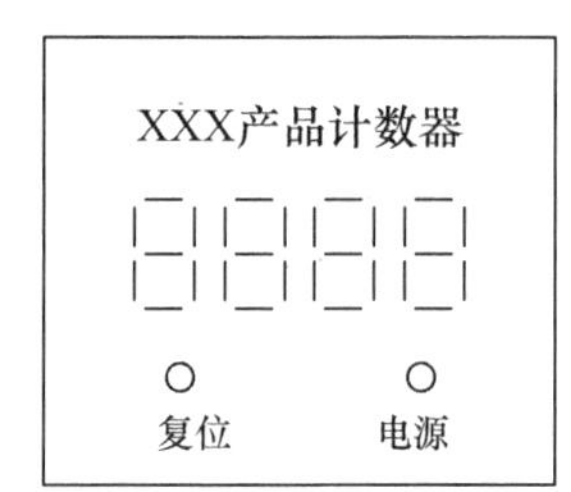

图 2-1　产品计数器外形示意图

比如啤酒瓶生产线，玻璃溶液吹在模具里，成瓶形，刚脱模时还很热，放在传送带上，边移动边降温，移动过程中，有一束光线通过传送带，每个啤酒瓶通过时，挡住光线一次，利用光敏元件，可以感知光线的有和无。

假设有光线的时候，光敏元件输出高电平，没有光线的时候，输出低电平。每次出现低电平代表一个啤酒瓶通过，通过记录负脉冲的个数，确定啤酒瓶的个数。

我们利用一个按钮，按一次产生一个负脉冲，代替生产线上的光电传感器，数码管显示的是啤酒瓶的个数，每按一次，计数一次，并以十进制形式显示，最多 6 位数。

如果需要计数的值比较大，可以增加计数单元长度。硬件显示电路也需要增加位数，超过6位数，就要扩展并行口。

将以上项目分解成若干个小任务，完成了这些小任务，项目就基本完成，单片机的指令系统也就基本熟悉了。

任务2.1 LED数码管及其驱动电路(静态)

通过观摩几个与数码管显示有关的Proteus项目，学习数码管及其驱动电路。通过自己动手设计一个数码管显示电路，深刻理解驱动方法、字形译码和译码器。

LED数码管，就是用多个LED组合排列成可以显示数字的元件，现在用得很多。我们的产品计数器要用它来显示数字。

Proteus仿真项目：数码管试验1字形.dsn(电子文档)，通过这个仿真项目来复习数码管的特性。熟悉数码管的字形和极性。

Proteus仿真项目：数码管试验2译码.dsn(电子文档)，通过这个仿真项目来复习数码管的电源特性和译码器的特性。红绿蓝黄各种不同颜色电特性不同，不同型号译码器特性也不同。重点了解译码器。可参看7段数码管和译码.dsn。

Proteus仿真项目：数码管试验3软件译码.dsn(电子文档)，通过这个仿真项目来了解数码管的不同使用方法。重点是软件译码。

Proteus仿真项目：一位数码管.dsn(电子文档)，有了单片机，数码管也开始起作用了。这个仿真项目的重点还是软件译码。

学中做

【技能训练2-1】 2位数码管显示电路(软件译码)。

目的：数码管使用。

内容：单片机利用两个并行口驱动2位数码管。

说明：这个技能训练是个模仿型项目。按钮与单片机P3.4引脚相连，P0端口通过限流电阻接共阳极数码管(十位)，P2端口通过限流电阻接共阳极数码管(个位)。开始显示两位数00，每按一次按钮，计数值加1。其原理图如图2-2所示。P0端口没有内部上拉电阻，所以要外加(其实这种用法不加上拉电阻也是可以的)。设计成P0低电平有效(灯亮)，是因为P0端口低电平输出负载能力比较强。电子文档提供Proteus仿真文件，运行“仿真文件\项目2\产品计数器2位.dsn”，观察运行结果。

电路分析：图中数码管采用共阳极数码管。字段a接端口的最低位。每一个字段串接一个限流电阻300 Ω，电流大约10 mA。

按键代表光电传感器，每按动一次，产生一个负脉冲，表示有一个产品通过流水线。按键可以接在任意一个不用的端口线上。不同接法要有不同的程序来检测。

提示：还可以利用P1端口接一个数码管，实现3位数显示。

提醒：实际电路在实验的时候会出现问题：每按一次按键可能会产生1～3次计数，原因是按键机械抖动。消除抖动的具体方法是采用软件延时以避免抖动。

保存好电路文件，下一个任务将会用到。

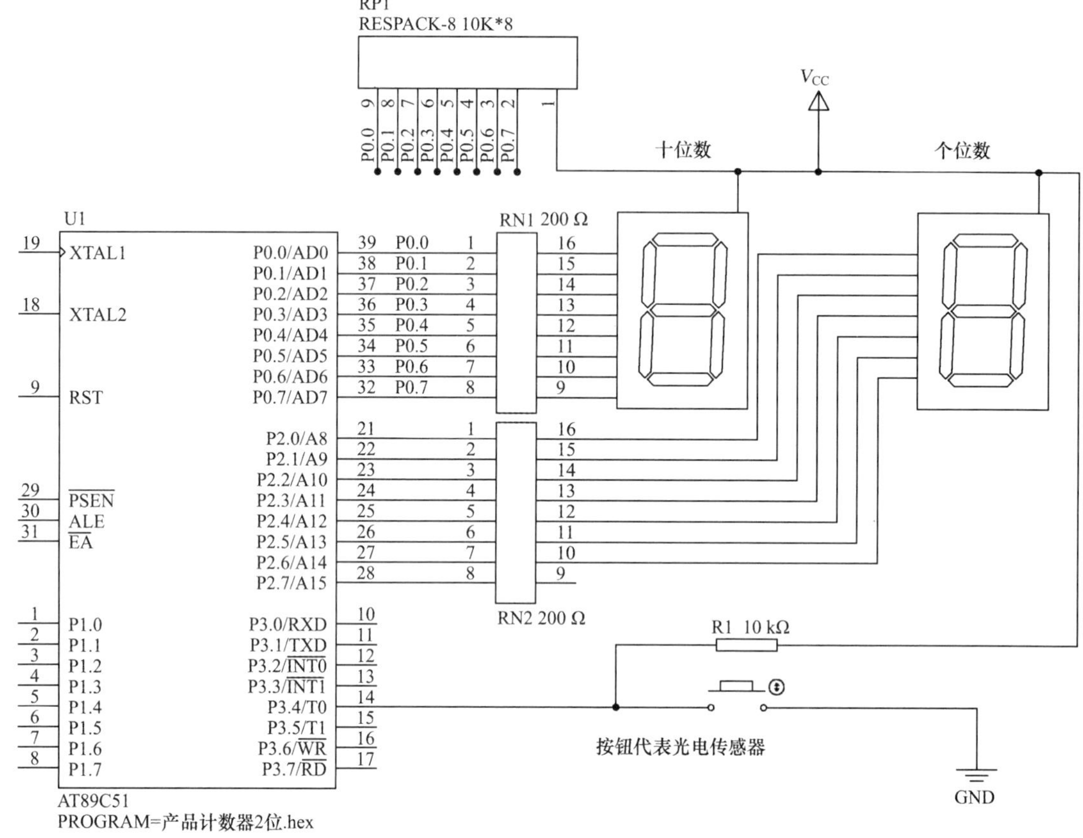

图 2-2 产品计数器(2 位)原理图

任务 2.2 数码管计数器(静态)显示程序设计

上面的电路再配上下面的程序,计数器就可以工作了。这个计数器虽然简单,但是可以借此学到软件设计知识。这就涉及程序设计语言,本书使用汇编语言和 C 语言。

学中做

【技能训练 2-2】 2 位数码管显示电路(软件译码)的软件设计。

目的:学习指令和软件设计,同时熟悉伟福软件的使用方法。

内容:驱动 2 位数码管显示,参考文件:产品计数器 2 位. dsn。

操作步骤:

(1)打开 WAVE 软件,设置仿真器,选择单片机型号。

(2)新建文件,按给出的参考源程序输入。

(3)保存文件,选择与电路图同一个文件夹,命名,扩展名必须是. asm。

(4)编译。如果有错误信息,双击错误信息,找到错误并修改。

(5)重新编译,直到编译通过。

(6)复位,全速执行。

(7)单击“暂停”按钮,程序应该停在标号 L1 或 L0 处。

(8)在 PROJECT 窗口找到 SFR 标签,单击。

(9)看到 P0 和 P2 端口内容红色 C0,那是数码 0 的字形码。

(10)单击“单步执行”按钮,程序在两个标号之间循环。

(11)在 SFR 中单击 P3。

(12)在列出的 8 位二进制数中,双击 P3.4,使其变 0(相当于按住按钮)。

(13)单击“单步执行”按钮,延时后继续单步执行,程序停在 JNB P3.4,$ 一行。

(14)双击 P3.4,使其变 1(相当于放开按钮)。

(15)继续单步执行,几次后可见到 P2 端口数据变成 F9(数码 1 的字形码)。

(16)以上过程顺利完成,说明源程序基本正确。

(17)阅读下面有关源程序的说明,结合单步和跟踪执行,继续观察软件运行情况。

(18)总结,有关指令和程序的问题要记录,以便在继续学习中解决。

提示:在不考虑外设的情况下,使用伟福软件来调试程序和验证指令,要方便很多,它在一个界面内实现程序的编辑、编译和执行,不但可以查看各种存储空间,而且可以修改,十分方便。每一条指令的执行时间也很清楚地显示(以上功能的使用方法请看视频教程)。缺点是不能仿真外设。在程序设计时,我们要比较多地使用这个软件。在需要查看外设反应情况时,与 Proteus 软件配合使用。在 WAVE 环境下将程序调试好,然后添加到 Proteus 的电路中仿真。

2 位数码管显示的源程序如下:

```
;产品计数器:比如啤酒瓶生产线
;-----------以下资源分配定义数据存储地址-----------------分隔线 1
          COUNT EQU 28H         ;计数单元
          DISPH  EQU P0         ;显示高位
          DISPL  EQU P2         ;显示低位
          BCDH   EQU 29H        ;BCD 码高位
          BCDM   EQU 2AH        ;BCD 码中位
          BCDL   EQU 2BH        ;BCD 码低位
;-----------------以下入口地址安排---------------------分隔线 2
          ORG    0000H
          LJMP   START
;-----------------以下主程序---------------------------分隔线 3
          ORG    0100H
START:    MOV    SP,#2FH        ;堆栈从 30H 开始
          MOV    P0,#0FFH       ;灭,低电平数码管亮
          MOV    P2,#0FFH
          MOV    COUNT,#0       ;计数从 0 开始
          LCALL  B2BCD          ;调用转换,二进制到十进制
          LCALL  DISPLAY        ;调用显示,显示 00
L0:       JB     P3.4,L1        ;高电平转移,判断按钮是否按下
          LCALL  DELAY10MS      ;延时 10 ms,以消除干扰
          JB     P3.4,L1        ;10 ms 以后还是高电平,就认为是干扰
          JNB    P3.4,$         ;等待负脉冲结束,保证每个脉冲只计数一次
          LCALL  JSXS           ;调用计数显示子程序,延时 10 ms 以后还是低电平,认为正
                                 常脉冲
```

```
L1:        SJMP   L0                  ;无限循环,主程序结束
;------------以下计数显示------------------------------分隔线 4
JSXS:      INC    COUNT               ;计数单元加 1
           LCALL  B2BCD               ;调用转换
           LCALL  DISPLAY             ;调用显示
           RET                        ;子程序返回到主程序
;------------以下转换子程序----------------------------分隔线 5
B2BCD:     MOV    A,COUNT             ;取计数值
           MOV    B,#100              ;除数
           DIV    AB                  ;A/B
           MOV    BCDH,A              ;保存百位
           MOV    A,#10               ;除数
           XCH    A,B                 ;交换
           DIV    AB                  ;A/B
           MOV    BCDM,A              ;保存十位
           MOV    BCDL,B              ;保存个位
           RET                        ;返回
;------------以下显示子程序----------------------------分隔线 6
DISPLAY:   MOV    A,BCDM              ;取十位
           LCALL  SEG7                ;查表得到字形码
           MOV    DISPH,A             ;十位数送显示
           MOV    A,BCDL              ;取个位数
           LCALL  SEG7                ;查表得到字形码
           MOV    DISPL,A             ;个位数送显示
           RET
;-----------以下查表子程序-----------------------------分隔线 7
SEG7:      INC    A
           MOVC   A,@A+PC             ;查表指令
           RET
TABLE:     DB     0C0H,0F9H,0A4H,0B0H,99H        ;0,1,2,3,4
           DB     92H,82H,0F8H,80H,90H           ;5,6,7,8,9
           DB     88H,83H,0C6H,0A1H,86H,8EH      ;A~F 的共阳极显示码
;-----------以下延时子程序-----------------------------分隔线 8
DELAY10MS: MOV    R7,#10
DELAY1:    MOV    R6,#250
DELAY2:    NOP
           NOP
           DJNZ   R6,DELAY2
           DJNZ   R7,DELAY1
           RET
;------------------ 以下程序结束部分--------------------------分隔线 9
           END                        ;所有程序结束
;------------------------------------------------------------分隔线 10
```

以上程序可以分为九个部分,各个部分的作用在程序中已经注明。

①分隔线 1 到分隔线 2:伪指令定义数据名称和存放地址。P0 和 P2 是特殊功能寄存器,

其余的都是片内数据存储器，各数据的意义已经注明。在程序中使用定义名称，不使用具体地址，将来修改程序时方便，只在定义处修改就可以，程序内部不需要改动。

关于伪指令的内容请见 2.2.2 汇编语言伪指令一节。

②分隔线 2 到分隔线 3：各个程序的入口地址，这是不可改变的。这里就是一个复位入口地址，其余入口地址未用。

③分隔线 3 到分隔线 4：主程序。主程序就是单片机复位后最先执行的程序，首先是初始化，为后来程序做一些准备工作，然后是主循环(无限循环)。

一般主程序都比较简明，复杂的工作会调用其他程序来完成。

初始化，为后来的工作准备必要的条件，比如堆栈位置和容量预留，工作寄存器组的选定，各个端口的状态，中断的允许和优先级以及触发方式，定时器的工作方式和初始值，串行口的工作方式和波特率，一些变量的初始值等。还有需要提前准备的其他条件。这里的初始化内容见指令后面的注释。

从标号 L0 开始到主程序末尾是主循环，一般主循环都是无限循环，即死循环。这里主循环的功能是：不断地检测是否有按键按下。如果有按键按下，还要延时防抖动，延时之后证明是正常按键则调用子程序，实现计数和显示，然后继续检测按键；如果没有按键，也要继续检测按键。

读懂主循环程序的关键指令是：

```
L0:        JB      P3.4,L1          ;高电平转移,判断按钮是否按下
```

这是一条条件转移指令，条件是指定的位(P3.4)等于 1 转移(到标号 L1)，否则不转移，继续执行下一条指令。(指令表有具体功能说明)

就是说，P3.4＝0(按键按下)，就会执行其后的一系列指令，否则跳过其后的一系列指令。这其后的一系列指令，主要是判断按键是否抖动干扰，然后计数和显示。

④分隔线 4 到分隔线 5：计数显示子程序。计数单元加 1 是利用加 1 指令 INC 来实现。为了显示，将二进制数转换成十进制数，然后进行十进制数显示。这里的数制转换和显示是通过调用子程序来实现的，也就是子程序嵌套。其中显示子程序还调用一个查表子程序。这时堆栈使用量就比较大。

⑤分隔线 5 到分隔线 6：数据转换子程序。其作用是将二进制数转换成分离的 BCD 码，共 3 位数，用于显示。

⑥分隔线 6 到分隔线 7：显示子程序。将分离 BCD 码通过查表转换成数码管所需要的字形码，送到 P0 端口和 P2 端口显示。3 位 BCD 码只显示两位：十位和个位，百位数没有地方显示。如有必要，可在 P1 端口接一个数码管用来显示百位数。

提示：如果有机会修改硬件，多加几个数码管，还要修改显示子程序。

⑦分隔线 7 到分隔线 8：查表子程序。作用是将十进制数转换成数码管需要的字形码。首先要有一个字形码表，按照 0～9 的顺序排列对应的字形，程序就根据要显示的数在表中找到对应的字形码。关键是查指令表，这一条查表指令不用 DPTR 寄存器，使用了程序计数器 PC，还有一条查表指令要用 DPTR。

思考：如果用 DPTR 寄存器，程序该怎么写？

字形表使用 DB 伪指令，在程序存储器里建立一个数据表，标号 TABLE 是表的开始地址。表中的数据来自仿真项目：数码管试验 1 字形.dsn。

提醒：表中数据都是按照最低位接笔画 a 排列的，如果排列顺序反过来，字形表就需要

重新设计了。

⑧分隔线 8 到分隔线 9：延时子程序。利用双重循环实现 10 ms 延时。每个内循环占用 4 个机器周期，共 250 次，1000 个机器周期。外循环 10 次，就是 10×1000 个机器周期，如果每个机器周期 1 μs，10000 个机器周期就是 10 ms。

⑨分隔线 9 到分隔线 10：程序结束部分，只有一条伪指令 END。

思考：哪个子程序完成了译码功能？

提醒：以上程序说明要结合指令后面的注释来看。如果有疑问，就需要查找指令表，对指令深入理解。

注意：此技能训练主要是学习指令和程序设计。

对于给定的参考程序首先要理解，然后是模仿，将来需要有创新。

看程序之前，最好先浏览一遍指令表，看程序过程中再回到指令表来，仔细看懂用过的指令，了解指令功能，程序就容易理解。

C 语言程序：

```
//==声明区=====================================
#include <reg51.h>                        //定义 8051 寄存器的头文件
unsigned char code TAB[17]=               //共阳 7 段数码管(g~a)编码
{0xc0,0xf9,0xa4,0xb0,0x99,                //数字 0~4
0x92,0x82,0xf8,0x80,0x90,                 //数字 5~9
0x88,0x83,0xC6,0xA1,0x86,0x8E};           //A~F 的共阳极显示码
unsigned char i=0;
sbit key=P3^4;
void delay1ms(int);                       //声明延时函数
//==主程序=====================================
main()                                    //主程序开始
{
    P0=0XC0;
    P2=0XC0;                              //开始显示 0
    while(1)
    {                                     //无穷循环，程序一直运行
        if(key==0)                        //检查按键
        {
            delay1ms(10);                 //延时去抖动
            if(key==0)                    //再检查
            {
                while(key==0){};          //等待按键释放
                i++;                      //计数值加 1
                if(i==100) i=0;
            }
        }
        P0=TAB[i/10];                     //显示十位数
        P2=TAB[i%10];                     //显示个位数
    }
}                                         //主程序结束
```

```
//===延时函数,延时约 x*1 ms==============================
void delay1ms(int x)
{
    int i,j;                        //声明整型变量 i、j
    for(i=0;i<x;i++)                //计数 x 次,延时约 x*1 ms
        for(j=0;j<120;j++);         //计数 120 次,延时约 1 ms
}
```

2.2.1　汇编语言指令概述

提示:本项目以后出现的例题,绝大部分可以在 WAVE 中验证,个别不好验证的会有提示。

指令和程序设计是单片机的两个重要知识(单片机知识包括硬件和软件两部分)。程序是由指令组成的,指令是程序的最小语言单位。

计算机只认识二进制数,机器码就是由二进制数组成的。二进制数组成的机器指令对于人们书写、阅读和记忆都比较困难,人们就发明了助记符,汇编语言就是用了助记符。后来人们又发明了高级语言(比如 C 语言),比较接近人类的自然语言。本书以 A51(汇编语言)为主,以 C51(C 语言)为辅。

要编程序就要懂指令(高级语言叫语句)。现在讲的是汇编语言指令。汇编语言指令是机器码的助记符形式,与二进制的机器码一一对应。用汇编语言指令写成的源程序翻译成机器码的过程叫作汇编。能完成汇编任务的软件称为汇编程序。

按大类来说,汇编语言指令可以分为两类:指令和伪指令。指令可以分成若干小类,伪指令也可以分成若干小类。

2.2.2　汇编语言伪指令

伪指令是告诉汇编程序如何进行汇编的指令,它不能控制机器的操作,也不能被汇编成机器码,只为汇编程序所识别并指导汇编如何进行。MCS-51 系列单片机的常用伪指令如下:

1. ORG 起始地址定义伪指令

格式:ORG 16 位地址

功能:规定目标程序在程序存储器中所占空间的起始地址。

例如:ORG 1000H,表示以下的数据或程序存放在从 1000H 开始的程序存储单元中。

2. END 汇编程序结束伪指令

格式:END

功能:标志源程序的结束,即通知汇编程序不再继续向下汇编。

注意:在一个程序中只能有一条 END 指令,而且必须安排在源程序的末尾,否则汇编程序对 END 指令后面的所有语句都不汇编。

3. EQU 宏代换伪指令

格式:符号 EQU 字符串

功能:在程序中用 EQU 后面的字符串去替换 EQU 前面的符号。EQU 后面的字符串可以是符号、数据地址、代码地址或位地址。

说明:EQU 伪指令所定义的符号必须先定义后使用。所以该语句一般放在程序开始。

例如：

```
BUFFER  EQU 58H          ;BUFFER 的值为 58H
MOV     A,BUFFER         ;表示将内部 RAM 58H 单元中数据送给累加器 A
```

4. DATA 数值赋值伪指令

格式：符号 DATA 表达式

功能：将表达式指定的数据地址或代码地址赋予符号名称。

说明：DATA 伪指令功能与 EQU 伪指令相似，但是 DATA 所定义的符号可以先使用后定义。该语句一般放在程序开始或结尾。

例如：

```
BUFFER  DATA 58H         ;BUFFER 的值为 58H
MOV     A,BUFFER         ;表示将内部 RAM 58H 单元中数据送给累加器 A
```

5. DB 字节存储伪指令

格式：[标号：] DB 8 位二进制数据表

功能：从指定的地址单元开始，定义若干个字节存储单元的内容。

【例 2-1】

```
        ORG     100H
FIRST:  DB      01H,02H
SECO:   DB      011B,'A',12
```

	程序存储器
FIRST(100H)	01H
101H	02H
SECO(102H)	03H
103H	41H
104H	0CH
105H	

图 2-3 例 2-1 示意图

以上伪指令经汇编后，程序存储器有关单元如图 2-3 所示。其中伪指令中的 011B 为二进制数，'A'为字符 A 的 ASCII 码 41H，12 为十进制数。另外，格式中的标号为可选项。

6. DW 字存储伪指令

格式：[标号：]DW 16 位二进制数据表

功能：从指定的地址单元开始，定义若干个字存储单元的内容。

【例 2-2】

```
        ORG     100H
FIRST:  DW      01H
        DW      1234H,'AB'
```

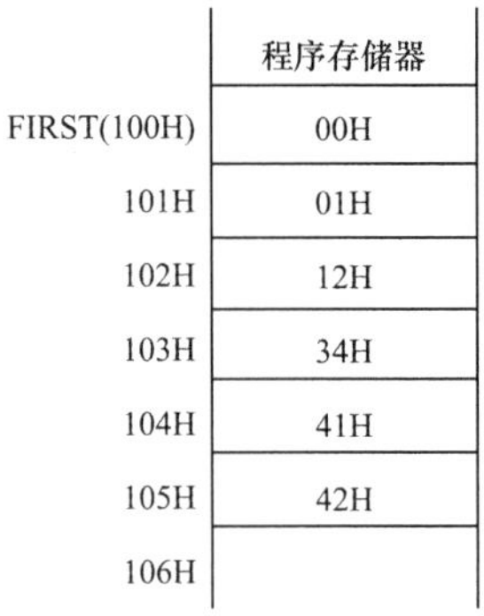

	程序存储器
FIRST(100H)	00H
101H	01H
102H	12H
103H	34H
104H	41H
105H	42H
106H	

图 2-4 例 2-2 示意图

以上伪指令经汇编后，程序存储器有关单元如图 2-4 所示。其中 16 位数据的高 8 位存入低地址单元，低 8 位存入高地址单元。格式中的标号为可选项。

7. DS 定义空间伪指令

格式：[标号：] DS 表达式

功能：从指定的地址单元开始，保留由表达式指定的若干字节空间作为备用空间。

例如：

```
ORG   1000H
DS    0AH
DB    12H,'B'
```

伪指令汇编后从 1000H 单元开始，保留 10 个字节，从 100AH 开始连续存放 12H 和 42H。

8. BIT 位地址符号伪指令

格式：字符名称 BIT 位地址

功能：用规定的字符名称表示位地址。

例如：

```
X0    BIT P1.0
X1    BIT 30H
```

经汇编后，P1 端口的第 0 位地址赋给 X0，位地址 30H 赋给 X1。在程序中可以分别用 X0 和 X1 代替 P1.0 和位地址 30H。

提示：在 2 位数码管显示的参考源程序中，有很多伪指令的应用。在源程序里找到伪指令并理解其在程序中的作用。

2.2.3　MCS-51 系列单片机的指令格式和寻址方式

计算机是通过执行指令序列（程序）来解决问题的，每种计算机（包括单片机）都有一组指令集供用户使用，这组指令集被称为计算机的指令系统。MCS-51 系列单片机指令系统共有 111 条不同的指令，内容丰富、完整、功能较强。本节主要说明 MCS-51 系列单片机指令系统以及在指令中为取得操作数地址所使用的寻址方式。

1. 汇编语言指令格式

汇编语言指令的一般格式如下：

[标号：] 操作码 [第一操作数][，第二操作数][，第三操作数] [；注释]

说明：

(1)带方括号的部分为可选项，根据指令功能决定是否需要。

(2)标号是用符号表示的一个地址常量。它表示该指令在程序存储器中的起始地址。标号的命名规则是：必须以字母开头，长度不超过 8 个字符，并以"："结束。

注意：通常在子程序入口或转移指令的目标地址处才赋予标号。

(3)操作码表示指令的操作功能。每条指令都有操作码。

(4)操作数表示参与操作的数据来源和操作之后结果数据的存放位置，可以是常数、地址或寄存器符号。指令的操作数可能有一个、两个或三个，有些指令可能没有操作数。操作数与操作数之间用"，"分隔，操作码与操作数之间用空格分隔。具有保存操作结果的操作数称为目的操作数，只提供数据的称为源操作数。

(5)注释字段是编程人员对该指令或该段程序的功能说明，是为了方便阅读程序的一种标注。注释以"；"开始，当汇编语言源程序被汇编成机器语言程序时，该项被舍弃。

汇编语言指令举例：

LOOP1：	MOV	R7	，	#8	；循环 8 次
标号	操作码	第一操作数	，	第二操作数	；注释
		目的操作数		源操作数	

这条指令没有第三操作数。操作码与第一操作数之间用空格分隔。操作数之间用逗号分隔。

2. 机器语言指令格式

机器语言指令是一种二进制代码，包括两部分：操作码和操作数。MCS-51 指令系统中，机器语言指令长度有单字节、双字节和三字节共三种。

(1)单字节指令

在单字节指令中，操作码和操作数共占一个字节，其中操作数通常以隐含形式指定常用寄存器或没有操作数。MCS-51系列单片机中，单字节的机器指令共有49条。

(2)双字节指令

双字节指令的第一个字节为操作码，第二个字节为操作数或操作数地址。MCS-51系列单片机中，双字节的机器指令共有46条。

(3)三字节指令

三字节指令的第一个字节为操作码，第二个字节和第三个字节都是操作数或操作数地址。MCS-51系列单片机中，三字节的机器指令共有16条。

3. 汇编语言指令系统符号约定

指令的一个重要组成部分是操作数，为了说明指令中某一种类型的操作数，或者为了说明指令的执行过程，一般经常采用如下符号约定。注意，在指令说明时使用。

(1)R*n*：*n*=0～7，表示当前工作寄存器区的八个工作寄存器R0～R7。

(2)R*i*：*i*=0，1，表示当前工作寄存器区的两个工作寄存器R0和R1。

(3)direct：表示八位内部数据存储单元的地址。当取值在00H～7FH时，表示内部数据RAM；当取值在80H～0FFH时，表示特殊功能寄存器。表示特殊功能寄存器时也可以使用寄存器名称符号来代替其直接地址。

(4)＃data：表示8位立即数。“＃”表示后面的data为立即数。

(5)＃data16：表示16位立即数。“＃”意义同上。

(6)addr11：表示11位目的地址。用于ACALL和AJMP指令中，可以是下一条指令地址所在的同一个2 KB程序存储空间中的任何值。

(7)addr16：表示16位目的地址。用于LCALL和LJMP指令中，可以是64 KB程序存储空间中的任何值。

(8)rel：表示带符号的8位偏移量，被用在SJMP和所有条件转移指令中。可以是下一条指令地址－128～＋127内的任何值。

(9)bit：表示8位内部数据存储空间中或特殊功能寄存器区中可按位寻址区的8位位地址。当位地址取值为00H～7FH时，表示内部数据RAM 20H～2FH单元中每一位的位地址；当位地址取值为80H～0FFH时，表示特殊功能寄存器的位地址。

(10)/bit：表示在位操作指令中，对该位(bit)先取反，再参与运算，但不改变位(bit)的原值。

(11)( )：表示某一寄存器、存储单元或表达式的内容。

(12)(( ))：表示某一寄存器、存储单元或表达式的内容的内容。

(13)@：表示其后的寄存器或表达式的值为操作数的地址。

①@R*i*：表示寄存器R*i*(*i*=0或1)中存放的是操作数的地址。如果该地址是内部数据存储区中的地址，其取值为00H～7FH(8052和8032为00H～0FFH)；如果该地址是外部数据存储区中的地址，其取值为00H～0FFH。

注意：当R*i*的值在00H～7FH时，表示的既可能是内部数据存储空间中的地址，也可能是外部数据存储空间中的地址，需要通过指令操作码来区分。

②@DPTR：表示DPTR中存放的是操作数的地址，该地址位于外部数据存储空间，其取值为0000H～0FFFFH。

(14)←：表示将箭头右边的值赋给箭头左边的寄存器或存储单元。

(15)↔：表示箭头两端的数据进行交换。

(16)(S)：表示源操作数。

(17)(D)：表示目的操作数。

(18)rrr：在指令编码中，rrr 三位二进制值由工作寄存器 Rn 确定，R0～R7 对应的 rrr 值分别为 000B～111B。

(19)＄：汇编语言中表示本指令的起始地址。

4. 寻址方式

指令的一个重要组成部分是操作数，它指定了参与运算的数或数所在的单元地址。把指令中寻找操作数或操作数地址的方式称为寻址方式。寻址方式越丰富，计算机的功能越强，灵活性越大。寻址方式是指令系统及汇编语言程序设计中最基本的内容之一，必须十分熟悉，牢固掌握。

MCS-51 指令系统有六种寻址方式：寄存器寻址、直接寻址、立即寻址、寄存器间接寻址、变址寻址和相对寻址。

注意：同一条指令中的不同操作数可以有不同的寻址方式。

(1)寄存器寻址方式

寄存器寻址是指在指令中直接以寄存器的名字表示操作数的地址。即寄存器的内容作为操作数。可以采用寄存器寻址的寄存器有 R0～R7、累加器 A、DPTR 以及位累加器 CY。例如：指令“MOV R0，A”的操作是把累加器 A 中的数据传送到寄存器 R0 中，其源操作数存放在累加器 A 中，目的操作数在 R0 中，所以源操作数和目的操作数的寻址方式均为寄存器寻址。

如果程序状态字寄存器 PSW 的 RS1RS0＝10B(选中第三组工作寄存器，对应地址为 10H～17H)，假设累加器 A 的内容为 50H，则执行“MOV R0，A”指令后，内部 RAM 10H 单元的值就变为 50H，如图 2-5 所示。

注意：操作数为寄存器 B 时，不属于寄存器寻址。A 代表累加器，当作寄存器，ACC 也是累加器，当作特殊功能寄存器。

(2)直接寻址方式

直接寻址是指在指令中以地址或符号形式直接给出操作数地址，例如：指令“MOV A，30H”执行的操作是将内部 RAM 中地址为 30H 的单元内容传送到累加器 A 中，其源操作数 30H 就是存放数据的单元地址，因此该指令的源操作数是直接寻址。

设内部 RAM 30H 单元的内容是 48H，那么指令“MOV A，30H”的执行过程如图 2-6 所示。

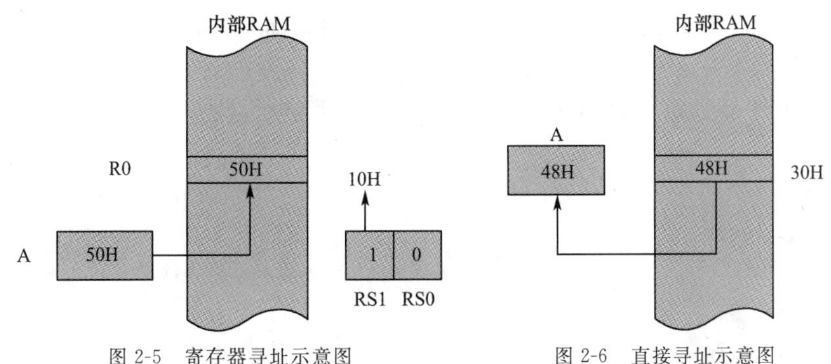

图 2-5　寄存器寻址示意图　　　图 2-6　直接寻址示意图

用这种寻址方式可以访问内部数据存储器三种地址空间：

①内部数据存储器的128个字节单元。例如指令：

```
MOV    A,50H              ;指令中源操作数的寻址方式为直接寻址
```

②位地址空间。例如指令：

```
MOV    C,00H              ;指令中源操作数的寻址方式为直接寻址
```

③特殊功能寄存器地址空间。例如指令：

```
MOV    ACC,P1             ;源操作数和目的操作数采用的都是直接寻址
```

注意：

- 直接寻址是唯一可访问特殊功能寄存器的寻址方式。
- 指令①中的50H表示内部存储空间中的地址；指令②中的00H为位地址空间中的地址。

思考：指令“MOV A,#01H”和指令“MOV ACC,#01H”有什么区别？

(3)立即寻址方式

立即寻址是指指令操作数部分给出的是参与运算的操作数本身，可以是8位二进制数或16位二进制数。即操作数是以指令字节的形式存放于程序存储器中。在MCS-51指令系统中是用在数值前加“#”的形式来表示，如果立即数的最高位为A～F英文字符时，该字符前要加“0”，以使之区别于字符串。指令“MOV A,#0F3H”的执行过程如图2-7所示。

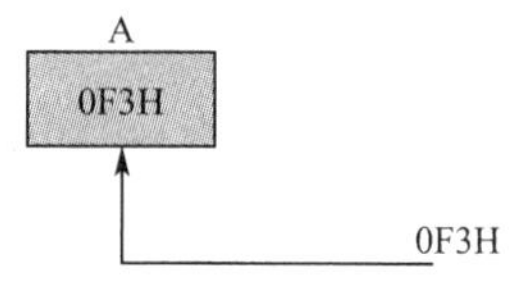

图2-7 立即数寻址示意图

注意：立即数寻址只能应用在源操作数。

(4)寄存器间接寻址方式

寄存器间接寻址是指指令操作数部分所指定的寄存器中存放的是操作数的地址。可以作为寄存器间接寻址的寄存器有工作寄存器R0、R1，地址指针DPTR以及堆栈指针SP。在指令中用在寄存器前加“@”形式表示，SP除外，由进栈出栈指令操作，相当于间接寻址。

例如：指令“MOV A,@R1”执行的操作是将R1的内容作为内部RAM的地址，再将该地址单元中的内容取出来送到累加器A中。

设R1=50H，内部RAM 50H中的值是8AH，则指令“MOV A,@R1”的执行结果是累加器A的值为8AH，该指令的执行过程如图2-8所示。

在下面几种情况下，可以使用寄存器间接寻址方式：

①访问内部数据存储区的00H～7FH(52子系列为00H～0FFH)单元，使用当前工作寄存器区的R0和R1做地址指针来间接寻址。

②堆栈操作指令PUSH和POP，使用堆栈指针SP进行间接寻址。

③访问外部数据存储区的00H～0FFH单元，使用当前工作寄存器区的R0和R1做地址指针来间接寻址。

④访问整个外部数据存储区的0000H～0FFFFH单元，使用地址指针DPTR进行间接寻址。

例如指令：

```
MOV    R1,#30H
MOV    A,@R1              ;源操作数为间接寻址，访问内部RAM 30H单元
```

又例如指令：

```
MOV    R1,#30H
```

```
MOVX   A,@R1              ;源操作数为间接寻址,访问外部 RAM 30H 单元
```

思考： 当 R*i* 的值在 00H～7FH 时，如何区分 R*i* 表示的是内部数据存储空间中的地址，还是外部数据存储空间中的地址？

(5)变址寻址方式

变址寻址是指以程序计数器 PC 或数据指针 DPTR 作为基地址寄存器，以累加器 A 作为变址寄存器，把两者的内容相加形成 16 位的操作数的地址。这种寻址方式专用于访问程序存储器中的常数表，不能访问数据存储器。

例如：指令"MOVC A,@A+DPTR"执行的操作是将累加器 A 和基址寄存器 DPTR 的内容相加，相加结果作为操作数地址，再将此地址中的操作数取出来送到累加器 A 中。

假设累加器 A=18H，DPTR=0600H，外部 ROM(0618H)=8CH，则指令"MOVC A,@A+DPTR"的执行结果是累加器 A 的内容为 8CH。该指令的执行过程如图 2-9 所示。

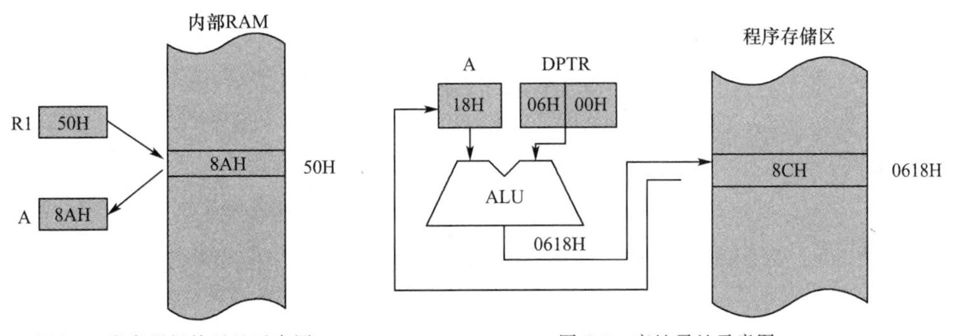

图 2-8　寄存器间接寻址示意图　　　　图 2-9　变址寻址示意图

说明：变址寻址主要用在 MOVC 类指令中，该类指令用来从程序存储空间中读取数据。

(6)相对寻址方式

相对寻址以程序计数器 PC 的当前值作为基地址，与指令中给定的相对偏移量 rel 进行相加，把得到的和作为程序的转移地址。这种寻址方式用于相对转移指令中。

所谓相对转移是指程序转移目标地址由相对于该指令当前地址的偏移量来决定。一般将相对转移指令所在的地址称为源地址，转移后的地址称为目标地址，则有：

目标地址=源地址+转移指令字节数+偏移量

在汇编语言的相对转移指令中，偏移量通常以目标地址的标号形式出现。

例如指令：

```
JZ        LOOP            ;操作数为相对寻址
```

指令中 LOOP 的位置应该是偏移量，但是 LOOP 是个标号。指令的意思是要转移到标号 LOOP 所在的那条指令。当源程序汇编时，自动把标号 LOOP 用偏移量代替。

此时，计算偏移量的公式为：

偏移量=目标地址-(源地址+2)

如果偏移量为负数，那么这条指令执行后程序将转移到该指令的前面(低地址方向)；如果偏移量为正数，那么将转移到该指令的后面(高地址方向)。在 MCS-51 指令系统中，偏移量的取值范围是+127～-128。

假定有如下程序：

```
                      ORG     2000H
2000H 8030H           SJMP    START          ;转入 START 开始的程序段
                      …
```

```
2032H F8H    START:   MOV    R0,A
                      …
                      END
```

程序执行到 SJMP 指令时,转入标号为 START 的指令处继续执行。

指令"SJMP START"的机器码是 8030H(十六进制),所在地址是 2000H,本指令占用两个字节,第一个字节 80H 是操作码,第二个字节 30H 是操作数,也就是偏移量。详细指令执行情况如下:

地址偏移量 rel=目标地址－源地址－2=2032H－2000H－2=30H

指令"SJMP START"的机器码 8030H 存放在 2000H 处,当执行到该指令时,先从 2000H 和 2001H 单元取出指令,PC 自动变为 2002H;再把 PC 的内容与操作数 30H 相加,形成目标地址 2032H,再送回 PC,使得程序跳转到 2032H 单元继续执行。该指令的执行过程如图 2-10 所示。

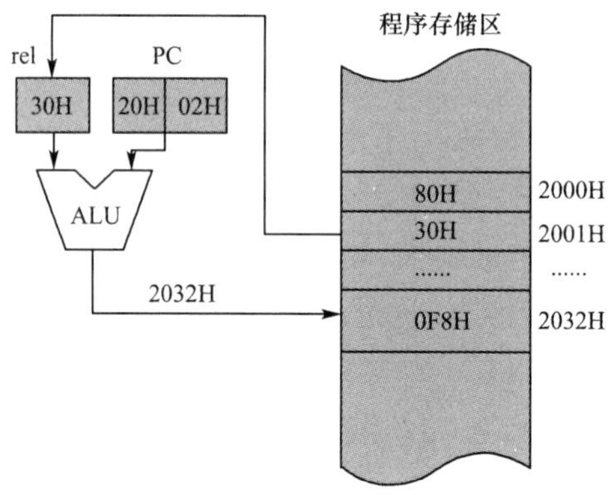

图 2-10 相对寻址示意图

有关寻址方式的一个 Proteus 仿真项目是:寻址方式.dsn,该项目的汇编语言源程序有比较详细的解释,感兴趣的可以将其打开进行研究。也可以用伟福软件打开汇编语言源程序文件:寻址方式.asm,编译之后打开 CPU 窗口,就可以看到机器码和地址以及与源程序的对应情况。

(7)寻址方式小结

MCS-51 指令系统的不同寻址方式对应不同的存储空间,也可以灵活使用不同的寻址方式访问同一个存储空间。表 2-1 列出了不同寻址方式的作用空间。

表 2-1 操作数寻址方式的作用空间

寻址方式	作用空间
立即寻址	程序存储器(ROM)的指令空间
直接寻址	包括特殊功能寄存器在内的内部数据存储空间和位存储空间
寄存器寻址	工作寄存器 R0～R7 和 A、DPTR、C(CY)
寄存器间接寻址	R0 和 R1 作为间址寄存器时:内部数据存储空间的低 128 个字节 SP 作为间址寄存器时:堆栈空间 R0、R1 和 DPTR 作为间址寄存器时:外部数据存储空间的 64 KB
变址寻址	程序存储器的常数空间
相对寻址	程序存储器的指令空间

做中学

MCS-51 系列单片机的指令功能详解

为了让单片机代替人类工作，不论是彩灯控制器还是产品计数器，除了设计电路，还要编写程序。为了编写程序，必须熟悉指令。C 语言在仿真的时候，也可以看到对应的汇编语言指令。

51 单片机共有 111 条指令，按照指令功能分成 5 类：

- 数据传送指令(28 条)
- 算术运算指令(24 条)
- 逻辑运算及移位指令(25 条)
- 控制转移指令(22 条)
- 位操作指令(12 条)

按照这个分类顺序，以列表的形式依次介绍指令的功能、特点、用法。

2.2.4 数据传送指令

单片机系统是由许多部件构成，主要工作就是完成这些部件之间的信息交换，所以数据传送指令是 CPU 最基本最重要的操作之一。数据传送是否灵活、迅速，对程序的编写和执行速度影响极大。MCS-51 系列单片机的数据传送操作可以在累加器 A、工作寄存器 Rn、内部数据存储器、外部数据存储器、程序存储器间进行。另外，将字节交换、半字节交换以及堆栈操作也归于数据传送类指令。

数据传送指令的功能是：把源操作数提供的数据传送给目的操作数所指定的单元，源操作数内容不变。另外一个功能是将源操作数和目的操作数所指定的两个单元内容彼此进行交换。相关指令见表 2-2。

表 2-2　数据传送类指令

机器码	助记符	功能	对标志位影响				字节数	周期数
			P	OV	AC	CY		
E8～EF	MOV A,Rn	A←(Rn)	√	×	×	×	1	1
E5 direct	MOV A,direct	A←(direct)	√	×	×	×	2	1
E6～E7	MOV A,@Ri	A←((Ri))	√	×	×	×	1	1
74 data	MOV A,#data	A←data	√	×	×	×	2	1
F8～FF	MOV Rn,A	Rn←(A)	×	×	×	×	1	1
A8～AF direct	MOV Rn,direct	Rn←(direct)	×	×	×	×	2	2
78～7F data	MOV Rn,#data	Rn←data	×	×	×	×	2	1
F5 direct	MOV direct,A	direct←(A)	×	×	×	×	2	1
88～8F direct	MOV direct,Rn	direct←(Rn)	×	×	×	×	2	2
85 direct1 direct2	MOV direct2,direct1	direct2←(direct1)	×	×	×	×	3	2
86～87	MOV direct,@Ri	direct←((Ri))	×	×	×	×	2	2
75 direct data	MOV direct,data	direct←data	×	×	×	×	3	2

（续表）

机器码	助记符	功能	对标志位影响				字节数	周期数
			P	OV	AC	CY		
F6～F7	MOV @Ri,A	(Ri)←(A)	×	×	×	×	1	1
A6～A7 direct	MOV @Ri,direct	(Ri)←(direct)	×	×	×	×	2	2
76～77 data	MOV @Ri,#data	(Ri)←data	×	×	×	×	2	1
90 datah datal	MOV DPTR,#data16	DPTR←data16	×	×	×	×	3	2
93	MOVC A,@A+DPTR	A←((A)+(DPTR))	√	×	×	×	1	2
83	MOVC A, @A+PC	A←((A)+(PC))	√	×	×	×	1	2
E2～E3	MOVX A, @Ri	A←外存((Ri))	√	×	×	×	1	2
E0	MOVX A,@DPTR	A←((DPTR))	√	×	×	×	1	2
F2～F3	MOVX @Ri, A	外存(Ri)←(A)	×	×	×	×	1	2
F0	MOVX @DPTR,A	(DPTR)←(A)	×	×	×	×	1	2
C0 direct	PUSH direct	SP←(SP)+1 (SP)←(direct)	×	×	×	×	2	2
D0 direct	POP direct	direct←((SP)) SP←(SP)−1	×	×	×	×	2	2
C8～CF	XCH A, Rn	(A)↔(Rn)	√	×	×	×	1	1
C5 direct	XCH A,direct	(A)↔(direct)	√	×	×	×	2	1
C6～C7	XCH A, @Ri	(A)↔((Ri))	√	×	×	×	1	1
D6～D7	XCHD A,@Ri	$(A)_{3\sim0}$↔$((Ri))_{3\sim0}$	√	×	×	×	1	1

2.2.5 算术运算指令

MCS-51 系列单片机指令系统的算术运算指令包括加、减、乘、除四种基本操作。这四种基本操作能对 8 位无符号数进行直接运算；借助溢出标志可以对带符号数进行补码运算；借助进位标志可以实现多字节加减运算；也可实现压缩 BCD 码运算。

算术运算类指令的执行结果将影响到特殊功能寄存器中的程序状态字 PSW 的进位标志 Cy(PSW.7)、辅助进位标志 AC(PSW.6)、溢出标志 OV(PSW.2)以及奇偶标志 P(PSW.0)四个标志位(注意：加 1 指令 INC 和减 1 指令 DEC 对这些位无影响，乘除指令不影响 AC 标志位)。相关指令见表 2-3。

表 2-3　算术运算类指令

机器码	助记符	功能	对标志位影响				字节数	周期数
			P	OV	AC	CY		
28～2F	ADD A, Rn	A←(A)+(Rn)	√	√	√	√	1	1
25 direct	ADD A,direct	A←(A)+(direct)	√	√	√	√	2	1
26～27	ADD A,@Ri	A←(A)+((Ri))	√	√	√	√	1	1
24 data	ADD A,#data	A←(A)+data	√	√	√	√	2	1

（续表）

机器码	助记符	功能	对标志位影响				字节数	周期数
			P	OV	AC	CY		
38～3F	ADDC A，Rn	A←(A)+(Rn)+CY	√	√	√	√	2	1
35 direct	ADDC A,direct	A←(A)+(direct)+CY	√	√	√	√	2	1
36～37	ADDC A,@Ri	A←(A)+((Ri))+CY	√	√	√	√	1	1
34 data	ADDC A，#data	A←(A)+data+CY	√	√	√	√	2	1
98～9F	SUBB A，Rn	A←(A)−(Rn)−CY	√	√	√	√	1	1
95 direct	SUBB A,direct	A←(A)−(direct)−CY	√	√	√	√	2	1
96～97	SUBB A,@Ri	A←(A)−((Ri))−CY	√	√	√	√	1	1
94 data	SUBB A，#data	A←(A)−data−CY	√	√	√	√	2	1
04	INC A	A←(A)+1	√	×	×	×	1	1
08～0F	INC Rn	Rn←(Rn)+1	×	×	×	×	1	1
05 direct	INC direct	direct←(direct)+1	×	×	×	×	2	1
06～07	INC @Ri	(Ri)←((Ri))+1	×	×	×	×	1	1
A3	INC DPTR	DPTR←(DPTR)+1	×	×	×	×	1	2
14	DEC A	A←(A)−1	√	×	×	×	1	1
18～1F	DEC Rn	Rn←(Rn)−1	×	×	×	×	1	1
15 direct	DEC direct	direct←(direct)−1	×	×	×	×	2	1
16～17	DEC @Ri	(Ri)←((Ri))−1	×	×	×	×	1	1
A4	MUL AB	BA←(A)*(B)	√	√	×	0	1	4
84	DIV AB	A(商)、B(余)←(A)÷(B)	√	√	×	0	1	4
D4	DA A	把 A 的内容转换成 BCD 码	√	×	√	√	1	1

2.2.6　逻辑操作指令

MCS-51 系列单片机指令系统的逻辑操作指令包括逻辑“或”、逻辑“与”、逻辑“异或”以及针对累加器 A 的清零、取反和移位等六类，相关指令见表 2-4，位逻辑指令将在后文列表讲述。

表 2-4　逻辑运算类指令

机器码	助记符	功能	对标志位影响				字节数	周期数
			P	OV	AC	CY		
58～5F	ANL A,Rn	A←(A)∧(Rn)	√	×	×	×	1	1
55 direct	ANL A,direct	A←(A)∧(direct)	√	×	×	×	2	1
56～57	ANL A,@Ri	A←(A)∧((Ri))	√	×	×	×	1	1
54 data	ANL A，#data	A←(A)∧data	√	×	×	×	2	1
52 direct	ANL direct ,A	direct←(direct)∧(A)	×	×	×	×	2	1

（续表）

机器码	助记符	功能	对标志位影响				字节数	周期数
			P	OV	AC	CY		
53 direct data	ANL direct，#data	direct←(direct)∧data	×	×	×	×	3	2
48～4F	ORL A，Rn	A←(A)∨(Rn)	√	×	×	×	1	1
45 direct	ORL A，direct	A←(A)∨(direct)	√	×	×	×	2	1
46～47	ORL A，@Ri	A←(A)∨((Ri))	√	×	×	×	1	1
44 data	ORL A，#data	A←(A)∨data	√	×	×	×	2	1
42 direct	ORL direct，A	direct←(direct)∨(A)	×	×	×	×	2	1
43 direct data	ORL direct，#data	direct←(direct)∨data	×	×	×	×	3	2
68～6F	XRL A，Rn	A←(A)⊕(Rn)	√	×	×	×	1	1
65 direct	XRL A，direct	A←(A)⊕(direct)	√	×	×	×	2	1
66～67	XRL A，@Ri	A←(A)⊕((Ri))	√	×	×	×	1	1
64 data	XRL A，#data	A←(A)⊕ data	√	×	×	×	2	1
62 direct	XRL direct，A	direct←(direct)⊕(A)	×	×	×	×	2	1
63 direct data	XRL direct，#data	direct←(direct)⊕ data	×	×	×	×	3	2
E4	CLR A	A←0	√	×	×	×	1	1
F4	CPL A	对 A 的内容取反后送回 A	×	×	×	×	1	1
23	RL A	A 循环左移一位	×	×	×	×	1	1
33	RLC A	A 带进位循环左移一位	√	×	×	√	1	1
03	RR A	A 循环右移一位	×	×	×	×	1	1
13	RRC A	A 带进位循环右移一位	√	×	×	√	1	1
C4	SWAP A	A 半字节交换	×	×	×	×	1	1

2.2.7 控制转移指令

控制转移指令又称为跳转指令，通过改变程序计数器 PC 的值来改变程序执行顺序。转移指令分为无条件转移指令、条件转移指令、子程序调用和返回指令。相关指令见表 2-5。

表 2-5 控制转移类指令

机器码	助记符	功能	对标志位影响				字节数	周期数
			P	OV	AC	CY		
*1 $addr_{7\sim0}$	ACALL $addr_{11}$	PC←(PC)+2，SP←(SP)+1，(SP)←PC_L SP←(SP)+1，(SP)←PC_H，$PC_{10\sim0}$←$a_{10}\sim a_0$	×	×	×	×	2	2
12 $addr_{15\sim0}$	LCALL $addr_{16}$	PC←(PC)+3，SP←(SP)+1，(SP)←PC_L SP←(SP)+1，(SP)←PC_H，PC←$a_{15}\sim a_0$	×	×	×	×	3	2
22	RET	PC_H←((SP))，SP←(SP)−1 PC_L←((SP))，SP←(SP)−1	×	×	×	×	1	2

（续表）

机器码	助记符	功能	对标志位影响				字节数	周期数
			P	OV	AC	CY		
32	RETI	PC_H←((SP)),SP←(SP)−1,PC_L←((SP)) SP←(SP)−1,清除中断状态触发器	×	×	×	×	1	2
01 $addr_{7\sim0}$	AJMP $addr_{11}$	PC←(PC)+2 $PC_{10\sim0}$←$a_{10}\sim a_0$	×	×	×	×	2	2
02 $addr_{15\sim0}$	LJMP $addr_{16}$	PC←$a_{15}\sim a_0$	×	×	×	×	3	2
80 rel	SJMP rel	PC←(PC)+2 PC←(PC)+rel	×	×	×	×	2	2
73	JMP @A+DPTR	PC←(A)+(DPTR)	×	×	×	×	1	2
60 rel	JZ rel	PC←(PC)+2 若(A)=0,则 PC←(PC)+rel	×	×	×	×	2	2
70 rel	JNZ rel	PC←(PC)+2 若(A)≠0,则 PC←(PC)+rel	×	×	×	×	2	2
B5 direct rel	CJNE A,#data, rel	PC←(PC)+3 若 data<(A),则 PC←(PC)+rel,且 CY=0 若 data>(A),则 PC←(PC)+rel,且 CY=1 若 data=(A),则顺序执行, 且 CY=0	×	×	×	√	3	2
B4 data rel	CJNE A, direct, rel	PC←(PC)+3 若(direct)<(A)则 PC←(PC)+rel,且 CY=0 若(direct)>(A)则 PC←(PC)+rel,且 CY=1 若(direct)=(A),则顺序执行, 且 CY=0	×	×	×	√	3	2
B8~BF data rel	CJNE Rn,#data, rel	PC←(PC)+3 若 data<(Rn),则 PC←(PC)+rel,且 CY=0 若 data>(Rn)则 PC←(PC)+rel,且 CY=1 若 data=(Rn),则顺序执行, 且 CY=0	×	×	×	√	3	2
B6~B7 data rel	CJNE @Ri,#data, rel	PC←(PC)+3 若 data<((Ri)),则 PC←(PC)+rel,且 CY=0 若 data>((Ri)),则 PC←(PC)+rel,且 CY=1 若 data=((Ri)),则顺序执行,且 CY=0	×	×	×	√	3	2
D8~DF rel	DJNZ Rn,rel	PC←(PC)+2, Rn←(Rn)−1 若(Rn)≠0,则 PC←(PC)+rel 若(Rn)=0,则顺序执行	×	×	×	×	2	2
D5 direct rel	DJNZ direct,rel	PC←(PC)+3, direct←(direct)−1 若(direct)≠0,则 PC←(PC)+rel 若(direct)=0,则顺序执行	×	×	×	×	3	2
00	NOP	PC←(PC)+1	×	×	×	×	1	1

2.2.8 位处理指令

MCS-51 系列单片机内部的位处理器有位运算器、位累加器(借用进位标志 CY)和位存储器(位寻址区中的各位)。使用它能完成丰富的以位变量为处理对象的位处理功能。位处理指令又称为布尔操作指令,包括逻辑操作、传送操作、状态控制以及控制转移等指令。位操作指令的操作对象是内部数据存储区的 20H~2FH 单元中的连续 128 位(位地址为 00H~7FH),以及特殊功能寄存器区可以按位寻址的各位。相关指令见表 2-6。

表 2-6 位操作类指令

机器码	助记符	功能	对标志位影响				字节数	周期数
			P	OV	AC	CY		
C3	CLR C	C←0	×	×	×	√	1	1
C2 bit	CLR bit	bit←0	×	×	×	×	2	1
D3	SET C	C←1	×	×	×	√	1	1
D2 bit	SET bit	bit←1	×	×	×	×	2	1
B3	CPL C	C←/(C)	×	×	×	√	1	1
B2 bit	CPL bit	bit←/(bit)	×	×	×	×	2	1
82 bit	ANL C,bit	C←C∧(bit)	×	×	×	√	2	2
B0 bit	ANL C,/bit	C←C∧/(bit)	×	×	×	√	2	2
72 bit	ORL C,bit	C←C∨(bit)	×	×	×	√	2	2
A0 bit	ORL C,/bit	C←C∨/(bit)	×	×	×	√	2	2
A2 bit	MOV C,bit	C←(bit)	×	×	×	√	2	1
92 bit	MOV bit, C	bit←C	×	×	×	×	2	2
40 rel	JC rel	PC←(PC)+2 若(CY)=1 则 PC←(PC)+rel	×	×	×	×	2	2
50 rel	JNC rel	PC←(PC)+2 若(CY)=0 则 PC←(PC)+rel	×	×	×	×	2	2
20 bit rel	JB bit,rel	PC←(PC)+3 若(bit)=1 则 PC←(PC)+rel	×	×	×	×	3	2
30 bit rel	JNB bit,rel	PC←(PC)+3 若(bit)=0 则 PC←(PC)+rel	×	×	×	×	3	2
10 bit rel	JBC bit,rel	PC←(PC)+3 若(bit)=1 则 PC←(PC)+rel ,bit←0	×	×	×	×	3	2

注:表中符号符合以前关于汇编语言指令系统符号约定。

分列说明:

表中“机器码”一列,是该指令翻译成机器语言的值,用十六进制数表示。有一字节、两字节、三字节,后面“字节数”一列的值即是。

表中“助记符”一列,是该指令的汇编语言格式,我们用汇编语言编程时要使用。

表中“功能”一列,是该指令的功能描述。

表中“对标志位影响”一列,是该指令执行时对标志位的影响,“×”表示不影响本标志,“√”表示有影响,具体影响方式请看电子文档中相关文件中的详细解释。

表中“周期数”一列,是该指令执行时所需要的时间,以机器周期为单位。

至此所有五大类指令列表解释完毕。

现在回顾一下“产品计数器 2 位. dsn”,其中的程序,参照教材中的解释,比较容易理解。

任务 2.3 产品计数器电路和显示程序

学习指令,就是为了编写程序。先看一个四位数码管显示程序,通过几个典型的子程序学习后,完成一个较复杂的产品计数器的程序设计。

学中做

【技能训练 2-3】　四位数码管显示(硬件译码)。

目的:学习程序设计方法。

内容:四位数码管显示的计数器。

说明:这是一个模仿型项目。先看电路设计,使用硬件字形译码器,一个端口 8 位二进制数,可以供两个译码器使用,两个端口可以接四个译码器,提供四位数显示,硬件译码可以省掉软件译码。但是,计数程序要按照十进制数来重新编写。

参考电路如图 2-11 所示。图中为了看起来简洁,使用了网络标号,省去一些看起来比较乱的连线。网络标号的用法,参看本书所附带的电子文档中的使用说明。

译码器经过 300 Ω 限流电阻接到数码管,改变限流电阻的阻值,可以改变数码管的亮度。译码器的三个控制端悬空即可,四个数据输入端 ABCD 接收 BCD 码。

参考源程序如下:

```
;产品计数器:四位数显示,硬件译码。
;----------以下资源分配定义数据存储地址----------------分隔线 1
        COUNTH    EQU 28H          ;计数单元高字节
        COUNTL    EQU 29H          ;计数单元低字节
        DISPH     EQU P0           ;显示高位
        DISPL     EQU P2           ;显示低位
;----------------以下入口地址安排--------------------分隔线 2
        ORG       0000H
        LJMP      START
;----------------以下主程序------------------------分隔线 3
        ORG       0100H
START:  MOV       SP,#2FH          ;堆栈从 30H 开始
        MOV       P0,#0FFH         ;灭,低电平数码管亮
        MOV       P2,#0FFH
        MOV       COUNTH,#0        ;计数从 0 开始
        MOV       COUNTL,#0        ;计数从 0 开始
        MOV       DISPH,COUNTH     ;显示高字节
        MOV       DISPL,COUNTL     ;显示低字节
L0:     JB        P3.4,L1          ;高电平转移,判断按钮是否按下
        LCALL     DELAY10MS        ;延时 10 ms 以消除干扰
        JB        P3.4,L1          ;10 ms 以后还是高电平,就认为是干扰
        JNB       P3.4,$           ;等待负脉冲结束,保证每个脉冲只计数一次
        LCALL     JSXS             ;调用计数子程序,延时 10 ms 以后还是低电平,认为
                                   正常脉冲
L1:     SJMP      L0               ;无限循环,主程序结束
;-----------以下计数显示----------------------------分隔线 4
;改动较大 ;加 1 指令,换成 2 字节十进制数加法的一个程序段
;显示子程序不用了,用两条语句完成
JSXS:   MOV       A,COUNTL         ;读取计数值低字节-----双字节十进制数加开始
        ADD       A,#1             ;加 1
```

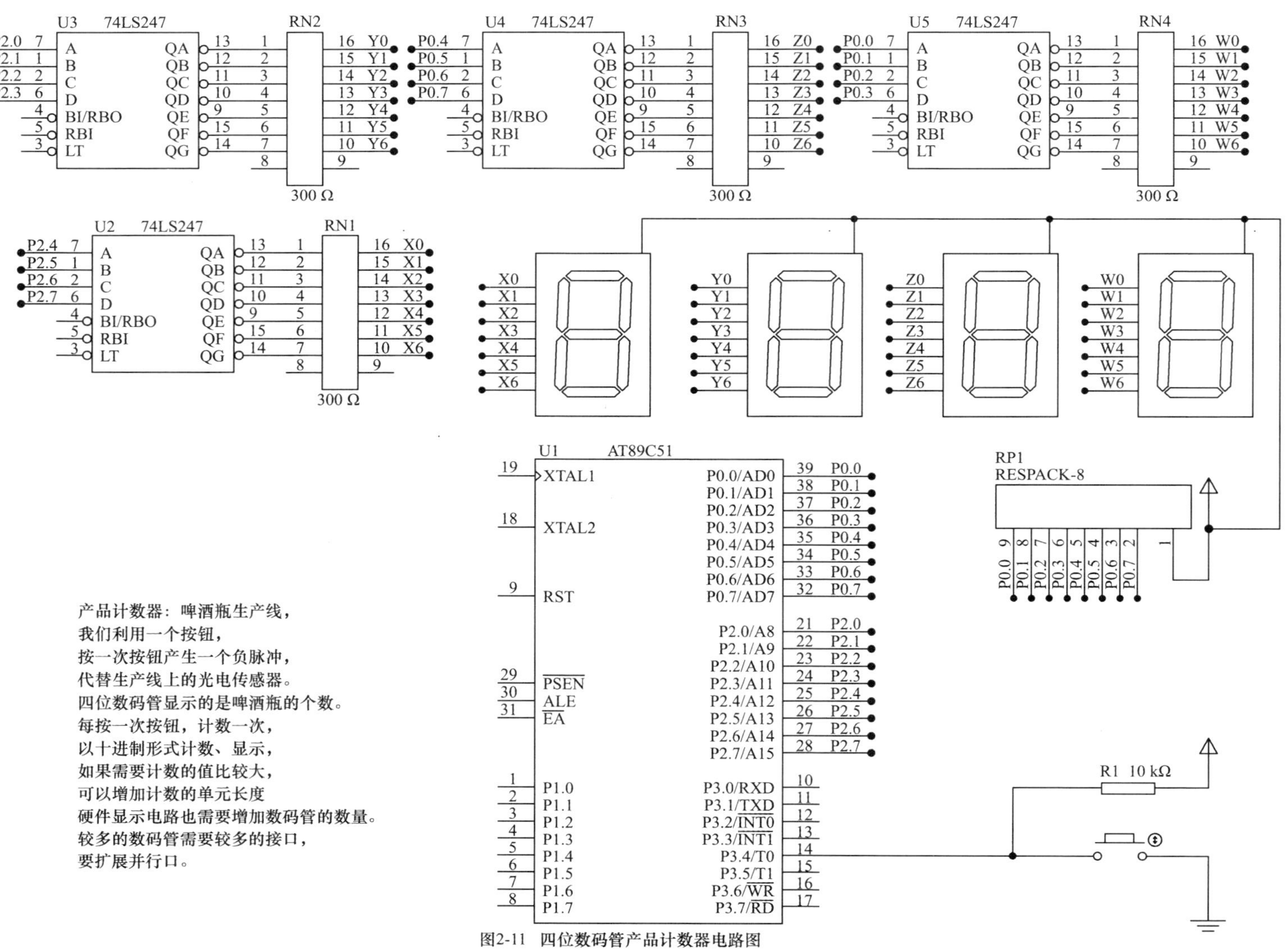

U3 74LS247
U4 74LS247
U5 74LS247
U2 74LS247
RN1
RN2
RN3
RN4
300 Ω
U1 AT89C51
RP1
RESPACK-8
R1 10 kΩ
产品计数器：啤酒瓶生产线，
我们利用一个按钮，
按一次按钮产生一个负脉冲，
代替生产线上的光电传感器。
四位数码管显示的是啤酒瓶的个数。
每按一次按钮，计数一次，
以十进制形式计数、显示，
如果需要计数的值比较大，
可以增加计数的单元长度
硬件显示电路也需要增加数码管的数量。
较多的数码管需要较多的接口，
要扩展并行口。

图2-11 四位数码管产品计数器电路图

```
            DA      A                  ;十进制调整
            MOV     COUNTL,A           ;保存低字节部分和,如果有进位再下一步处理
            MOV     A,COUNTH           ;读取计数值高字节
            ADDC    A,#0               ;如果有进位,将加进高字节
            DA      A                  ;十进制调整
            MOV     COUNTH,A           ;保存高字节
            MOV     DISPH,COUNTH       ;显示高字节
            MOV     DISPL,COUNTL       ;显示低字节
            RET                        ;子程序返回
;-----------以下延时子程序-------------------------------分隔线 8
DELAY10MS:
            MOV     R7,#10
DELAY1:     MOV     R6,#250
DELAY2:     NOP
            NOP
            DJNZ    R6,DELAY2
            DJNZ    R7,DELAY1
            RET
;-------------------------------------------------------分隔线 9
            END
;-------------------------------------------------------分隔线 10
```

在原来 2 位数码管显示的基础之上,稍加改进而成。省去了原来的显示子程序、转换子程序和查表子程序,增加了两个字节十进制数加程序段。

主要改变在计数显示子程序。其中原来的加 1 指令,变成现在的多字节十进制数加法程序,它是从“-----双字节十进制数加开始”开始,到“-----双字节十进制数加结束”结束,是由多字节二进制数加法程序增加十进制调整功能改进而来。如果去掉其中的“DA A”指令,就是二进制加法程序。

按照电路图和程序,利用 Proteus 软件,完成电路设计,然后完成程序设计。最后实现四位计数功能。

C 语言程序:

```
//==声明区=====================================
#include <reg51.h>                    //定义 8051 寄存器的头文件
unsigned int coun=0;
sbit key=P3^4;
void delay1ms(int);                   //声明延时函数
void display();
//==主程序=====================================
main()                                //主程序开始
{
    display();                        //显示 0
    while(1)
    {                                 //无穷循环,程序一直运行
        if(key==0)                    //检查按键
```

```
        {
            delay1ms(10);                     //延时去抖动
            if(key==0)                        //再检查
            {
                while(key==0){ };             //等待按键释放
                coun++;                       //计数值加 1
                if(coun==10000)coun=0;
                display();
            }
        }
    }
}                                             //主程序结束
//====显示函数===================================
void display()
{                                             //显示计数值
    unsigned int m;                           //定义整型变量,计算用
    unsigned char ge;                         //定义单字节变量,个位数
    unsigned char shi;                        //定义单字节变量,十位数
    unsigned char bai;                        //定义单字节变量,百位数
    unsigned char qian;                       //定义单字节变量,千位数
    ge=coun%10;                               //计数值模 10,得到个位数
    m=coun/10;                                //中间值
    shi=m%10;                                 //得到十位数
    m=m/10;                                   //中间值
    bai=m%10;                                 //得到百位数
    m=m/10;                                   //中间值
    qian=m%10;                                //得到千位数
    P0=shi<<4|ge;             //十位数左移 4 位后跟个位数或运算,得到低字节,送给 P0 端口显示
    P2=qian<<4|bai;           //千位数左移 4 位后跟百位数或运算,得到高字节,送给 P2 端口显示
}
//===延时函数,延时约 x*1 ms============================
void delay1ms(int x)
{
    int i,j;                                  //声明整型变量 i、j
    for(i=0;i<x;i++)                          //计数 x 次,延时约 x*1 ms
        for(j=0;j<120;j++);                   //计数 120 次,延时约 1 ms
}
```

2.3.1 程序设计方法概述

MCS-51 系列单片机指令系统是用户编制单片机应用程序的主要工具。本节主要讲解设计汇编语言程序的基本步骤、方法、要领以及典型结构程序设计方法,最后可以快速、简洁、高效地编制单片机应用程序。

1. 程序设计语言简介

微型机的应用离不开应用程序的设计，常用的程序设计语言基本分为三类：机器语言、汇编语言和高级语言。高级语言是面向程序设计人员，前两种语言是面向机器，常被称为低级语言。

(1)机器语言

当指令和地址采用二进制代码表示时，机器能够直接识别，因此称为机器语言。机器指令代码是0和1构成的二进制数信息，与机器的硬件操作一一对应。使用机器语言可以充分发挥计算机硬件的功能。但是，机器语言难写、难读和难交流，而且机器语言随计算机的型号不同而不同，因此移植困难。然而，无论人们使用什么语言编写程序，最终都必须翻译成机器语言，机器才能执行。

(2)汇编语言

汇编语言是采用易于人们记忆的助记符表示的程序设计语言，方便人们书写、阅读和检查。一般情况下，汇编语言与机器语言一一对应。用汇编语言编写的程序称为汇编语言源程序。把汇编语言源程序翻译成机器语言程序的过程称为汇编；完成汇编过程的程序称为汇编程序；汇编产生的结果是机器语言程序(目标程序)。

不同系列的机器有不同的汇编语言，因此汇编语言程序在不同系列的机器之间不能通用。

(3)高级语言

高级语言是对计算机操作步骤进行描述的一整套标记符号、表达格式、结构及其使用的语法规则。它是一种面向过程的语言，使用一些接近人们书写习惯的英语和数学表达式的语言去编写程序，使用方便，通用性强，不依赖于具体计算机。

用高级语言编写的源程序，同样需要翻译成用各种机器语言表示的目标程序，计算机才能解释执行，完成翻译过程的程序称为编译程序或解释程序。高级语言程序所对应的目标代码往往比汇编语言要长得多，运行时间也更多。

51单片机的高级语言编程主要使用C51，一般使用Keil软件作为编程工具软件。

提示：有关Keil和C51的使用请自行参考电子文档中的说明。

2. 汇编语言源程序的设计步骤

汇编语言源程序的设计过程与高级语言源程序的设计过程基本相同，其一般步骤是：

(1)分析任务

当我们要编写某个功能的应用程序时，首先应该详细分析给定的任务。明确哪些是任务所提供的基本条件，哪些是任务要解决的具体问题，哪些是任务所期望的最终目标。

(2)确定算法

任务明确之后，下一步就是确定解决问题的方法。将给定的任务转换成计算机处理模式，即通常所说的算法。对于较复杂的任务，需要先用数学方法把问题抽象出来。往往同一个数学表达式可以用多种算法实现，我们应综合考虑寻找出其中的最佳方案，使程序所占内存小、运行时间短。

(3)画程序流程图

画程序流程图是把所采用的算法转换为汇编语言程序的准备阶段，选择合适的程序结构，把整个任务细化成若干个小的功能，使每个小功能只对应几条语句。

(4)分配资源

在用汇编语言进行程序设计时，我们直接面向的是计算机的最底层资源。在编写代码之前需要对内存区域进行分配，并确定程序和数据的存放地址。

(5)编写代码

在画好流程图并分配了相关资源后,就可以编写程序代码了。汇编语言与 C51 的最大区别就在这里。

(6)程序修改与调试

当一个汇编语言程序编好后难免有错误或需要进一步优化的地方,必须进行调试和修改。

在源程序的汇编过程中用户很容易发现程序中存在的语法错误,但查找和修改程序中的逻辑错误不是很简单,需要借助开发系统所提供的程序单步操作或设置断点等调试手段予以排除。

提示:汇编语言中,使用大写或小写字母都可以,即不区分大小写。

2.3.2 顺序程序设计

顺序结构的程序是指程序按指令的排列顺序依次执行直至程序结束。该结构是程序结构中最简单的一种,用程序流程图表示的顺序结构程序,是一个处理框紧接一个处理框。

【例 2-3】 拆分程序:将 R7 中的压缩 BCD 码(即一个字节存放 2 位 BCD 码)拆分为分离的 BCD 码(即一个字节存放一位 BCD 码,在低半字节),并分别存于 R4,R3。

分析:将压缩 BCD 码拆分为分离的 BCD 码在单片机数码显示中经常遇到,可用逻辑操作指令及交换指令完成。

源程序如下:

```
SPLIT:  MOV   A,R7         ;取压缩 BCD 码
        MOV   R3,A         ;R3 保存压缩 BCD 码
        MOV   R4,A         ;R4 保存压缩 BCD 码
        MOV   A,#0FH
        ANL   A,R3         ;屏蔽高四位
        MOV   R3,A         ;R7 中低四位 BCD 码存于 R3
        MOV   A,#0F0H
        ANL   A,R4         ;屏蔽低四位
        SWAP  A            ;高、低四位交换
        MOV   R4,A         ;R7 中高四位 BCD 码存于 R4
        RET
```

思考:如何将分离的 BCD 码合并成压缩 BCD 码?

【例 2-4】 将单字节二进制数转换成分离 BCD 码。单字节二进制数存在 R7 中,转换后的分离 BCD 码存放在指定存储单元中,存储单元首地址由 R1 指定。

分析:在单片机中经常会遇到数制转换问题,要将二进制转换为 BCD 码(即十进制数),可采用除 10 取余方式实现,程序清单如下:

```
          ORG   0100H
TOBCD:    MOV   A,R7
HEX2BCD:  MOV   B,#100       ;除数
          DIV   AB           ;二进制数除以 100,商是百位数(不大于 2)
          MOV   @R1,A        ;保存百位数到存储区指定单元中
          MOV   A,#10        ;除数 10
          XCH   A,B          ;上次的余数做被除数,10 做除数
          DIV   AB           ;余数除以 10,商是十位数,余数是个位数
```

```
        INC     R1                  ;十位数地址
        MOV     @R1,A               ;保存十位数到存储区指定单元中
        INC     R1                  ;个位数地址
        MOV     @R1,B               ;保存个位数到存储区指定单元中
        RET
```

思考：如何将单字节 BCD 码转换成二进制？

【例 2-5】 将片内 RAM 30H 的中间 4 位，31H 的低 2 位，32H 的高 2 位按序拼成一个新字节，存入 33H 单元。

分析：需要灵活掌握逻辑操作指令，对存储单元的所需位进行保留，并移到字节中正确位置，最后将相应位合并在一个字节中。

```
START:  MOV     A,30H
        ANL     A,#3CH              ;保留 30H 的中间 4 位原值，其余位为零
        RL      A                   ;30H 的中间 4 位移至高 4 位
        RL      A
        MOV     33H,A
        ANL     31H,#3              ;取 31H 的低 2 位，高 6 位为 0
        ANL     32H,#0C0H           ;取 32H 的高 2 位，低 6 位为 0
        MOV     A,31H               ;31H 的低 2 位送 A
        ORL     A,32H               ;32H 的高 2 位放入 A 的高 2 位，A 的中间 4 位为 0
        RL      A                   ;将 31H 的低 2 位、32H 的高 2 位移至 A 的低 4 位
        RL      A
        ORL     33H,A               ;将 31H 的低 2 位、32H 的高 2 位放入 33H 中
        END
```

【例 2-6】 查表程序。

求 R1 中的数(0～9)对应的显示字符码，结果存在累加器 A 中。

程序清单之一(采用 PC 当基址寄存器)：

```
TAB:    MOV     A,R1
        ADD     A,#01               ;加地址偏移量
        MOVC    A,@A+PC             ;查表
        RET
LEDSEG: DB      3FH,06H,5BH,4FH,66H ;共阴极数码管 0～4 字符码
        DB      6DH,7DH,07H,6FH,77H ;共阴极数码管 5～9 字符码
```

程序中，由于把 PC 当作基址寄存器，且 MOVC 指令中的 PC 指向的是其下面一条指令的首地址，而不是第一个 DB 指令，在 DB 指令与 MOVC 指令之间有一条 RET 指令，占有一个字节，所以在执行 MOVC 指令之前先对累加器 A 加 1 修正。

程序清单之二(采用 DPTR 作为基址寄存器)：

```
TAB:    PUSH    DPL                 ;保存 DPTR 的原值
        PUSH    DPH
        MOV     A,R1                ;低位 BCD 码送 A
        MOV     DPTR,#LEDSEG        ;显示用字符表首址送 DPTR，准备查表
        MOVC    A,@A+DPTR           ;查表
        POP     DPH                 ;恢复 DPTR 原值
```

```
          POP     DPL
          RET
LEDSEG:   DB      3FH,06H,5BH,4FH,66H ;共阴极数码管 0~4 字符码
          DB      6DH,7DH,07H,6FH,77H ;共阴极数码管 5~9 字符码
```

程序中，由于把 DPTR 当作基址寄存器，可以将表格首地址直接送给 DPTR，所以不需要修正。

2.3.3 分支程序设计

分支程序是按照给定的条件进行判断，根据不同的情况使程序发生转移，选择不同的程序入口。

(1)单分支结构程序

通常用条件转移指令形成简单分支结构。例如，判断结果是否为 0(JZ 和 JNZ)、是否有进位或借位(JC 和 JNC)、指定位是否为 1 或 0(JB 和 JNB)、比较指令 CJNE 等都可作为分支依据。

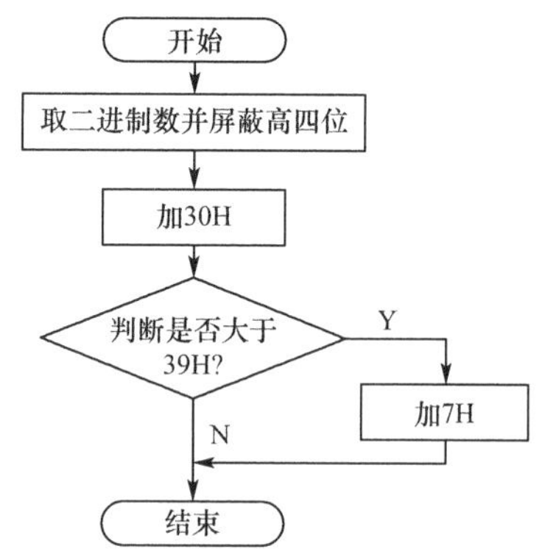

图 2-12　二进制转换 ASCII 码流程图

【例 2-7】 4 位二进制数转换为 ASCII 码。4 位二进制数存于 R2 的低四位，ASCII 码存于 R2 中。二进制转换 ASCII 码流程图如图 2-12 所示，汇编语言源程序如下：

```
B-ASC:    MOV     A,R2
          ANL     A,#0FH          ;清除 R2 的高四位
          ADD     A,#30H
          MOV     R2,A
          CLR     C
          SUBB    A,#3AH          ;判断待转换数是否大于 9
          JC      LEND            ;若不大于 9,则转换结束
          MOV     A,R2            ;若大于 9,则再加 7
          ADD     A,#07H
          MOV     R2,A
LEND:     RET
```

(2)两分支结构程序

【例 2-8】 两个无符号数比较(两分支)。内部 RAM 的 30H 单元和 40H 单元各存放了一个 8 位无符号数，请比较这两个数的大小，将大的数送入 50H 单元。

分析：本例是典型的分支程序，根据两个无符号数的比较结果(判断条件)，程序可以选择两个流向之中的某一个，比较两个无符号数常用的方法是将两个数相减 X－Y，然后判断有否借位 CY，若 CY＝0，无借位，X ＞＝Y；若 CY＝1，有借位，X＜Y。无符号比较流程图如图 2-13 所示。

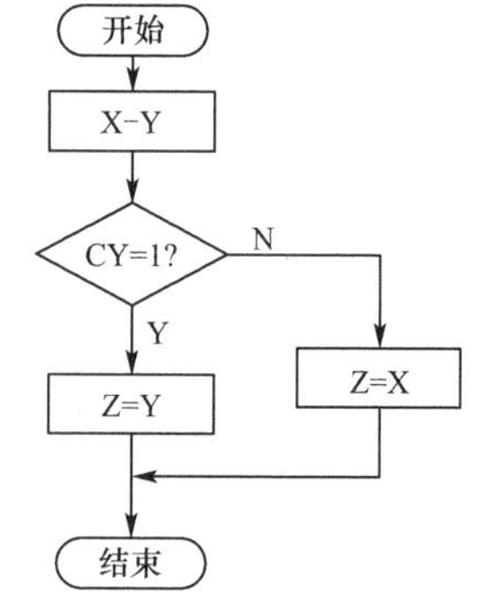

图 2-13　无符号比较流程图

源程序如下：

```
          X       DATA 30H        ;数据地址赋值伪指令 DATA
          Y       DATA 40H
```

```
           Z          DATA 50H
           ORG        0000H
           MOV        A,X            ;(X) →A
           CLR        C              ;CY=0
           SUBB       A,Y            ;带借位减法,A-(Y)-CY→A
           JC         L1             ;CY=1,转移到 L1
           MOV        Z,X            ;CY=0,X>=Y,X 值存 Z 中
           SJMP       FINISH         ;直接跳转到结束等待
L1:        MOV        Z,Y            ;X<Y,Y 值存 Z 中
FINISH:    SJMP       $
           END
```

(3)三分支结构程序

【例 2-9】 采用分支程序的设计方法求符号函数。

$$Y=\begin{cases}1,当\ X>0\ 时\\0,当\ X=0\ 时\\-1,当\ X<0\ 时\end{cases}$$

设 X 的值存于 30H 单元,符号函数的值用补码表示并送入 31H 单元。

分析:

此题有三条路径选择,可用多分支来实现,符号函数程序流程图如图 2-14 所示。

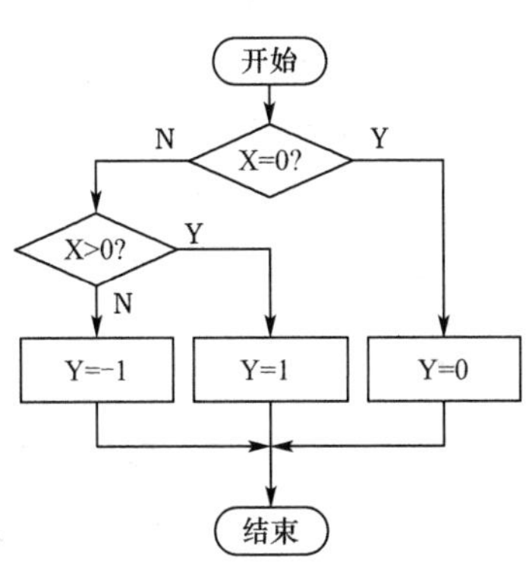

图 2-14　符号函数程序流程图

源程序如下:

```
           X          DATA 30H
           Y          DATA 31H       ;数据地址赋值伪指令 DATA
           ORG        1000H
           MOV        A,X
           JZ         COMM           ;若 A 值为 0,则送结果
           JB         ACC.7,MIN      ;A 最高位为 1,A 为负
           MOV        A,#01H         ;A 为正
           SJMP       COMM
MIN:       MOV        A,#0FFH
COMM:      MOV        Y,A
           SJMP       END
```

2.3.4　散转程序设计

在设计单片机应用程序时,经常遇到根据不同的输入或运算结果决定程序流向的问题。这就是散转程序,实际就是一种多分支程序。散转程序也需要一个表,但表中所列的不是普通数据,而是某些功能程序的入口地址、偏移量或转向这些功能程序的转移指令。程序的散转功能,主要依靠间接转移指令“JMP @A+DPTR”来完成。

电子文档中有三个例题,采用三种方法实现散转,可以在 WAVE 环境下仿真验证。它们是散转_指令表.asm、散转_地址表.asm、散转_RET.asm,请自行验证。

2.3.5 循环程序设计

1. 循环结构

顺序程序中每条指令只执行一次，分支程序则依据条件不同跳过一些指令，执行另一部分指令，这两种程序的特点是每条指令最多只执行一次。在处理实际问题时，常常要求某些程序段重复执行，此时应采用循环结构实现。典型的循环结构一般包含初始化、循环处理、循环控制和结束四部分。

(1)初始化部分

为实现程序循环做准备，如建立循环计数器、设地址指针以及为变量赋初值等。

(2)循环处理部分

该部分是循环程序的主体，在这里对数据进行实际的处理，是重复执行部分，所以这段程序的设计非常关键，应充分考虑程序的效率。

(3)循环控制部分

为下一次数据处理修改计数器和地址指针，并判断循环是否结束。

(4)结束部分

分析、处理或存放结果。

第二部分和第三部分的次序根据具体情况可以先处理数据后判断，也可以先判断后处理数据。另外，有时问题比较复杂，处理段中还需要使用循环结构，即通常所说的循环嵌套(也称多重循环)。

2. 单重循环程序设计

单重循环指循环程序中不包含其他的循环，一般根据循环结束条件不同，分为循环次数已知的循环和循环次数未知的循环。循环次数已知的循环，常用循环计数器控制循环是否结束。

(1)循环次数已知的循环程序

【例 2-10】 编程将片外 RAM 1000H 单元开始存放的 100 个 ASCII 码加上奇校验后从单片机 P1 端口依次输出。ASCII 码奇校验流程图如图 2-15 所示。

源程序如下：

```
        ORG    0000H
        SJMP   START
        ORG    0030H
START:  MOV    DPTR,#1000H    ;ASCII 码首地址
        MOV    R0,#64H        ;发送计数器
LOOP:   MOVX   A,@DPTR        ;取 ASCII 码
        MOV    C,P
        CPL    C
        MOV    ACC.7,C        ;置奇校验位
        MOV    P1,A           ;输出
        INC    DPTR
        DJNZ   R0,LOOP        ;循环
        SJMP   END
```

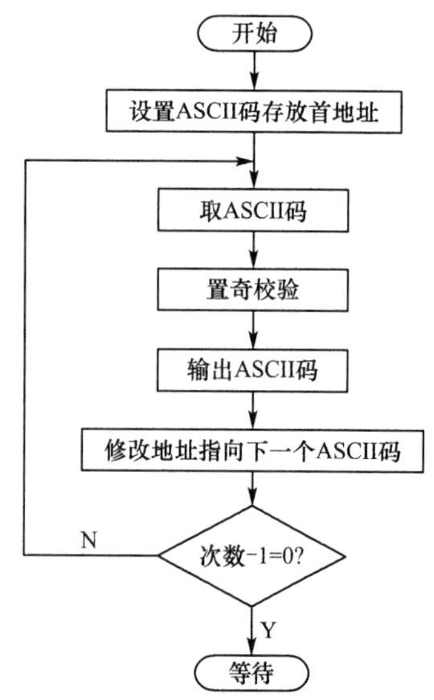

图 2-15 ASCII 码奇校验流程图

注意：ASCII 码有效位为 7 位，字节的最高位可以用作奇偶校验位。奇偶标志位 P 只反映累加器 A 中 1 的个数的奇偶性。

【例 2-11】 拉幕灯，使八个发光二极管顺序点亮并保持，然后按相反顺序变化，形如拉幕效果。发光二极管连接图如图 2-16 所示，二极管顺序点亮流程图如图 2-17 所示。

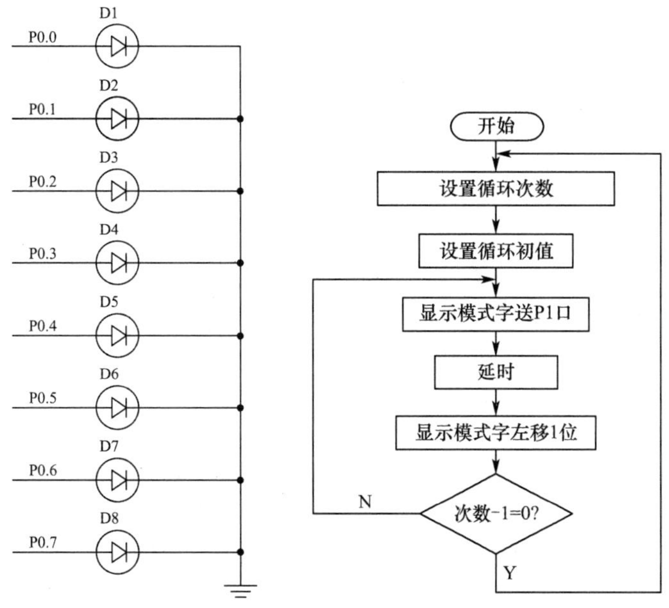

图 2-16 发光二极管连接图　　图 2-17 二极管顺序点亮流程图

源程序如下：

```
        ORG     0000H
START:  MOV     R2,#08H     ;设置循环次数
        MOV     A,#01H      ;送显示模式字
NEXT:   MOV     P0,A        ;点亮连接 P0.0 的发光二极管
        ACALL   DELAY       ;调用延时子程序
        SETB    C           ;CY 置 1
        RLC     A           ;左移一位,改变显示模式字
        DJNZ    R2,NEXT     ;循环次数减 1,不为 0,继续点亮下面一个二极管
        MOV     R2,#08H     ;设置循环次数
        MOV     A,#7FH      ;送显示模式字
NEXT1:  MOV     P0,A        ;熄灭连接 P0.7 的发光二极管
        ACALL   DELAY       ;调用延时子程序
        CLR     C           ;CY 清 0
        RRC     A           ;右移一位,改变显示模式字
        DJNZ    R2,NEXT1    ;循环次数减 1,不为零,继续熄灭上面一个二极管
        ACALL   DELAY       ;调用延时子程序
        SJMP    START       ;无限循环
DELAY:  MOV     R3,#080H    ;延时子程序开始,这是个双重循环
DEL2:   MOV     R4,#000H
DEL1:   NOP
        DJNZ    R4,DEL1
        DJNZ    R3,DEL2
        RET
        END
```

电子文档提供 Proteus 仿真文件：拉幕灯.dsn，观察运行结果。

(2)循环次数未知的循环程序

循环次数未知的循环程序常按问题的条件控制循环是否结束，当满足条件时循环结束。

【例 2-12】 不同存储区域之间的数据传输。将内部 RAM 50H 单元开始的内容依次传送到外部 RAM 1000H 单元开始的区域，直到遇到传送的内容是 0 为止。

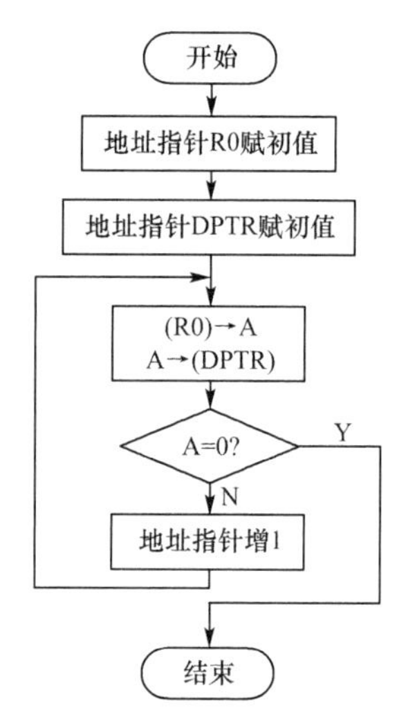

图 2-18 数据传输流程图

分析：

本例要解决的关键问题是：数据块的传送和不同存储区域之间的数据传送。以累加器 A 作为中间变量实现数据传输，以条件控制循环程序结束。数据传输流程图如图 2-18 所示。

源程序如下：

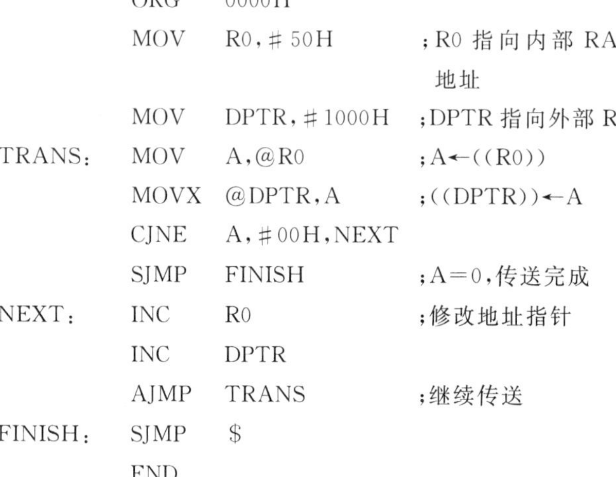

```
        ORG    0000H
        MOV    R0,#50H        ;R0 指向内部 RAM 数据区首地址
        MOV    DPTR,#1000H    ;DPTR 指向外部 RAM 数据区首地址
TRANS:  MOV    A,@R0          ;A←((R0))
        MOVX   @DPTR,A        ;((DPTR))←A
        CJNE   A,#00H,NEXT
        SJMP   FINISH         ;A=0,传送完成
NEXT:   INC    R0             ;修改地址指针
        INC    DPTR
        AJMP   TRANS          ;继续传送
FINISH: SJMP   $
        END
```

3. 多重循环程序设计

多重循环又称为循环嵌套，是指一个循环程序的循环体中包含另一个循环程序。在理论上讲对循环嵌套的层数没有明确的规定，但由于受硬件资源的限制，实际可嵌套层数不能太多。需要注意的是循环嵌套只允许一个循环程序完全包含另一个循环程序，不允许两个循环程序之间相互交叉嵌套。

(1)数制转换

【例 2-13】 将双字节 BINA～BINA+1 单元二进制数转换为压缩 BCD 码，存放在 BTOD～BTOD+2 单元中。

分析：将二进制数转换为 BCD 码的数学模型为：$(a_{15}a_{14}\cdots a_1a_0)=(\cdots(0\times2+a_{15})\times2+a_{14}\cdots)\times2+a_0$，编程时将二进制数逐次左移，每次左移一位，并实现$(\cdots)\times2+a_i$的运算，共循环 16 次。二进制转换 BCD 流程图如图 2-19 所示。

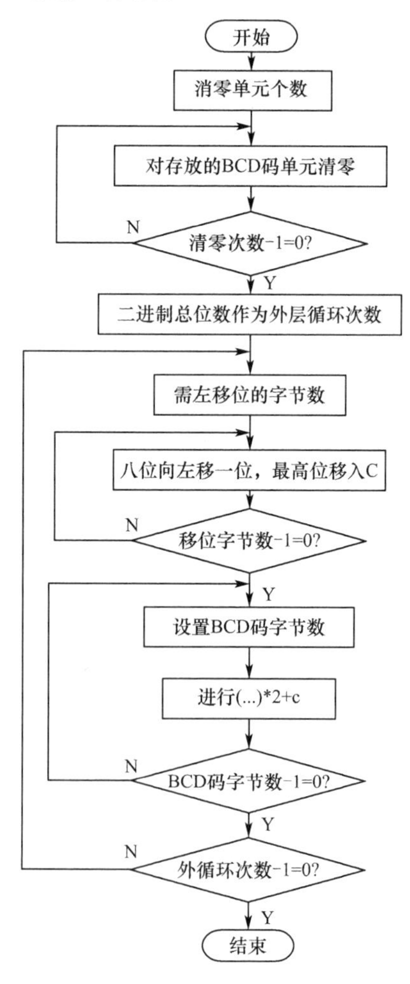

图 2-19 二进制转换 BCD 流程图

源程序如下：

```
B2BCD:  CLR    A            ;二进制转换 BCD 程序
        MOV    R0,#BTOD     ;BTOD～BTOD+2 单元清零
        MOV    R1,#03H
D0:     MOV    @R0,A        ;单独一个循环,单循环开始
        INC    R0
        DJNZ   R1,D0        ;单循环结束
        MOV    R6,#10H      ;二进制位数存于 R6 中
D1:     MOV    R0,#BINA     ;BINA～BINA+1 单元二进制数左移一位后存入原单元中,
                             外循环开始
        MOV    R1,#02H
D2:     MOV    A,@R0        ;内循环 1 开始
        RLC    A
        MOV    @R0,A
        INC    R0
        DJNZ   R1,D2        ;内循环 1 尾部
        MOV    R0,#BTOD     ;BTOD～BTOD+2 结果单元内容乘 2+CY 并进行调整后存
                             入原单元
        MOV    R1,#03H
D3:     MOV    A,@R0        ;内循环 2 开始
        ADDC   A,@R0
        DA     A
        MOV    @R0,A
        INC    R0
        DJNZ   R1,D3        ;内循环 2 尾部
        DJNZ   R6,D1        ;外循环尾部,直到全部处理完毕
        RET
```

两个内循环之间的关系属于并列关系。

(2)软件延时

在单片机控制应用中,常有延时的需要,延时有两种方法:硬件延时和软件延时,硬件延时是通过定时器/计数器完成,软件延时一般是通过循环程序完成。

延时程序的延时时间主要与两个因素有关:一是所用晶振,二是延时程序的循环次数,一旦晶振确定以后,则主要是如何设计与计算循环次数。

设单片机晶振频率为 6 MHz,则机器周期 T 为 2 μs

设单片机晶振频率为 12 MHz,则机器周期 T 为 1 μs

汇编语言常用延时程序所用到的指令:

指令		占用机器周期数
MOV	Rn,#Data	1
DJNZ	Rn,rel	2
RET		2
NOP		1

提示：以上程序在实际运用时必须给出具体的寄存器、数值和标号。

基本延时模式及延时时间的计算。

单循环延时程序：

```
        MOV     R0,#X       ;1个机器周期,执行1次
D1:     DJNZ    R0,D1       ;2个机器周期,执行X次
        RET                 ;2个机器周期,执行1次
```

单循环延时时间=2×X×T+1×T+2×T=(2×X+3)×T。

假定晶振频率为12 MHz时，当X=0时循环256次，最长延时515 μs；当X=1时循环1次，最短延时5 μs。

双重循环延时程序：

```
        MOV     R1,#Y       ;1个机器周期,执行1次
D1:     MOV     R0,#X       ;1个机器周期,执行y次
D2:     DJNZ    R0,D2       ;2个机器周期,执行X*Y次
        DJNZ    R1,D1       ;2个机器周期,执行Y次
        RET                 ;2个机器周期,执行1次
```

双重循环延时时间=(2×X+1+2)×Y×T+1×T+2×T=(2×X×Y+3×Y+3)×T。

假定晶振频率为12 MHz时，最长延时131843 μs；最短延时8 μs。

三重循环延时程序：

```
        MOV     R2,#Z       ;1个机器周期
D1:     MOV     R1,#Y       ;1个机器周期
D2:     MOV     R0,#X       ;1个机器周期
D3:     DJNZ    R0,D3       ;2个机器周期
        DJNZ    R1,D2       ;2个机器周期
        DJNZ    R2,D1       ;2个机器周期
        RET                 ;2个机器周期
```

三重循环延时时间：=[(2×X+1+2)×Y+1+2]×Z×T+1×T+2×T=(2×X×Y×Z+3×Y×Z+3×Z+3)×T。

假定晶振频率为12 MHz时，最长延时33751811 μs；最短延时11 μs。

思考：如何修改程序使延时时间更准确？

提示：较长的延时可以采用多次调用较短的延时子程序或者采用定时器来实现。

提示：现在可以回头看一下节日彩灯的程序，能不能利用循环结构来使程序更加简练？

2.3.6 子程序设计

在程序设计过程中，经常会遇到在不同的程序中或同一个程序的不同地方执行同一个操作的情况，例如软件延时、代码转换等。为了缩短程序设计周期及程序长度，可以将这些程序段从源程序中分离出来单独组成一个程序模块，我们称为子程序。在需要使用这些模块的地方可以“调用子程序”。那些调用子程序的程序被称为主程序。主程序对子程序的调用是通过ACALL或LCALL指令完成的。一个主程序可以多次调用同一个子程序，也可以调用多个子程序。子程序也可调用其他子程序(也称为子程序嵌套)。

1. 关于子程序的几点说明

(1)每个子程序的起始指令前必须定义一个标号,作为该子程序的名称,以便主程序正确地调用它;子程序通常以 RET 指令结束,以便正确地返回主程序。

(2)子程序应具有通用性。一般子程序的操作对象通常采用寄存器或寄存器间接寻址等寻址方式,尽量避免采用立即寻址。

(3)子程序应保证放在存储器的任何空间都能正确运行,即具有浮动性。例如,子程序中应使用相对转移指令,避免使用绝对转移或长转移。

(4)进入子程序时需要把在主程序使用并在子程序中也要使用的寄存器进行保存,并在返回主程序之前恢复原来状态。

(5)子程序的调用和返回指令,以及保护现场等操作均需用到堆栈,因此在程序初始化时应设置堆栈指针 SP,开辟堆栈保护区。

注意: 为了保证正确返回主程序,通常子程序中的 PUSH 和 POP 指令成对出现。

(6)设计子程序时应首先确定子程序名称;确定子程序的入口参数和出口参数;确定子程序需要使用的寄存器和存储单元;确定子程序的算法,再编写源程序。

2. 子程序的应用举例

【例 2-14】 将片内 RAM 30H 单元中的十六进制数转换为两位 ASCII 码,结果按高低顺序存放在 31H 与 32H 单元中。

主程序通过子程序调用完成两位十六进制数与 ASCII 码之间的转换。程序清单如下:

```
        ORG     0000H
START:  MOV     SP,#60H             ;设置堆栈初值
        MOV     A,30H               ;取被转换的十六进制数
        SWAP                        ;交换,以便对高位进行转换
        PUSH    ACC                 ;压入堆栈
        ACALL   HTOA                ;调用转换子程序,对高位进行转换
        POP     31H                 ;从堆栈中取出转换结果
        PUSH    30H                 ;将原数据压入堆栈
        ACALL   HTOA                ;调用转换子程序,对低位进行转换
        POP     32H                 ;从堆栈中取出转换结果
        SJMP    $                   ;转换结束,等待
        ORG     0200H
HTOA:   MOV     R1,SP               ;转移堆栈指针
        DEC     R1                  ;下移指针,指向被转换的数据单元
        DEC     R1
        MOV     A,@R1               ;从堆栈中取出被转换数据
        ANL     A,#0FH              ;屏蔽高四位
        ADD     A,#02H              ;修正查表指针
        MOVC    A,@A+PC             ;查 ASCII 码表
        MOV     @R1,A               ;保存结果到栈区
        RET                         ;子程序返回
TAB:    DB      30H,31H,32H,33H,34H,35H,36H,37H,38H,39H
        DB      41H,42H,43H,44H,45H,46H
```

该程序采用堆栈传递参数方式,在调用子程序前先将要转换的数据压入堆栈,进入子程序

后，再从堆栈中取出数据，完成转换，并把转换结果放入堆栈区，返回主程序后再从堆栈中取出结果送入指定单元。

3. 子程序的嵌套调用

子程序的嵌套调用是指在一个子程序中又调用另一个子程序。对于 MCS-51 系列单片机，子程序嵌套次数没有明确限制，只是受到硬件资源的制约，不能太多。子程序嵌套调用示意图如图 2-20 所示。

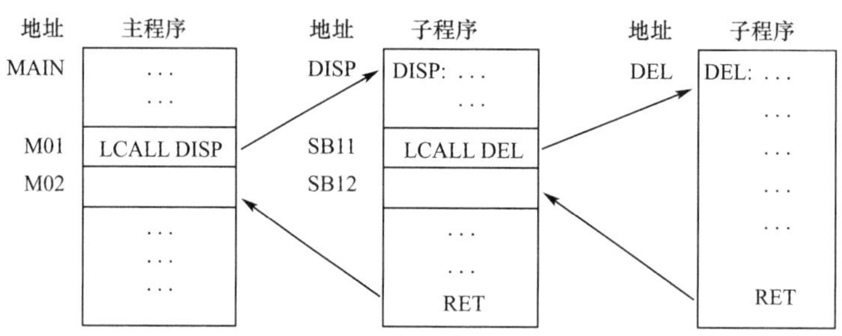

图 2-20 子程序嵌套调用示意图

当主程序执行到 LCALL DISP 指令时，它会将断点地址 M02 压入堆栈，并转去执行 DISP 子程序，在 DISP 子程序中执行到 LCALL DEL 指令时，它会将断点地址 SB12 压入堆栈，并转去执行 DEL 子程序。DEL 子程序执行到最后的 RET 指令时，它会从堆栈中取出断点地址 SB12 送给程序计数器 PC，程序返回 DISP 子程序，DISP 子程序执行到最后的 RET 指令时，会从堆栈中取出断点地址 M02 送给程序计数器 PC，程序返回主程序，继续执行。

【例 2-15】 单片机 P2 端口接一个数码管，要求从 0 到 9 不断循环显示，每一个数字亮灭闪烁 3 次，然后换下一个数字。

程序清单如下：

```
COUN:   EQU    20H              ;定义计数单元
        ORG    0000H            ;从 0000H 单元开始
        LJMP   START            ;跳转到真正程序起点
START:  MOV    SP,#60H          ;堆栈初始化,主程序开始
        MOV    COUN,#00H        ;计数初值为 0
LOOP:   LCALL  DISP             ;调用显示程序
        INC    COUN             ;计数器加 1
        MOV    A,COUN
        CJNE   A,#0AH,LOOP1     ;判断计数是否到 10,如果不是则转 LOOP1
        MOV    COUN,#00H        ;当计数到 10 时,计数器清零
LOOP1:  LJMP   LOOP             ;无限循环,主程序结束
DISP:   MOV    R0,#00H          ;显示子程序开始
        MOV    A,COUN           ;计数值送累加器
        MOV    DPTR,#DISPTAB    ;字形码表首地址送 DPTR
        MOVC   A,@A+DPTR        ;查出对应的字符码
L1:     MOV    P2,A             ;显示字符
        LCALL  DELAY            ;调用延时
        MOV    P2,#0FFH         ;关闭显示
        LCALL  DELAY            ;调用延时
```

```
        INC     R0
        CJNE    R0,#03H,L1
        RET                             ;子程序返回
DELAY:  MOV     R7,#10                  ;延时子程序
D1:     MOV     R6,#255
D2:     MOV     R5,#255
D3:     DJNZ    R5,D3
        DJNZ    R6,D2
        DJNZ    R7,D1
        RET                             ;子程序返回
DISPTAB:DB      0C0H,0F9H,0A4H,0B0H,99H     ;0～4 字符码(共阳)
        DB      92H,82H,0F8H,80H,90H        ;5～9 字符码(共阳)
        END
```

思考：用“MOVC A,@A+PC”查出对应的字符码，程序如何修改？

电子文档中提供了 Proteus 仿真文件：一位数码管闪.dsn，观察运行结果。

任务 2.4　产品计数器设计制作和调试

本任务按照项目要求，结合前面的任务中学到的知识，自行设计一个计数器电路，编写一个配套程序，完成调试。

2.4.1　产品计数器的设计和仿真调试

1. 设计方案选择

根据需要和可能，提出两个方案：

(1)4～6 位数码管显示硬件译码的电路。

这个可以在 4 位数码管的基础之上改进，显示数字多，适应性好，但是外部硬件多，成本高，软件简单。

(2)2～3 位数码管显示软件译码的电路。

这个可以在 2 位数码管的基础之上改进，显示数字少，但是外部硬件少，成本低，软件相对复杂。

此外，还可以利用所学知识，加上现有条件对以上方案改进，完成项目要求。

2. 具体设计方案

这里给出一个 6 位数码管的方案，供参考。

6 位数码显示的产品计数器电路原理图如图 2-21 所示。

考虑 PCB 制板的需要和安装的方便，增加一些接插件，比如电源接插件、外部脉冲接插件等。电路封装好，更换某些元件，还需要晶振和复位电路。PCB 板要留有安装孔。

软件设计要在原来 4 位数码管任务的基础上改进。汇编语言参考程序如下：

```
;-----------以下资源分配定义数据存储地址-----------------分隔线 1
        COUNTH EQU 28H                  ;计数单元高字节
        COUNTM EQU 29H                  ;计数单元中字节
        COUNTL EQU 2AH                  ;计数单元低字节
```

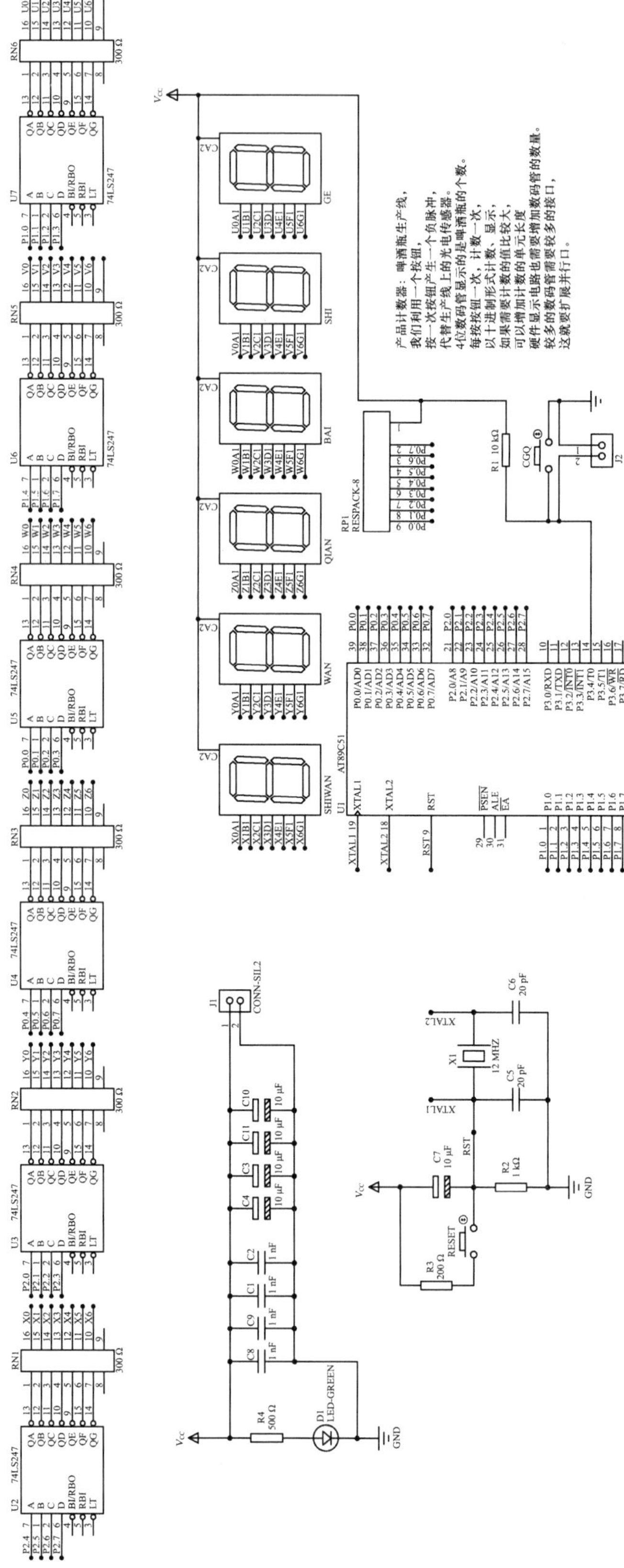
产品计数器：啤酒瓶生产线，
我们利用一个按钮，
按一次按钮产生一个负脉冲，
代替生产线上的光电传感器。
4位数码管显示的是啤酒瓶的个数。
每按按钮一次，计数一次，
以十进制形式计数、显示，
如果需要计数的值比较大，
可以增加计数的单元长度
硬件显示电路也需要增加数码管的数量。
较多的数码管需要较多的接口，
这就要扩展并行口。

图2-21 6位数码显示的产品计数器电路原理图

```
        DISPH   EQU P2              ;显示高位
        DISPM   EQU P0              ;显示中位
        DISPL   EQU P1              ;显示低位
;-----------------以下入口地址安排--------------------分隔线 2
        ORG     0000H
        LJMP    START
;-----------------以下主程序-------------------------分隔线 3
        ORG     0100H
START:  MOV     SP,#2FH             ;堆栈从 30H 开始
        MOV     P0,#0FFH            ;灭,低电平数码管亮
        MOV     P2,#0FFH
        MOV     P1,#0FFH
        MOV     COUNTH,#78H         ;计数初值,调试用
        MOV     COUNTM,#99H         ;计数初值,调试用
        MOV     COUNTL,#88H         ;计数初值,调试用
        MOV     DISPH,COUNTH        ;显示高字节
        MOV     DISPM,COUNTM        ;显示中字节
        MOV     DISPL,COUNTL        ;显示低字节
L0:     JB      P3.4,L1             ;高电平转移,判断按钮是否按下
        LCALL   DELAY10MS           ;延时 10 ms 以消除干扰
        JB      P3.4,L1             ;10 ms 以后还是高电平,就认为是干扰
        JNB     P3.4,$              ;等待负脉冲结束,保证每个脉冲只计数一次
        LCALL   JSXS                ;调用计数子程序,延时 10 ms 以后还是低电平,认为
                                     正常脉冲
L1:     SJMP    L0                  ;无限循环,主程序结束
;------------以下计数显示----------------------------分隔线 4
JSXS:   MOV     A,COUNTL            ;读取计数值低字节
        ADD     A,#1                ;加 1
        DA      A                   ;十进制调整
        MOV     COUNTL,A            ;保存低字节,部分和,如果有进位在下一步处理
        MOV     A,COUNTM            ;读取计数值中字节
        ADDC    A,#0                ;加进位
        DA      A                   ;十进制调整
        MOV     COUNTM,A            ;保存中字节,部分和,如果有进位在下一步处理
        MOV     A,COUNTH            ;读取计数值高字节
        ADDC    A,#0                ;如果有进位,将加进高字节
        DA      A                   ;十进制调整
        MOV     COUNTH,A            ;保存高字节
        MOV     DISPH,COUNTH        ;显示高字节
        MOV     DISPM,COUNTM        ;显示中字节
        MOV     DISPL,COUNTL        ;显示低字节
        RET                         ;子程序返回
;-----------以下延时子程序---------------------------分隔线 5
DELAY10MS:
```

```
         MOV    R7,#10
DELAY1:  MOV    R6,#250
DELAY2:  NOP
         NOP
         DJNZ   R6,DELAY2
         DJNZ   R7,DELAY1
         RET
         END
```

C 语言程序：

```
//产品计数器:6 位显示,硬件译码,从 4 位数的程序改进而来
#include <reg51.h>                          //引用库定义
unsigned int COUNTH,COUNTM,COUNTL;          //计数单元高、中、低字节
unsigned char bitval=0;
#define DISPH P2                            //显示高位
#define DISPM P0                            //显示中位
#define DISPL P1                            //显示低位
sbit key=P3^4;
void delayms(unsigned int t);               //延时声明
unsigned char Con(unsigned char val);       //转换子程序
void JSXS( );                               //计数显示函数声明
void main()
{
    P0=0xff;                                //灭,低电平数码管亮
    P2=0xff;
    COUNTH=0;                               //计数从 0 开始
    COUNTM=0;                               //计数从 0 开始
    COUNTL=0;                               //计数从 0 开始
    DISPH=Con(COUNTH);                      //显示高字节
    DISPM=Con(COUNTM);                      //显示中字节
    DISPL=Con(COUNTL);                      //显示低字节
    while(1)
    {
        if(key==0)                          //高电平转移,判断按钮是否按下
        {
            delayms(10);                    //延时 10 ms 以消除干扰
            if(key==0)
            {
                do{}while(key==0);          //等待负脉冲结束,保证每个脉冲只计数一次
                JSXS();                     //调用计数子程序,延时 10 ms 以后还是低电平,认为
                                              正常脉冲
            }
        }
    }
}
```

```
void delayms(unsigned int t)                    //延时子程序,约 1 ms
{
    unsigned int i,j;
    for(i=0;i<t;i++)
        for(j=0;j<124;j++);
}
void JSXS()
{
    COUNTL++;
    if(COUNTL==100)
    {
        COUNTL=0;
        COUNTM++;
        if(COUNTM==100)
        {
            COUNTM=0;
            COUNTH++;
        }
    }
    DISPL=Con(COUNTL);                          //调用转换子程序
    DISPM=Con(COUNTM);                          //调用转换子程序
    DISPH=Con(COUNTH);                          //调用转换子程序
}
//转换子程序
unsigned char Con(unsigned char val)
{
    unsigned char daval=0;
    unsigned char h,l;
    h=val/10;                                   //取十位数
    l=val%10;                                   //取个位数
    h=h<<4;                                     //将高位 * 16
    daval=h|l;                                  //加上低位
    return daval;
}
```

参考文件:产品计数器 6 位译码.c。

利用仿真软件验证设计的正确性,然后制板。

2.4.2 制作产品计数器

项目 1 已经把制作产品计数器的过程介绍过了,以后制作过程将不再详细介绍,按照要求制作即可。

2.4.3 产品计数器的改进

采取不同的传感器,可以对不同的生产流水线采集产品数量脉冲;增加产品生产即时速度和平均速度计算和显示;还可以与管理机联网,作为产品生产报表的依据。

项目小结

1. 指令格式及分类、寻址方式以及所有的指令功能。程序设计语言简介及汇编语言程序设计方法、简单程序设计、分支程序设计、循环程序设计以及子程序设计等。

2. 简单接口电路出现，伟福软件的熟练使用，程序仿真验证。

习题 2

一、选择题

1. 关于数据传送类指令，下列说法正确的是(　　)。

A. 在内部数据存储区中，数据不能直接从一个地址单元传送到另一个地址单元

B. 程序存储空间中的数据能直接送入内部存储区中任意单元

C. 所有的数据传送指令都不影响 PSW 中的任何标志位

D. 只能使用寄存器间接寻址方式访问外部数据存储器

2. 下列指令操作码中不能判断两个字节数据是否相等的是(　　)。

A. SUBB　　B. ORL　　C. XRL　　D. CJNE

3. 以下选项中不正确的位地址表示方式是(　　)。

A. 0E0H　　B. RS0　　C. PSW.0　　D. A.2

4. 以下选项中正确的立即数是(　　)。

A. #F0H　　B. #1234H　　C. 1234H　　D. F0H

5. 要把 P0 端口高 4 位变 0，低 4 位不变，应使用指令(　　)。

A. ORL P0，#0FH　　B. ORL P0，#0F0H

C. ANL P0，#0F0H　　D. ANL P0，#0FH

6. 假定设置堆栈指针 SP 的值为 37H，在进行子程序调用时把断点地址进栈保护后，SP 的值为(　　)。

A. 36H　　B. 37H　　C. 38H　　D. 39H

7. 在寄存器间接寻址方式中，指定寄存器中存放的是(　　)。

A. 操作数　　B. 操作数地址　　C. 转移地址　　D. 地址偏移量

8. 对程序存储器的读操作，只能使用(　　)。

A. MOV 指令　　B. PUSH 指令　　C. MOVX 指令　　D. MOVC 指令

9. 必须进行十进制调整的十进制运算(　　)。

A. 有加法和减法　　B. 有乘法和除法　　C. 只有加法　　D. 只有减法

10. 执行返回指令时，返回的断点是(　　)。

A. 调用指令的首地址　　B. 调用指令的末地址

C. 调用指令下一条指令的首地址　　D. 返回指令的末地址

二、填空题

1. 执行“ANL A，#0FH”指令后，累加器 A 的高 4 位=______。

2. “MOV PSW，#10H”是将 MCS-51 的工作寄存器置为第______组。

3. “ORL A，#0F0H”是将 A 的高 4 位置 1，而低 4 位______。

4. 在直接寻址方式中，只能使用______位二进制数作为直接地址，因此其寻址对象只限于______。

5. 在寄存器间接寻址方式中，其“间接”体现在指令中寄存器的内容不是操作数，而是操作数的______。

6. 在变址寻址方式中，以______作为变址寄存器，以______或______作为基址寄存器。

7. 假定累加器 A 的内容为 30H，执行指令：

1000H：MOVC A,@A+PC

后，把程序存储器______单元的内容送累加器 A 中。

8. 假定(SP)=60H，(ACC)=30H，(B)=70H，执行下列指令：

```
PUSH   ACC
PUSH   B
```

后，SP 的内容为______，61H 单元的内容为______，62H 单元的内容为______。

9. 假定(SP)=62H，(61H)=30H，(62H)=70H，执行下列指令：

```
POP    DPH
POP    DPL
```

后，DPTR 的内容为______，SP 的内容为______。

10. 假定(A)=0FFH，(R3)=0FH，(30H)=0F0H，(R0)=40H，(40H)=00H，执行下列指令：

```
INC    A
INC    R3
INC    30H
INC    @R0
```

后，累加器 A 的内容为______，R3 的内容为______，30H 的内容为______，40H 的内容为______。

11. 假定 DPTR 的内容为 8100H，累加器 A 的内容为 40H，执行指令：

```
MOVC   A,@A+DPRT
```

后，送入 A 的是程序存储器______单元的内容。

三、程序分析题

1. 程序存储器空间表格如下：

程序存储器空间

地　址	2000H	2001H	2002H	2003H	…
内　容	3FH	06H	5BH	4FH	…

已知：片内 RAM 的 20H 中为 01H，执行下列程序后，(30H)为______。

```
        MOV    A,20H
        INC    A
        MOV    DPTR,#2000H
        MOVC   A,@A+DPTR
        CPL    A
        MOV    30H,A
END:    SJMP   END
```

2. 已知(R0)=4BH，(A)=84H，片内 RAM(4BH)=7FH，(40H)=20H，执行下列程序

后，R0、A 和 4BH、40H 单元内容的变化如何？

```
MOV   A,@R0
MOV   @R0,40H
MOV   40H,A
MOV   R0,#35H
```

3.阅读下列程序段并回答问题。

```
CLR   C
MOV   A,#9AH
SUBB  A,60H
ADD   A,61H
DA    A
MOV   62H,A
```

(1)请问该程序执行何种操作？

(2)已知初值：(60H)=23H，(61H)=61H，运行后，(62H)=______。

4.阅读下列程序，然后填写有关寄存器内容。

```
        MOV   R1,#48H
        MOV   48H,#51H
        CJNE  @R1,#51H,C1
C1:     JNC   NEXT1
        MOV   A,#0FFH
        SJMP  NEXT2
NEXT1:  MOV   A,#0AAH
NEXT2:  SJMP  NEXT2
```

累加器 A=______。

5.设片内 RAM 中(59H)=50H，执行下列程序后，(A)=______，(50H)=______，(51H)=______，(52H)=______。

```
MOV   A,59H
MOV   R0,A
MOV   A,#0
MOV   @R0,A
MOV   A,#25H
MOV   51H,A
MOV   52H,#70H
```

四、编程题

1.使用数据传送指令完成下列要求的数据传送。

(1)R0 的内容送给 R2。

(2)外部 RAM 20H 单元的内容送给寄存器 R0。

(3)外部 RAM 20H 单元的内容送给内部 RAM 20H 单元。

(4)内部 RAM 20H 单元的内容送给外部 RAM 1000H 单元。

(5)外部 RAM 2000H 单元的内容送给内部 RAM 20H 单元。

(6)程序存储器 ROM 2000H 单元的内容送给内部 RAM 20H 单元。

(7)程序存储器 ROM 2000H 单元的内容送给外部 RAM 20H 单元。

2. 编程使 P1 端口的状态发生如下变化，然后仍从 P1 端口输出。

P1.0 位置 1，P1.7 和 P1.3 位清零，P1.6 和 P1.4 取反，P1.1、P1.2 和 P1.5 位不变。

3. 根据下列要求写出指令序列

(1)内部数据存储区 20H 和 21H 单元各存放一个压缩 BCD 码数据，求其和并以 BCD 码形式存入 22H 单元。

(2)编写拼字程序，将 31H 和 30H 单元的低 4 位拼成一个 8 位二进制数(31H 的低 4 位送高位)，结果存入外部数据存储区 1000H 单元。

(3)判断内部 RAM 20H 单元的内容，若为正数程序转向 PRG1；若为负数程序转向 PRG2；若为 0 程序转向 PRG3。

4. 在外部 RAM 的 2040H～2043H4 个存储单元中，存有 01、02、03 和 04 四个数，试编写程序将它们传送到内部 RAM 的 40H～43H 存储单元中。

5. 比较两个无符号数的大小。假设两数分别存放在 FIRST 和 SECOND 单元，将较大的数存入 MAX 单元中。

6. 从 60H 单元开始的连续单元中有一个有符号数的数据块，其长度在 5FH 中，编程求数据块的最大值，存入 5EH 单元。

7. 编程将外部 RAM 3000H～300FH 单元清零。

8. 编程将片内 RAM DATA1 单元开始的 20 个单字节数据与 DATA2 单元为起始地址的 20 个单字节数据进行交换。

9. 编写一个用查表法查 0～9 和 A～F 字形码的子程序，调用子程序前，待查表的数据存放在累加器 A 中，子程序返回后，查表结果也在累加器 A 中。以下是字形表，共阴极 LED，A 接最低位，小数点接最高位

```
TAB:  DB   0FCH,060H,0DAH,0F2H,066H          ;0,1,2,3,4
      DB   0B6H,0BEH,0E0H,0FEH,0F6H          ;5,6,7,8,9
      DB   0EEH,03EH,09CH,07AH,09EH,08EH     ;A,B,C,D,E,F
```

10. 编程将片内 RAM 40H 单元开始的三个 8 位二进制数转换为 BCD 码，并存放到片内 RAM 50H 开始的单元(高位在前，低位在后)。

11. 在外部 RAM 4000H 单元开始保存着 20 个用 ASCII 码表示的 0～9 的数，编程将它们转换成 BCD 码。并以压缩 BCD 码形式存放在外部 RAM 5000H 开始的单元。

12. 编写程序用 P1 端口控制发光二极管循环点亮，顺序为：从左向右依次点亮→全灭→全亮。(要求 Proteus 仿真)

项目3 自动防盗报警器

——中断系统

项目规划单

项目名称	自动防盗报警器
功能要求	一旦有未经允许的闯入，报警器立即警报声大作，同时显示闯入者方位。报警期间再有信号输入要准确显示，声音连续不停直到人为解除
实施方案	以放置于关键部位的光电传感器、振动传感器、磁性传感器、微动开关等产生的开关信号为单片机的输入，单片机检测到信号之后产生输出，驱动显示发光二极管发光，同时输出驱动报警喇叭发声
知识目标	1. 中断的概念、信号源、优先级、控制方法 2. 中断入口地址 3. 中断编程（初始化、中断服务）
能力目标	1. 使用软件设计电路图，编写并调试程序 2. 使用工具制作电路板并测试其正确性 3. 软、硬件联调，完成要求功能
素质目标	踏实、抗挫抗压能力、理解能力、主动性、诚信、问题解决能力、学习能力、沟通协调能力等诸方面都有提高
工匠明星	程开甲被称为中国的“核司令”。共获得过6个国家级荣誉，分别是“中国科学院院士”“两弹一星功勋奖章”“八一勋章”“改革先锋奖章”“国家最高科学技术奖”“人民科学家”。程老说：“人生的价值，是为人民贡献，为国家贡献，这个才是真正的价值。”
实施过程	1. 完成知识学习 2. 建立仿真文件，编写程序并调试，实现预定功能 3. 利用实训设备，完成实物制作，实现预定功能
完成时间	课内8学时，课外4学时
说明	采取不同的传感器，可以对不同的环境进行保护；采用不同的输出，可以有不同的保护措施
备注	参考样本：电子文档中的仿真文件为自动防盗报警器.dsn（包括电路和程序）； 提示：可以用复位按钮来解除警报，用电源开关来关闭功能

很多单片机都有睡眠功能，进入睡眠，电流消耗大大降低，即节能模式。51单片机也有这个功能，中断可以将睡眠中的单片机唤醒。报警器（图3-1）经常是长时间工作，而且大部分时间处于预警状态，只有发生警情，才需要发光发声。在没有警情的情况下，让单片机进入睡眠，可以节电。发生警情通过中断唤醒单片机，产生声光报警。

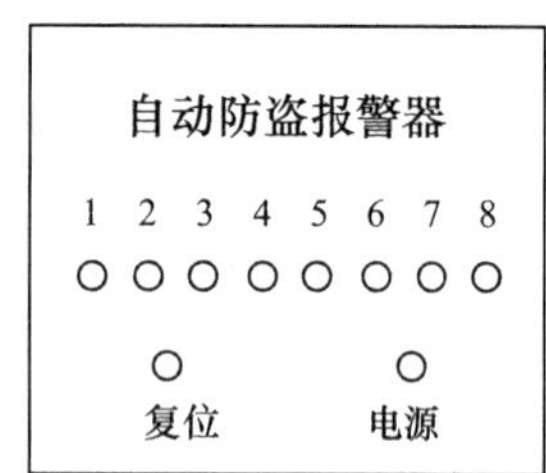

图3-1 自动防盗报警器外形示意图

将以上项目分解成两个小任务，完成了这两个小任务，项目就基本完成，单片机的中断系统也就掌握了。

任务3.1 中断控制LED——MCS-51单片机的中断系统

本任务学习MCS-51单片机的中断系统及其控制。完成一个有中断功能的仿真项目，按钮按动一次，产生一次中断，中断服务程序中控制LED亮灯移位。

3.1.1　中断控制 LED 电路设计

我们先来看一个 Proteus 仿真项目：中断控制移灯.dsn（电子文档）。

按动按钮一次，发生一次中断，中断服务程序控制灯光变化一次。这个按钮的特点就是它可以引起中断。

学中做

【技能训练 3-1】 中断控制移灯。

目的：了解中断作用及编程控制方法。

内容：按钮与外部中断 0 相连，P0 端口接 8 只发光二极管，每按一次按钮，按顺序循环移动点亮一位发光二极管，电路原理图如图 3-2 所示。P0 端口没有内部上拉电阻，所以要外加（其实这种用法不加上拉电阻也是可以的）。设计成 P0 低电平有效（灯亮），是因为 P0 端口低电平输出负载能力比较强。

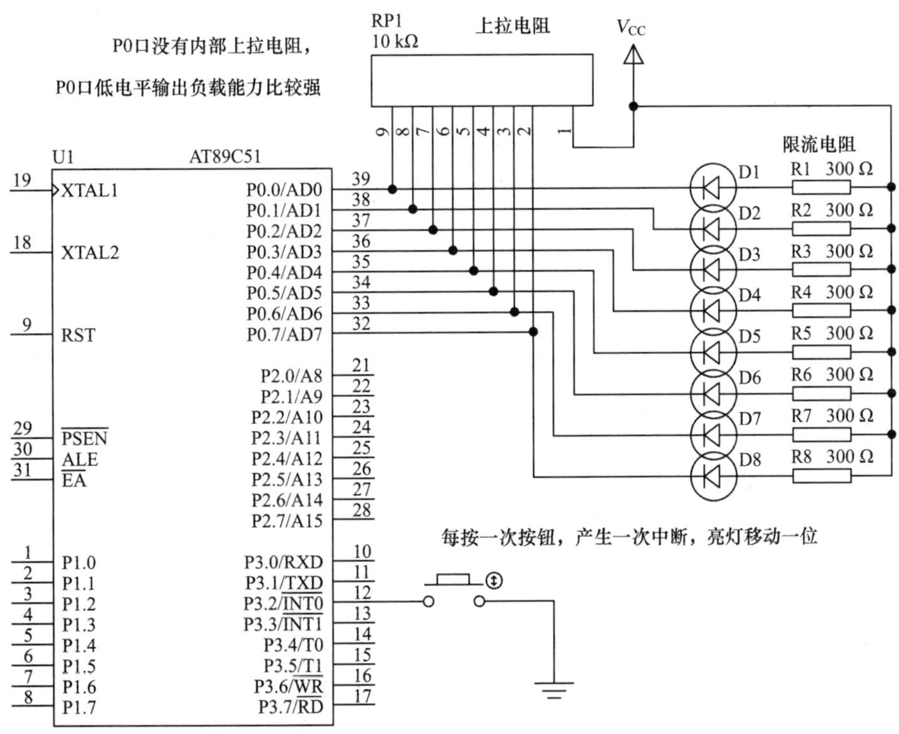

图 3-2　中断控制发光二极管电路原理图

提醒： 这种电路用来进行演示还是不错的。实际电路在实验的时候会出现问题：每按一次按钮可能会产生 1～3 次中断，原因就是按钮机械抖动。消除抖动的具体方法参见项目 7。

参考源程序如下：

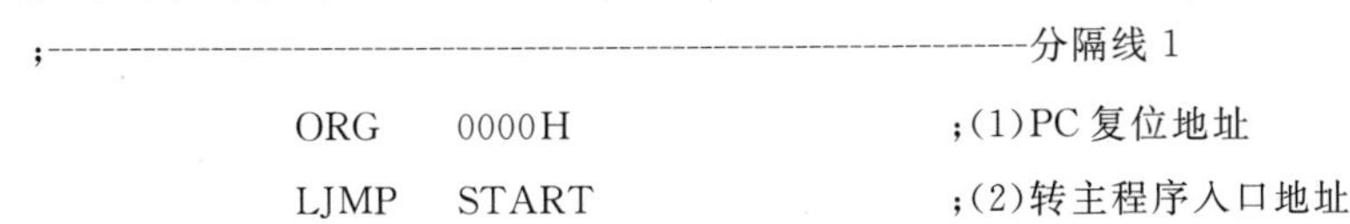

```
;-----------------------------------------------------------分隔线 1
        ORG     0000H           ;(1)PC 复位地址
        LJMP    START           ;(2)转主程序入口地址
```

```
            ORG     0003H                 ;(3)外部中断 0 入口地址
            LJMP    INT_0                 ;(4)转外部中断 0 服务程序入口地址
            ORG     0100H                 ;(5)主程序入口地址
;----------------------------------------------------------------分隔线 2
START:      MOV     SP,#60H               ;(6)堆栈初始化,主程序开始
            MOV     P0,#0FFH              ;(7)8 个 LED 全灭
            MOV     A,#0FEH               ;(8)设置发光二极管第一次中断时状态,1 个亮
            SETB    IT0                   ;(9)将外部中断 0 设置为下降沿触发方式
            SETB    EA                    ;(10)CPU 开中断
            SETB    EX0                   ;(11)外部中断 0 开中断
            SJMP    $                     ;(12)等待中断,主程序结束
;----------------------------------------------------------------分隔线 3
            ORG     0200H                 ;(13)外部中断 0 服务程序开始
INT_0:      MOV     P0,A                  ;(14)点亮相应指示灯
            RL      A                     ;(15)修改灯状态,为下一次使用
            RETI                          ;(16)中断返回,外部中断 0 服务程序结束
;----------------------------------------------------------------分隔线 4
            END                           ;(17)所有程序结束
```

以上程序可以分为四个部分:从(1)到(5),即分隔线 1 到分隔线 2,是各个程序的入口地址,这是不可改变的;然后是主程序,从(6)到(12),即分隔线 2 到分隔线 3;之后,从(13)到(16),即分隔线 3 到分隔线 4,是中断服务程序;(17)是程序结束伪指令。

主程序中,(9)到(11)是中断初始化。在这个项目中,主程序就是初始化,然后是等待中断,没有其他功能。

中断服务程序功能也很简单,每次进入中断,把之前准备好的亮灯状态送给 P0 端口,然后为下一次准备状态,最后中断返回。

C51 参考程序:

```
//按钮控制发光二极管,每按一次按钮,按顺序循环移动点亮一位
#include <reg51.h>                       //引用库定义
unsigned char temp;                      //临时变量
void main()
{
    EA=1;                                //CPU 开中断
    EX0=1;                               //外部中断 0 开中断
    IT0=1;                               //外部中断 0 设置为下降沿触发方式
    P0=0xff;                             //开始全都不亮
    temp=0xfe;                           //初始值
    while(1);                            //等待中断
}
void ext0(void )interrupt 0 using 0      //外部中断 0
{
    P0=temp;
    temp=temp<<1|1;                      //修改灯状态
```

```
    if(temp==0xff)
        temp=0xfe;
}
```

中断控制是单片机最重要的技术之一，实时控制及人机交互等应用都是通过中断实现的。

3.1.2　中断源

1. 中断概念

单片机的 CPU 正在处理某个任务时，遇到其他事件请求（比如按钮按下或定时器溢出），暂时停止目前的任务，转去处理请求的事件，处理完后再回到原来的地方，继续原来的工作，这一过程称为“中断”，我们把请求的事件称为中断源。引起中断和处理中断的软件、硬件共同构成单片机的中断系统。中断技术的采用使单片机具有快速响应突发事件的功能。中断过程示意图如图 3-3 所示。

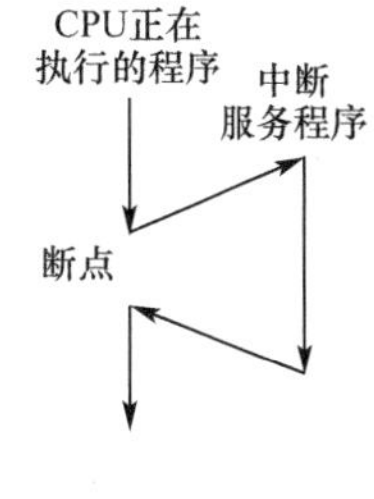

图 3-3　中断过程示意图

2. 中断源

向 CPU 提出中断请求的器件或设备就是中断源，中断源是中断控制的起点。中断源向 CPU 提出的“中断请求”通常是一种电信号。一个单片机系统通常有若干个中断源。这些中断源有的来自单片机内部，有的来自单片机外部。

MCS-51 系列单片机的中断系统具有三类共五个中断源，两个来自单片机的外部，三个来自单片机的内部，并为每个中断源设置了中断请求标志位。检测到中断请求信号后，单片机为相应的中断标志位置位，以便在下一个机器周期进行下一步的控制和处理。

(1)外部中断源

MCS-51 系列单片机有两个外部中断源，分别通过引脚$\overline{\text{INT0}}$(P3.2)和$\overline{\text{INT1}}$(P3.3)引入中断请求信号。外部中断源有两种中断触发方式：电平方式和脉冲方式。

当外部中断源以电平方式触发时，低电平有效。CPU 采样到 $\overline{\text{INT0}}$(或者 $\overline{\text{INT1}}$)引脚上为低电平时，就认为是外中断 0(或者外中断 1)的一个有效的中断请求信号。

当外部中断源以脉冲方式触发时，负脉冲有效。CPU 在一个机器周期采样到$\overline{\text{INT0}}$(或者$\overline{\text{INT1}}$)引脚上为高电平，在接下来的一个机器周期采样到$\overline{\text{INT0}}$(或者$\overline{\text{INT1}}$)引脚上是低电平，即出现了下降沿的跳变(负脉冲)时，就认为是外中断 0(或者外中断 1)的一个有效的中断请求信号。因为两次检测的间隔时间为一个机器周期，负脉冲对应的高低电平持续时间都应至少维持一个机器周期，从而保证 CPU 能够检测到电平的跳变。

联系：仿真项目的中断控制移灯.dsn 就是利用了一个外部中断源，并且是负脉冲触发。

(2)定时器/计数器中断源

MCS-51 系列单片机内部有两个定时器/计数器 T0 和 T1，用于进行定时和计数控制，是内部中断源。T0 和 T1 在内部时钟脉冲(或者外部计数脉冲)的作用下进行定时(或者计数)，定时(或者计数)结束时，由硬件产生溢出中断信号向 CPU 提出中断请求。由 CPU 对定时(或者计数)结果进行处理。(定时器的使用在项目 4 中有详细说明)

(3)串行中断源

MCS-51 系列单片机有一个全双工异步串行口，用于进行串行通信，是内部中断源。当串行发送结束时，由硬件向 CPU 请求提供下一次发送的数据；当串行接收结束时，同样由硬件向 CPU 请求把接收的数据送入单片机内部。串行发送中断请求信号和串行接收中断请求信号通过一个或门连接成为一个中断源。(串行口的使用在项目 5 中有详细说明)

MCS-51 系列单片机的中断系统如图 3-4 所示。

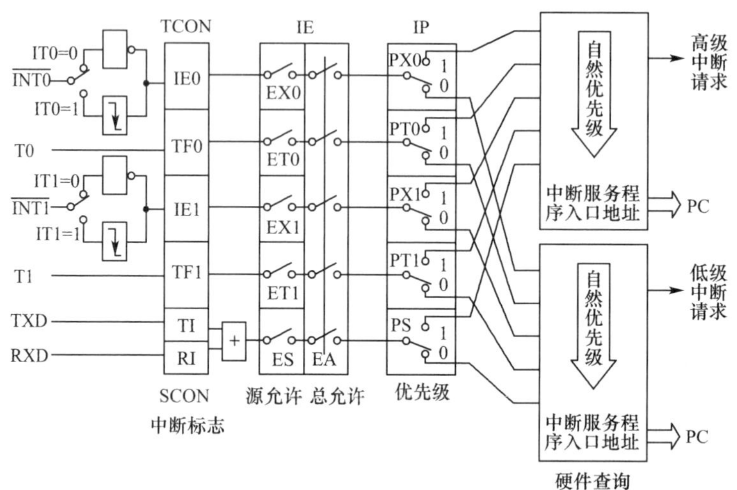

图 3-4 MCS-51 系列单片机的中断系统

对照:从图中的中断标志,说出对应的中断源。

3. 中断标志

MCS-51 系列单片机为每个中断源设置了中断请求标志位。检测到中断请求信号后,先将相应的中断标志位置 1,以便在后续的机器周期里进行下一步的控制和处理。这些中断请求标志位集中锁存在专用寄存器 TCON 和 SCON 中。

(1)定时控制寄存器 TCON 中的中断标志

外中断请求标志和定时/计数溢出中断标志锁存在定时控制寄存器 TCON 中,这个寄存器字节地址 88H,可以位寻址,各位定义如下:

定时控制寄存器 TCON 中的中断标志各位定义

TCON	位序号	D7	D6	D5	D4	D3	D2	D1	D0
(88H)	位地址	8FH	8EH	8DH	8CH	8BH	8AH	89H	88H
	位名称	TF1	TR1	TF0	TR0	IE1	IT1	IE0	IT0

TCON 的高四位进行定时/计数控制,其中高两位(D6、D7 位)控制定时器/计数器 1,低两位(D4、D5 位)控制定时器/计数器 0。有阴影的是中断标志位。

TF1(TCON. 7)——定时器/计数器 T1 的溢出中断标志位,当 T1 定时(或者计数)溢出时,由硬件自动置 1。

TF0(TCON. 5)——定时器/计数器 T0 的溢出中断标志位,当 T0 定时(或者计数)溢出时,由硬件自动置 1。

TR1(TCON. 6)——定时器/计数器 T1 的启动停止控制位,由软件进行设定。TR1=0,停止 T1 定时(或者计数);TR1=1,启动 T1 定时(或者计数)。

TR0(TCON. 4)——定时器/计数器 T0 的启动停止控制位,由软件进行设定。TR0=0,停止 T0 定时(或者计数);TR0=1,启动 T0 定时(或者计数)。

TCON 的低四位进行外中断控制，其中高两位(D2、D3 位)进行外中断 1 的控制，低两位(D0、D1 位)进行外中断 0 的控制。

IE1(TCON.3)——外中断 1 的中断请求标志位，当在$\overline{\text{INT1}}$引脚得到有效的外中断请求电信号时，由硬件自动置 1。

IE0(TCON.1)——外中断 0 的中断请求标志位，当在$\overline{\text{INT0}}$引脚得到有效的外中断请求电信号时，由硬件自动置 1。

IT1(TCON.2)——外中断 1 的触发方式控制位，由软件进行设定。IT1=0，外中断 1 为电平方式触发；IT1=1，外中断 1 为脉冲方式触发。

IT0(TCON.0)——外中断 0 的触发方式控制位，由软件进行设定。IT0=0，外中断 0 为电平方式触发；IT0=1，外中断 0 为脉冲方式触发。

请回答：四个中断标志位在哪里？

(2)串行控制寄存器 SCON 中的中断标志

串行收发结束的中断标志位被锁存在串行控制寄存器 SCON 中，这个寄存器字节地址是 98H，可以位寻址，各位定义如下：

串行控制寄存器 SCON 中的中断标志各位定义

SCON	位序号	D7	D6	D5	D4	D3	D2	D1	D0
(98H)	位地址	9FH	9EH	9DH	9CH	9BH	9AH	99H	98H
	位名称	SM0	SM1	SM2	REN	TB8	RB8	TI	RI

这里只介绍 SCON 中与串行中断控制有关的低两位(TI、RI)，其他各位将在串行口项目中详细介绍。

TI(SCON.1)——串行发送中断标志位，当串行口完成一次数据发送后，由硬件自动置 1。

RI(SCON.0)——串行接收中断标志位，当串行口完成一次数据接收后，由硬件自动置 1。

注意：CPU 响应某个中断之后，会自动撤除该中断源的请求标志(只适用于定时器和下降沿触发的外中断。串行口的中断标志不会自动撤除，低电平触发的外部中断标志无法自动撤除)。

3.1.3 中断控制

1. 中断允许

MCS-51 系列单片机中断系统通过中断允许控制寄存器 IE 实现开中断和关中断的功能。

(1)IE 寄存器

IE 寄存器由一个中断允许总控制位和各中断源的中断允许控制位构成，从而进行两级中断允许控制。IE 寄存器可以位寻址，各位定义如下：

IE 寄存器各位定义

IE	位序号	D7	D6	D5	D4	D3	D2	D1	D0
(0A8H)	位地址	0AFH			0ACH	0ABH	0AAH	0A9H	0A8H
	位名称	EA	—	—	ES	ET1	EX1	ET0	EX0

注意:IE 寄存器的各位名称均是以"E"开头。EA 的内容为 1(或 0)说明对于所有的中断源"开"(或"关")中断。在 EA 为 1 的前提下,某一位的内容为 1(或 0)说明与其对应的中断源"开"(或"关")中断。结合图 3-4 看。

最高位是中断允许总控制位 EA。

EA(IE.7)——中断允许总控制位,其状态由用户通过程序进行控制。EA=0,中断总禁止,即关中断;EA=1,中断总允许,即开中断,此时由各中断源的中断允许控制位决定各中断源的中断允许或禁止。

提醒:从第 D0 位开始往高位看,依次是外中断 0、定时器 T0、外中断 1、定时器 T1、串行传送的中断允许控制位,这个次序在 MCS-51 系列单片机的中断控制中十分有用。

EX0(IE.0)——外中断 0 的中断允许控制位。中断总允许时,EX0=0,禁止外中断 0 中断;EX0=1,允许外中断 0 中断。

ET0(IE.1)——定时器 T0 的中断允许控制位。中断总允许时,ET0=0,禁止 T0 中断;ET0=1,允许 T0 中断。

EX1(IE.2)——外中断 1 的中断允许控制位。中断总允许时,EX1=0,禁止外中断 1 中断;EX1=1,允许外中断 1 中断。

ET1(IE.3)——定时器 T1 的中断允许控制位。中断总允许时,ET1=0,禁止 T1 中断;ET1=1,允许 T1 中断。

ES(IE.4)——串行传送的中断允许控制位。中断总允许时,ES=0,禁止串行中断;ES=1,允许串行中断。

(2)对 IE 的设置方法

MCS-51 系列单片机系统复位后,IE 寄存器中各位均被清零,禁止所有的中断。在应用时,由软件进行设定。既可以使用位操作,也可以使用字节操作来实现对 IE 的设置。

例如,开放外中断 0 和定时中断 1。

使用位操作:

```
SETB  EA        ;EA=1,中断总允许
SETB  EX0       ;EX0=1,外中断 0 允许
SETB  ET1       ;ET1=1,定时器 1 中断允许
```

使用字节操作:

```
MOV   IE,#89H   ;IE=10001001B,三个 1
```

思考:在技能训练 3-1 的程序里找到中断允许的指令。

2. 中断优先级

当多个中断源同时向 CPU 请求中断时,就出现了 CPU 应该先响应哪个中断请求的问题。往往根据中断源引发事件的轻重缓急为其设置不同的优先级,优先级是单片机对中断源响应次序的规定,优先级高的中断请求先响应,优先级低的中断请求后响应。

(1)IP 寄存器

MCS-51 系列单片机的每个中断源具有高低两个中断优先级,可以实现两级中断嵌套。由中断优先级寄存器 IP 来设置各中断源的优先级状态。

IP 寄存器可以位寻址,其中各位与各中断源一一对应,具体定义如下:

IP 寄存器具体定义

IP	位序号	D7	D6	D5	D4	D3	D2	D1	D0
(0B8H)	位地址				0BCH	0BBH	0BAH	0B9H	0B8H
	位名称	—	—	—	PS	PT1	PX1	PT0	PX0

注意: IP 寄存器的各位名称均是“P”开头,是优先的意思。某一位的内容为 1(或 0)说明与其对应的中断源的优先级为“高”(或“低”)。

从第 0 位开始,依次是外中断 0、定时器 T0、外中断 1、定时器 T1 和串行口的中断优先级控制位。

PX0(IP.0)——外中断 0 的中断优先级控制位。PX0=0,外中断 0 为低中断优先级;PX0=1,外中断 0 为高中断优先级。

PT0(IP.1)——定时器 T0 的中断优先级控制位。PT0=0,T0 为低中断优先级;PT0=1,T0 为高中断优先级。

PX1(IP.2)——外中断 1 的中断优先级控制位。PX1=0,外中断 1 为低中断优先级;PX1=1,外中断 1 为高中断优先级。

PT1(IP.3)——定时器 T1 的中断优先级控制位。PT1=0,T1 为低中断优先级;PT1=1,T1 为高中断优先级。

PS(IP.4) ——串行口的中断优先级控制位。PS=0,串行中断为低中断优先级;PS=1,串行中断为高中断优先级。

MCS-51 系列单片机系统复位后,IP 寄存器中各控制位均被清零,设为低优先级。与 IE 寄存器一样,由软件对 IP 进行设定,既可以使用位操作,也可以使用字节操作。

(2)自然优先级

当两个不同优先级的中断源同时进行中断请求时,单片机将先处理高优先级中断,后处理低优先级中断。

对同时到来的同级中断请求,将按照自然优先级来确定中断响应次序,自然优先级由硬件控制,排列见表 3-1。

表 3-1　各中断源及其自然优先级

中断源	标　志	自然优先级
外部中断 0	TF0	高
定时器 T0 中断	IE0	↓
外部中断 1	TF1	↓
定时器 T1 中断	IE1	↓
串行口中断	TI/RI	低

例如,(IE)=8FH,(IP)=06H,中断请求标志 TI、TF1、IE1 和 IE0 同时为 1,则响应的次序将按下面的步骤进行:

①分析 IE 寄存器的内容,确定对哪些中断源关中断,不予响应。

由(IE)=8FH,得知 ES=0,对串行口禁止中断,对中断标志 TI 和 RI 不予响应。

②分析 IP 寄存器的内容,确定哪些中断源是高优先级,哪些中断源是低优先级,把需要响应的中断源分为先响应组和后响应组。

由(IP)=06H,得知外中断1和定时器0为高优先级中断源,又由于此优先级中只有外中断1进行了中断请求,因此最先响应中断标志IE1。

③在同级响应组中,按照自然优先级进行排序,从而确定响应的最终次序。

由(IP)=06H,得知外中断0和定时器1同为低优先级中断源,于是由自然优先级决定在响应IE1结束后,将先响应IE0,后响应TF1。

注意:在确定中断响应次序时,应依次考虑IE的内容、IP的内容以及自然优先级。

思考:在技能训练3-1中断控制移灯中,按钮中断的优先级如何?

3. 中断的嵌套

CPU在进行中断处理时可以响应更高级的中断请求,这种情况称为中断的嵌套。需要注意的是,引起中断嵌套的中断源的优先级一定要高于当前响应中断源的优先级,同优先级或低优先级中断源的中断请求不能引起中断的嵌套,中断嵌套如图3-5所示。

思考:在技能训练3-1中断控制移灯中,按钮中断能发生中断嵌套吗?

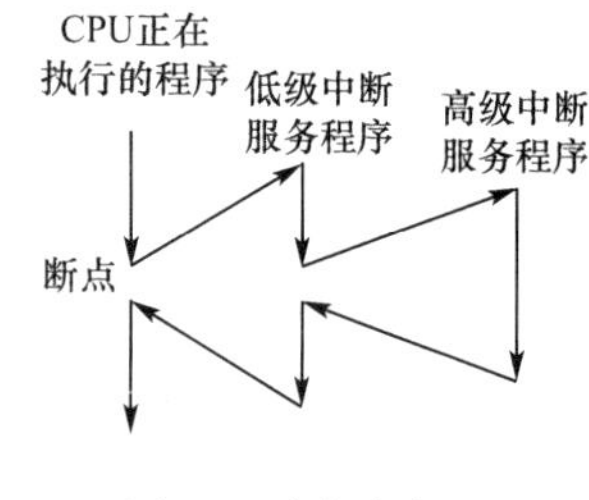

图3-5 中断嵌套

3.1.4 中断处理过程

中断处理过程:中断请求、中断响应、中断服务和中断返回。

1. 中断请求

中断源只有在有请求时,CPU才可能响应它,不同的中断源产生中断请求的方式不同。外部中断产生请求是在外中断的引脚上加低电平或脉冲下降沿信号,而定时器/计数器中断请求是在内部的计数单元计满溢出时产生,串行口中断请求是在完成一次发送或接收时产生。

2. 中断响应

CPU响应中断的条件:

(1)有中断源发出中断请求。

(2)中断总允许位EA=1(IE寄存器最高位),即CPU允许所有中断源申请中断。

(3)申请中断的中断源的中断允许位为1,即此中断源可以向CPU申请中断。

(4)CPU没有正在执行一个同级或更高级的中断服务程序。

(5)正在执行的指令完成。

(6)正在完成的指令不是返回指令(RETI)或者对专用寄存器IE和IP进行读/写的指令。此时,在执行RETI或者读/写IE或IP之后,不会马上响应中断请求,至少要执行一条其他指令,才会响应中断。

CPU响应中断时的操作:

当CPU响应中断时,首先使优先级状态触发器置位,这样可以阻断同级或低级的中断;然后中断系统自动把断点地址压入堆栈保护(但不保护状态寄存器PSW及其他寄存器内容),再将对应的中断入口地址装入程序计数器PC,使程序转向该中断入口,开始执行中断服务程序。

中断入口在哪里?答案是在程序存储器中。

3. 程序存储器的中断入口

CPU响应中断请求以及为中断源事件进行处理,是通过执行中断服务程序实现的。

MCS-51 系列单片机在内部程序存储器中为五个中断源定义了固定的中断服务程序入口地址，其中：

0003H～000AH　外中断 0 的中断入口地址，C51 语言用中断序号 0

000BH～0012H　定时器 T0 的中断入口地址，C51 语言用中断序号 1

0013H～001AH　外中断 1 的中断入口地址，C51 语言用中断序号 2

001BH～0022H　定时器 T1 的中断入口地址，C51 语言用中断序号 3

0023H～002AH　串行中断入口地址，C51 语言用中断序号 4

002BH～　定时器 T2 的中断入口地址(52 子系列才有用)，C51 语言用中断序号 5

响应中断请求后，CPU 按照中断源的不同，自动转到各中断源对应的入口首地址去执行。中断的入口地址，是中断控制的要点之一。但八个字节的中断服务区难以存下一般的中断服务程序，解决办法是在中断区的入口地址处存放一条无条件转移指令，将流程转入中断服务程序的真正入口。

例如，外中断 0 的中断服务程序存放在程序存储器 INT_0(INT_0 是中断服务程序第一条指令前面的标号)开始的地方，则编程如下：

```
ORG    0003H          ;指定开始地址,这是外中断 0 的入口地址
LJMP   INT_0          ;无条件转移到外中断 0 服务程序开始处
```

思考：在技能训练 3-1 中断控制移灯中，按钮中断入口在哪里？

4. 中断服务

中断服务，就是完成中断源请求的任务，需要编程者用指令来实现。也就是说，需要编写一个中断服务程序，来完成中断源请求的任务。

5. 中断返回

中断服务完成任务后，要返回原来被打断的程序继续执行。中断返回由专门的中断返回指令 RETI 实现。RETI 指令将断点地址从堆栈中取出，送回到程序计数器 PC 中，并通知中断系统已完成中断处理，清除优先级状态触发器。

注意：中断返回和子程序的返回类似，需要执行一条返回指令 RETI。注意 RETI 不是 RET，不可混淆。

学中做

【技能训练 3-2】 中断优先级演示。

目的：理解中断系统工作原理，学习中断编程。

内容：运行电子文档中的“仿真文件/中断优先级.dsn”，观察仿真运行结果。

这个项目演示了单片机的中断系统的大部分特性和程序设计方法。单片机主程序控制 P0 端口数码管循环显示 0～8；外中断 0(INT0)和外中断 1(INT1)发生时分别在 P2 和 P1 端口依次显示 0～8；INT1 为高优先级，INT0 为低优先级。借 Proteus 仿真功能形象直观地演示了 MCS-51 系列单片机高、低两级优先级工作原理。高优先级可中断低优先级，但低优先级的中断请求不能中断高优先级，同一优先级不能相互中断，中断优先级仿真电路原理图如图 3-6 所示。

汇编语言程序清单：

```
;外中断 0(INT0)、外中断 1(INT1)发生时,分别在 P2、P1 端口依次显示 1～8
;INT1 为高优先级,INT0 为低优先级
;高优先级可中断低优先级,但低优先级的中断请求不能中断高优先级,同一优先级不能相互中断
```

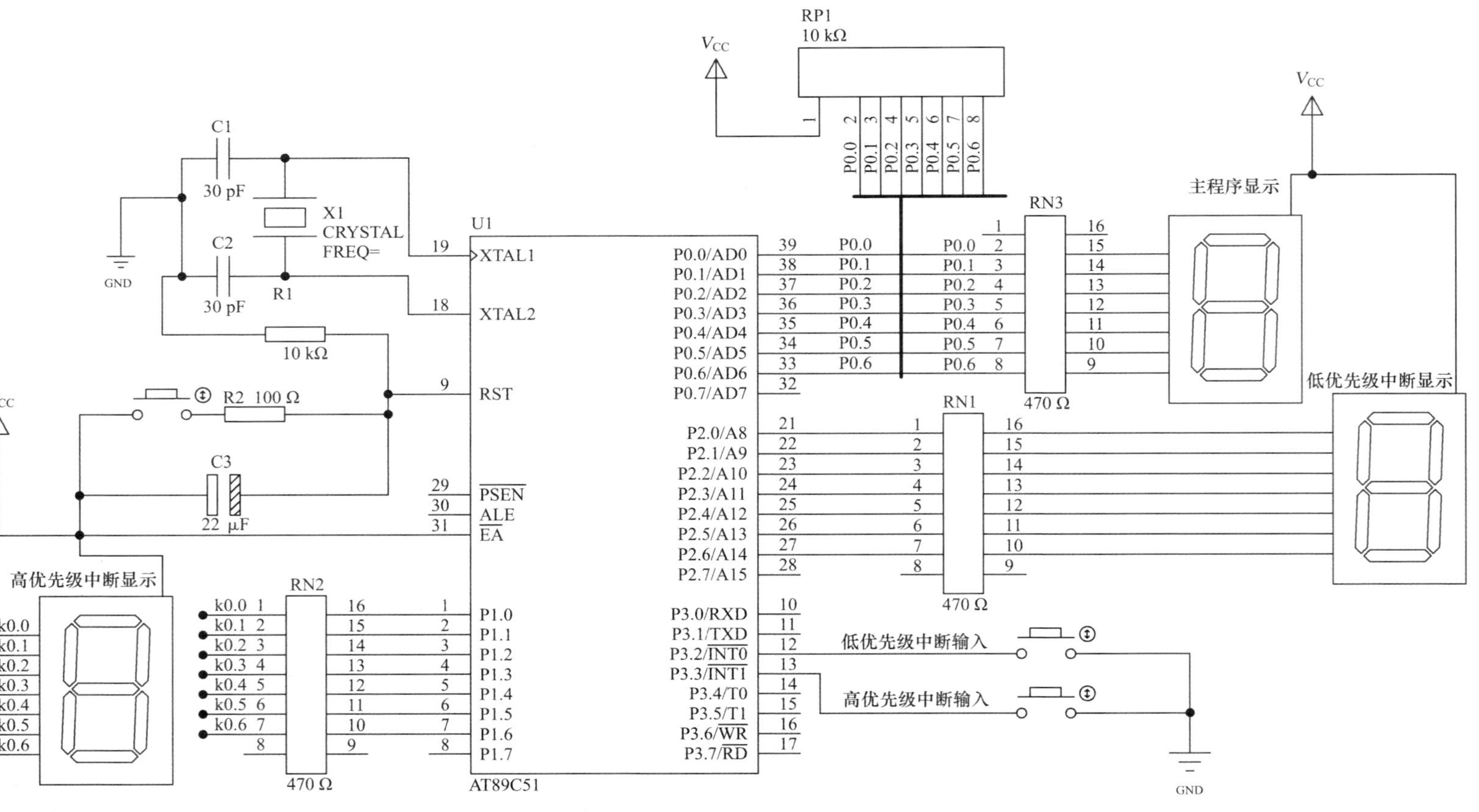

图3-6 中断优先级仿真电路原理图

```
;------------------------------------------------------------------分隔线 1
          ORG     0000H                    ;复位入口地址
          LJMP    START                    ;转移到主程序
          ORG     0003H                    ;外中断 0 入口地址
          LJMP    INTS0
          ORG     0013H                    ;外中断 1 入口地址
          LJMP    INTS1
;------------------------------------------------------------------分隔线 2
          ORG     0100H                    ;主程序开始地址
START:    MOV     IE,#10000101B            ;主程序开始,初始化,中断允许,外中断 0、1
          MOV     TCON,#00000101B          ;初始化,外中断 0、1 下降沿触发
          MOV     P0,#0FFH
          MOV     P3,#0FFH
          SETB    PX1                      ;初始化,外中断 1 高优先
L0:       MOV     A,#01                    ;主程序循环结构开始,要显示的数,从 1 开始
L1:       PUSH    ACC                      ;保护累加器的值,就是要显示的数
          ACALL   SEG7                     ;调用查表子程序,查出要显示的数对应的字形码
          MOV     P0,A                     ;返回的字形码送 P0 端口显示
          ACALL   DELAY                    ;延时,约半秒
          POP     ACC                      ;恢复保存的值,即要显示的数
          INC     A                        ;要显示的数加 1
          CJNE    A,#9,L1                  ;不等于 9,转移,循环 8 次,显示 1 到 8
          SJMP    L0                       ;主程序循环结构结束,主程序结束
;------------------------------------------------------------------分隔线 3
INTS0:    PUSH    ACC                      ;外中断 0 服务程序开始,保护累加器
          MOV     A,#0                     ;外中断 0 显示初值
TS0:      INC     A                        ;外中断 0 显示数加 1,循环 8 次执行 8 次
          PUSH    ACC                      ;保护累加器的值,就是外中断 0 要显示的数
          ACALL   SEG7                     ;调用查表子程序,查出要显示的数对应的字形码
          MOV     P2,A                     ;返回的字形码送 P2 端口显示
          ACALL   DELAY                    ;延时,约半秒
          POP     ACC                      ;恢复保存的值,即外中断 0 要显示的数
          CJNE    A,#8,TS0                 ;不等于 8,转移,循环 8 次
          MOV     P2,#0FFH                 ;等于 8,不转移,P2 端口数码管熄灭
          POP     ACC                      ;恢复累加器值
          RETI                             ;外中断 0 服务程序结束,返回主程序
;------------------------------------------------------------------分隔线 4
INTS1:    PUSH    ACC                      ;外中断 1 服务程序开始,保护累加器
          MOV     A,#0                     ;外中断 1 显示初值
TS1:      INC     A                        ;外中断 1 显示数加 1,循环 8 次执行 8 次
          PUSH    ACC                      ;保护累加器的值,就是外中断 1 要显示的数
          ACALL   SEG7                     ;调用查表子程序,查出要显示的数对应的字形码
          MOV     P1,A                     ;返回的字形码送 P1 端口,显示
          ACALL   DELAY                    ;延时,约半秒
```

```
        POP     ACC                     ;恢复保存的值,就是外中断 1 要显示的数
        CJNE    A,#8,TS1                ;不等于 8,转移,循环 8 次
        MOV     P1,#0FFH                ;等于 8,不转移,P1 端口数码管熄灭
        POP     ACC                     ;恢复累加器值
        RETI                            ;外中断 1 服务程序结束,返回主程序
;------------------------------------------------------------分隔线 5
DELAY:  MOV     R7,#255                 ;延时子程序入口
D1:     MOV     R6,#255
D2:     NOP
;此处省略 5 个 NOP,越多延时越长
        DJNZ    R6,D2
        DJNZ    R7,D1
        RET                             ;延时子程序结束,返回调用程序
;------------------------------------------------------------分隔线 6
SEG7:   INC     A                       ;查表子程序开始,表偏移量加 1
        MOVC    A,@A+PC                 ;查表指令,查到字形码,在累加器 A 中
        RET                             ;子程序结束,返回调用程序
        DB      0CH,0F9H,0A4H,0B0H,99H,92H,82H,0F8H,80H  ;0,1,2,3,4,5,6,7,8,9 字形表
        END                             ;全部程序结束
```

程序分析:分隔线 1 到分隔线 2 之间是各种程序规定入口,若有必要,用无条件转移指令转移到实际入口。

分隔线 2 到分隔线 3 之间是主程序,实际地址由伪指令“ORG 0100H”决定,具体位置以不占用规定的入口地址和不超出存储器空间为限。入口标号是:START。主程序的功能除了初始化,就是在 P0 端口循环显示 1~8。

分隔线 3 到分隔线 4 之间是外中断 0 服务程序,实际地址没有指定,那就紧随其后。入口标号是:ITNS0。程序的功能就是在 P2 端口循环显示 1~8。

分隔线 4 到分隔线 5 之间是外中断 1 服务程序。入口标号是:ITNS1。程序的功能就是在 P1 端口循环显示 1~8。

分隔线 5 到分隔线 6 之间是延时子程序。入口标号是:DELAY。程序的功能就是延时,半秒左右。

分隔线 6 之后到结束是查表子程序。入口标号是:SEG7。程序的功能就是把要显示的数字转换成对应的字形码,保存在累加器 A 中。

下面将讲解程序设计的方法。

C 语言程序清单:

```
//中断优先级程序
#include <reg51.h>                              //引用定义
unsigned char code segs[]=
{0xc0,0xf9,0xa4,0xb0,0x99,0x92,0x82,0xf8,0x80};    //0~7 数码管对应的值
unsigned char i,j,z;                            //中间变量
void delayms(unsigned int t);                   //延时声明
void main()                                     //主程序
{
```

```
    EA=1;                                  //CPU 开中断
    EX0=1;                                 //外部中断 0 开中断
    EX1=1;                                 //外部中断 1 开中断
    IT0=1;                                 //外部中断 0 设置为下降沿触发方式
    IT1=1;                                 //外部中断 1 设置为下降沿触发方式
    PX1=1;                                 //外部中断 0 设置为高优先级
    P0=0xff;                               //数码管 1 初始状态
    P3=0xff;                               //数码管 3 初始状态
    P2=0xff;                               //数码管 2 初始状态
    i=0;
    while(1)
    {
        P0=segs[i];                        //显示数码管
        i++;
        if(i==8)                           //循环到 8,从 0 开始
            i=0;
        delayms(300);                      //延时 300 ms
    }
}
void ext0(void )interrupt 0 using 0        //外部中断 0
{
    for(j=0;j<8;j++)                       //循环 0~7
    {
        P2=segs[j];
        delayms(300);
    }
    P2=0xff;
}
void ext1(void )interrupt 2 using 0        //外部中断 1
{
    for(z=0;z<8;z++)                       //循环 0~7
    {
        P1=segs[z];
        delayms(300);
    }
    P1=0xff;
}
void delayms(unsigned int t)               //延时定义,约 1 ms
{
    unsigned int i,j;
    for(i=0;i<t;i++)
        for(j=0;j<124;j++);
}                                          //C51 程序到此结束
```

此项目是验证型项目。通过分析仿真程序,查看中断允许寄存器 IE 的设置方法和中断优

先级寄存器 IP 的设置方法，还有中断服务程序入口地址的使用方法和外中断触发方式的使用方法。通过电路分析，查看中断信号的来源和产生方法。

如果采用查询方式，中断程序如何编写？参考仿真文件：控制移灯-查询.dsn，观察程序写法。

3.1.5 中断程序设计方法

中断处理过程是一个和软、硬件都有关的过程，其编程方法具有一定的特殊性，由图 3-7 可知，与中断有关的程序一般包含两部分：主程序的中断初始化部分和中断响应后的处理程序。

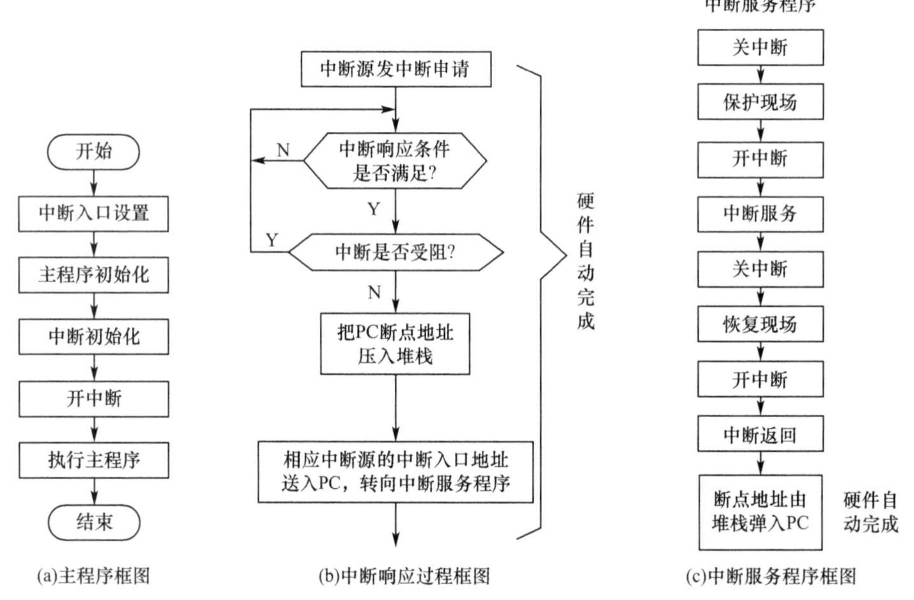

图 3-7 中断处理过程流程图

1. 主程序的中断初始化

在单片机复位后，与中断有关的寄存器均复位为 0，即均处于中断关闭状态。要实现中断功能，必须进行中断初始化设置。

中断管理与控制程序一般包含在主程序中，对相关中断源的初始化也要在主程序中进行，如图 3-7(a)所示为具有中断功能的主程序框图。中断方式编程步骤如下：

(1)中断源的相关控制。

(2)设置中断优先级。

(3)开中断。

(4)编写中断服务程序。

前面三项在主程序中，一般称为中断的初始化，第四项一般要放在主程序之后。

中断方式编程的一般编写格式如下：

```
ORG   0000H      ;单片机复位后开始执行程序入口地址
LJMP  START      ;跳转到主程序入口地址
ORG   0003H      ;外部中断 0 入口地址
LJMP  INT_0      ;跳转到外部中断 0 服务程序入口地址
ORG   000BH      ;定时器 0 入口地址
```

```
            LJMP    INT_T0          ;跳转到定时器 0 服务程序入口地址
            ORG     0013H           ;外部中断 1 入口地址
            LJMP    INT_1           ;跳转到定时器 1 服务程序入口地址
            ORG     001BH           ;定时器 1 入口地址
            LJMP    INT_T1          ;跳转到定时器 1 服务程序入口地址
            ORG     0023H           ;串口中断入口地址
            LJMP    INT_S           ;跳转到串口中断服务程序入口地址
            ORG     0033H
            ...
START:      ……                      ;主程序结构开始
;此处省略若干行
            MOV     TCON,#XX        ;XX 为定时器控制寄存器 TCON 的状态设置数据
            MOV     IE,  #YY        ;YY 为中断允许寄存器 IE 状态设置数据
            MOV     IP,#ZZ          ;ZZ 为中断优先级寄存器 IP 状态设置数据
            MOV     SCON,#DD        ;DD 为串行口控制寄存器 SCON 状态设置数据
MAINLOOP:   NOP                     ;主程序循环开始,等待条件出现或中断发生
            ……                      ;此处省略若干行
            LJMP    MAINLOOP        ;主程序结构结束,无限循环,永不停止,直到断电
INT_0:      ……                      ;外部中断 0 中断服务程序入口地址
            ……                      ;此处省略若干行,外部中断 0 中断服务程序开始
            RETI                    ;外部中断 0 中断服务程序结束,返回主程序
INT_T0:     ……                      ;定时器 T0 中断服务程序入口地址
            ……                      ;T0 中断服务程序正文省略,可根据需要添加指令
            RETI                    ;定时器 T0 中断服务程序返回
INT_1:      ……                      ;外部中断 1 中断服务程序入口地址
            ……
            RETI                    ;外部中断 1 中断服务程序返回
INT_T1:     ……                      ;定时器 T1 中断服务程序入口地址
            ……
            RETI                    ;定时器 T1 中断服务程序返回
INT_S:      ……                      ;串行口中断服务程序入口地址
            ……
            RETI                    ;串行口中断服务程序返回
            END
```

主程序初始化完成,并且开中断后,硬件等待中断源申请中断,并自动完成响应中断和保护断点地址等工作,该过程如图 3-7(b)所示。

说明:上述格式是所有中断源都使用的情况下中断编程格式,在实际编程中,可根据使用中断源数量进行相应的取舍,并依据要求进行相应专用寄存器的设置。保存好这一段程序框架,以后编程时可以在这个基础上添加具体内容。

此程序不能直接验证,有许多省略号是语法错误,这些省略号将来是程序的正文,是实现程序功能的指令,为了验证程序结构,可以把省略号改成 NOP,主程序中的#XX、#YY、#ZZ 以及#DD 改成实际需要的数值才能验证。

注意:一定要注意不能把中断服务程序插在主程序中,而需将其安排在程序的最前面或最后面。

2. 中断服务程序设计

中断服务程序是为中断源的特定要求提供服务的独立程序段，以中断返回指令结束。如图 3-7(c)所示为中断服务程序框图，在中断响应过程中，断点的保护与恢复是由硬件自动完成的。用户在编写中断服务程序时要考虑需要保护的现场数据，在恢复现场时，要注意出栈与压栈指令必须成对使用，先入栈的内容后弹出，同时还要及时清除需用软件清除的中断标志。

中断服务程序一般编写格式如下：

```
Zhduan：    CLR     EA          ;关中断
            PUSH    ACC         ;保护现场(根据需要由用户决定)
            PUSH    PSW
            SETB    EA          ;开中断(不希望高级中断进入则不用开中断)
            ……                  ;中断处理程序的具体内容，此处省略
            CLR     EA          ;关中断
            POP     PSW         ;恢复现场
            POP     ACC
            SETB    EA
            RETI                ;中断返回
```

通过仿真项目：中断优先级.dsn 和中断控制移灯.dsn，分析这两个程序，并验证中断程序设计的方法。下面的扩展外部中断.dsn，其程序设计也是按照以上要求实现的。

现在中断及其编程问题已解决，更重要的是应用。

C51 的中断 C 语言函数格式如下：

```
void 函数名( ) interrupt 中断号 using 工作组
{
    中断服务程序内容
}
```

中断函数不能返回任何值，函数最前面用 void，后面紧跟函数名，中断函数不带任何参数，中断号是指单片机中中断源的序号，这个序号是编译器识别不同中断的唯一符号，在写中断服务程序时必须给出正确序号，using 工作组是指中断函数使用单片机内存中四组工作寄存器中的哪一组，C51 编译器在编译程序时会自动分配工作组，因此这句话通常省略不写。

任务 3.2 多个外部中断源控制 LED——扩展外部中断源

本任务目的是巩固中断知识和程序设计方法。通过一个例子学会扩展外部中断，有八个外部中断请求信号，每个请求信号要求实现不同的功能。

3.2.1 扩展外部中断源的方法

MCS-51 系列单片机只有两个外部中断输入端口，如果不够用，可以进行扩展，扩展的基本方法是使用并行口。可以使用单片机自己有的，也可以使用扩展的并行口，当然也可以使用专用的中断管理器件。

例如，现在有八个信号都要求提供中断服务，需要八个信号输入端。可以将不使用的其他并行口作为信号输入端，再将每个输入端的信号经过一个逻辑电路送给一个外部中断输入端口。当任意一个输入信号有效时，都可以引起中断。

学中做

【技能训练 3-3】 扩展 8 路外部中断源控制 LED。

目的:中断控制和编程。

内容:扩展外部中断源。

说明:这是个模仿项目。重点理解程序设计方法。参考文件:扩展外部中断.dsn。

设:八个外部中断请求端连接手动开关 K0～K7,每个开关按动一次产生一个负脉冲,作为一个中断请求信号。按动 K0 要求 D0～D7 全部熄灭,K1 要求全亮,K2 要求间隔亮,K3 要求三个灯一起灭,等等。

在技能训练 3-1 的基础上,增加八个中断源,将八个外部中断源经与非门连接后由 P3.3($\overline{INT1}$)引入单片机(如图 3-8 所示)。

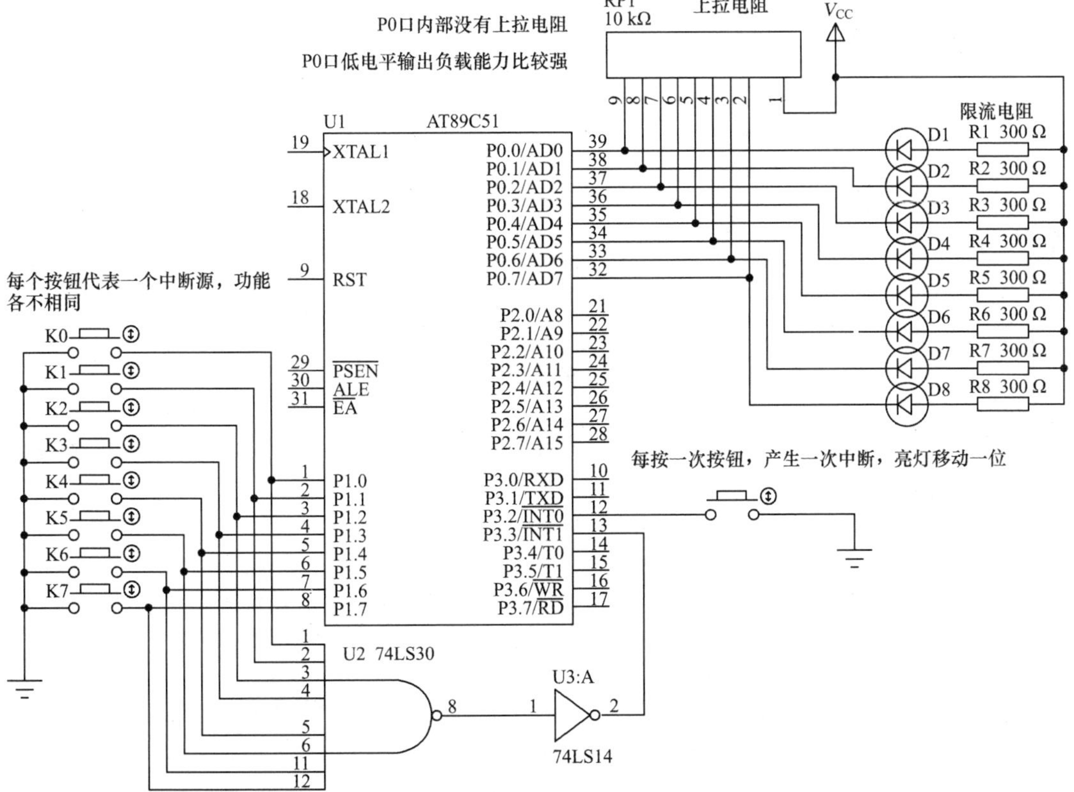

图 3-8 多个外部中断请求控制

当 K0～K7 任意按下一个,即可进入外中断 1 服务程序,在这个程序中,检测 P1 端口内容,判断是哪个信号的请求,然后进入对应的服务程序执行。本例题就是由 P0 端口连接的发光二极管反应各外中断请求的差别;原来的移位功能继续有效。

汇编语言参考源程序如下:

```
;------------------------------------------------------------------分隔线 1
        ORG     0000H           ;PC 复位地址
        LJMP    START           ;主程序入口地址
```

```
        ORG     0003H           ;外部中断 0 入口地址
        LJMP    INT_0           ;外部中断 0 服务程序入口地址
        ORG     0013H           ;外部中断 1 入口地址
        LJMP    INT_1           ;外部中断 1 服务程序入口地址
;------------------------------------------------------------分隔线 2
        ORG     0050H           ;主程序入口地址
START:  MOV     SP,#60H         ;堆栈初始化
        MOV     P0,#0FFH        ;开始全都不亮
        MOV     A,#0FEH         ;设置发光二极管初始状态
        SETB    IT0             ;外部中断 0 设置为下降沿触发方式
        SETB    IT1             ;外部中断 1 设置为下降沿触发方式
        SETB    PX0             ;外部中断 0 设置为高优先级
        SETB    EA              ;CPU 开中断
        SETB    EX0             ;外部中断 0 开中断
        SETB    EX1             ;外部中断 1 开中断
        SJMP    $               ;等待中断
;------------------------------------------------------------分隔线 3
        ORG     0100H           ;外部中断 0 服务程序开始地址
INT_0:  MOV     P0,A            ;点亮相应指示灯
        RL      A               ;修改灯状态
        RETI                    ;中断返回
;------------------------------------------------------------分隔线 4
        ORG     0150H           ;外部中断 1 服务程序开始地址
INT_1:  MOV     B,P1            ;读取 P1 端口状态,以便判断信号来源
K0:     JB      B.0,K1          ;判断是否为 K0,如果不是,继续判断下一个,请仔细留意该
                                 指令
        MOV     P0,#0FFH        ;灯全灭
        LJMP    INT_1Z          ;转移到中断结束
K1:     JB      B.1,K2          ;判断是否为 K1,如果不是,继续判断下一个
        MOV     P0,#0           ;灯全亮
        LJMP    INT_1Z          ;转移到中断结束
K2:     JB      B.2,K3
        MOV     P0,#55H         ;灯间隔亮
        LJMP    INT_1Z          ;转移到中断结束
K3:     JB      B.3,K4
        MOV     P0,#07H         ;灯 5 个亮,3 个灭
        LJMP    INT_1Z          ;转移到中断结束
K4:     JB      B.4,K5          ;判断是否为 K4,如果不是,继续判断下一个
        MOV     P0,#0FH         ;灯 4 个亮,4 个灭
        LJMP    INT_1Z          ;转移到中断结束
K5:     JB      B.5,K6
        MOV     P0,#1FH
        LJMP    INT_1Z          ;转移到中断结束
K6:     JB      B.6,K7
```

```
            MOV     P0,#03FH
            LJMP    INT_1Z          ;转移到中断结束
K7:         JB      B.7,K8
            MOV     P0,#07FH        ;灯 1 个亮,7 个灭
INT_1Z:     RETI
            END                     ;全部程序结束
;------------------------------------------------------------------分隔线 5
```

请与上一个技能训练的程序比较,找出有哪些不同?

其实在程序上,与技能训练 3-2 比较,主要是多了分隔线 4 到分隔线 5 之间的外中断 1 的服务程序。在这个中断服务程序里,检测扩展的中断源,确定执行的内容。每个扩展中断源要求的服务很简单,就是在 P0 端口显示一个不同的样式。

初始化也不相同,请仔细查找还有哪些不同?

标号为 K0 的一条语句值得注意,这是该程序的关键。B 寄存器里是 P1 端口来的数据,它代表了按钮的状态,任意按钮按下就会出现一个低电平,这个低电平的下降沿会引起外中断 1 中断。在中断服务程序里,将按钮状态读入 B 寄存器里。

```
K0:         JB      B.0,K1
```

该指令为条件转移指令,当指定的位(B.0)等于 1,说明 K0 没有按下,转移到标号 K1 继续检测;如果指定位(B.0)等于 0,说明 K0 按下了,不转移,顺序执行下一条指令,完成 K0 按下时要做的事情,灯全灭,然后就直接转移到中断服务程序结束处。每次中断只处理一个按钮,如果同时有两个以上按钮按下,也只处理 K0 一个。这里 K0 相对于其他按钮处于高优先级。先检测的就是高优先级。

思考:如果要求高优先处理完毕还要检测其他按钮,如何修改程序?

C 语言程序清单:

```
//按钮控制发光二极管,每按一次按钮,按顺序循环移动点亮一位
#include <reg51.h>
unsigned char temp;                 //中间变量
//定义键
sbit k0=P1^0;
sbit k1=P1^1;
sbit k2=P1^2;
sbit k3=P1^3;
sbit k4=P1^4;
sbit k5=P1^5;
sbit k6=P1^6;
sbit k7=P1^7;
void main()                         //主函数
{                                   //主函数开始
    EA=1;                           //CPU 开中断
    EX0=1;                          //外部中断 0 开中断
    EX1=1;                          //外部中断 1 开中断
    IT0=1;                          //外部中断 0 设置为下降沿触发方式
    IT1=1;                          //外部中断 1 设置为下降沿触发方式
```

```
    PX0=1;                              //外部中断0设置为高优先级
    P0=0xff;                            //开始全都不亮
    temp=0xfe;                          //设置发光二极管初始状态
    while(1);                           //等待中断
}                                       //主函数结束
void ext0(void )interrupt 0 using 0     //外部中断0服务函数
{
    P0=temp;                            //点亮相应指示灯
    temp=temp<<1|1;                     //修改灯状态
    if(temp==0xff)
        temp=0xfe;
}
void ext1(void )interrupt 2 using 0     //外部中断1服务函数
{
    if(k0==0)                           //判断是否为k0,如果不是,继续判断下一个
    {
        P0=0xff;                        //灯全灭
    }
    else if(k1==0)                      //判断是否为k1,如果不是,继续判断下一个
    {
        P0=0x0;                         //灯全亮
    }
    else if(k2==0)                      //判断是否为k2,如果不是,继续判断下一个
    {
        P0=0x55;                        //以下依次类推
    }
    else if(k3==0)
    {
        P0=0x7;
    }
    else if(k4==0)
    {
        P0=0x0f;
    }
    else if(k5==0)
    {
        P0=0x1f;
    }
    else if(k6==0)
    {
        P0=0x3f;
    }
    else if(k7==0)
    {
```

```
        P0=0x7f;
    }
}                                           //C51 程序到此结束
```

3.2.2　扩展外部中断源的程序设计方法

基本方法是在中断服务程序中，查询中断信号来源，然后根据不同的信号源执行不同的程序。前面的项目扩展外部中断就是一个具体的例子。

任务 3.3　自动防盗报警器的硬件和软件设计及仿真调试

按照项目规划单要求，设计硬件电路和配套程序。巩固中断知识，理解程序设计方法。重点为外部中断的应用。

学中做

【技能训练 3-4】 8 路自动防盗报警器。

目的：中断应用。

内容：8 路自动防盗报警器。

说明：探索型项目。按照要求，根据前面几个项目，将其可用部分组合，并加以适当修改，设计出符合要求的报警器。

3.3.1　硬件设计

参考电路原理图如图 3-9 所示（自动防盗报警器.dsn）。为了简明，此处省略了时钟电路和复位电路，用来仿真验证功能没有问题，而实际上这两部分电路不可缺少，而且单片机运行速度就靠时钟电路决定。复位电路也不可缺少，手动复位还兼有解除警报功能。

报警器的输入信号来自传感器，它们是能将各种物理信号转换成电信号的装置，比如震动传感器、光电传感器、红外传感器及各种开关等。图中按钮代表传感器，每按动一次产生一个负脉冲，表示环境被破坏，需要报警。任意一个按钮按动产生低电平，经过 U6 和 U4A，都会在单片机的 P3.2 引脚给出一个下降沿以申请中断。单片机响应中断，在中断服务程序里检测 P2 端口，以确定信号来源，并立即输出显示和喇叭报警。喇叭是一种通电就响的报警喇叭，只要不断电，就一直响。U2 是与非门，任意输入端低电平，就会输出高电平。这个高电平经过驱动器反相器，使喇叭得到供电，响起来。喇叭的驱动用了一个 7404，如果有特殊需要，可以改变，使用更大功率的驱动器。还可以使用普通扬声器，利用单片机产生报警声音信号，这时电路也需要改变。P2 端口的上拉电阻没有也行，但是容易受到干扰，所以尽量不要省略。

提示： 以上电路采用 Proteus 设计，选用有仿真模型的元件，待程序设计完成之后，可以仿真，验证功能。

该电路与技能训练 3-3 相比有哪些相同之处？

一般报警器都是长时间处于不报警状态。设计成中断方式工作，可以将单片机设置成待机（睡眠）状态，减少功耗，一旦有情况，中断信号可以将单片机唤醒，进入报警状态。

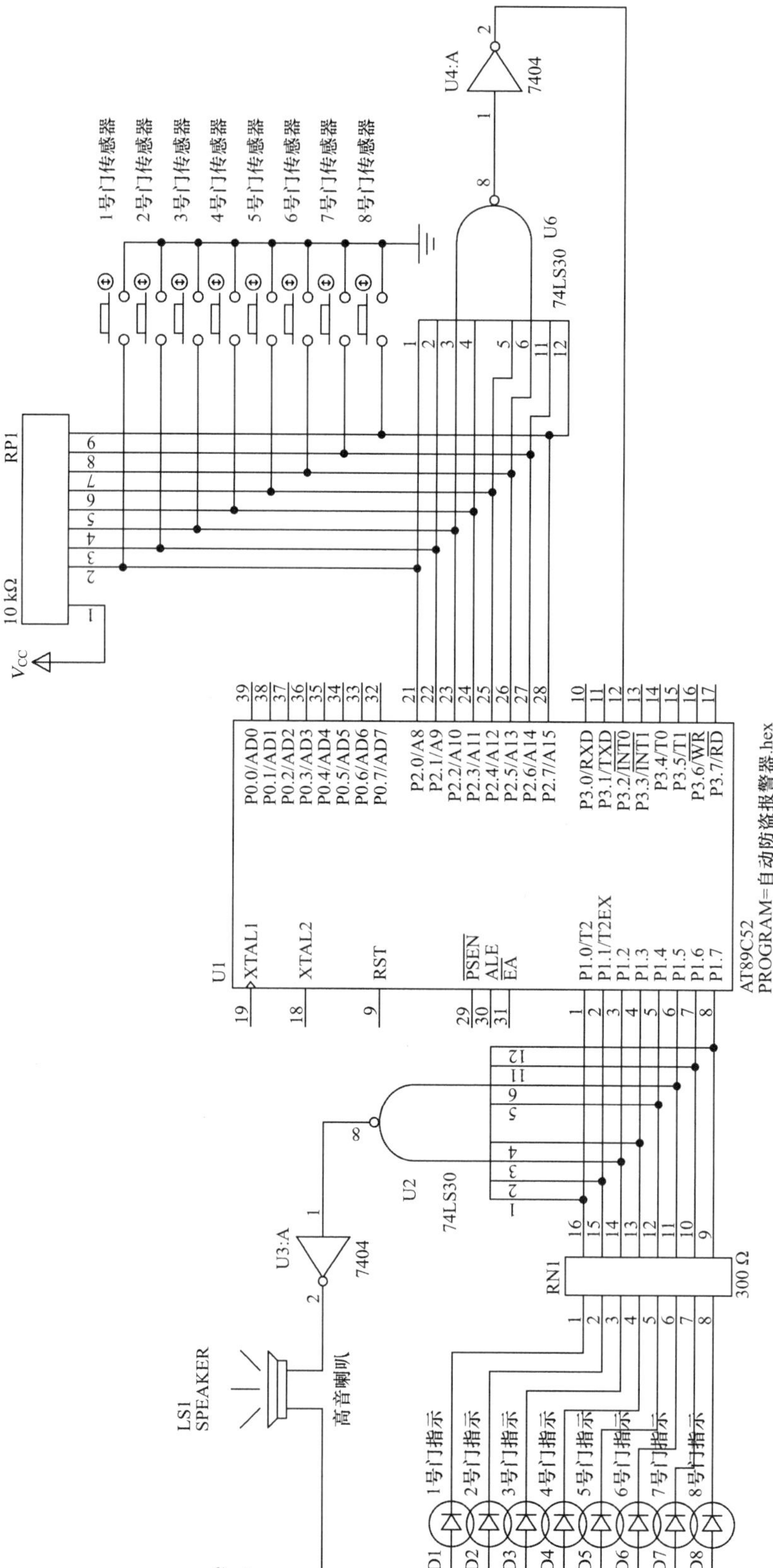

图3-9 自动防盗报警器电路原理图

3.3.2 软件设计

按照以上电路，设计软件，使报警器完成应有的功能。为了调试方便，我们采用 WAVE 软件来编写汇编语言程序。输入源程序之后，可以编译、执行，初步验证程序的正确性。

按照自动防盗报警器的功能要求，在关键部位安放的若干传感器任意一个发出低电平，报警器就要鸣响并显示传感器编号。报警后有其他位置的传感器又送来低电平，喇叭应当继续响，显示会随之改变，增加新来信号的传感器编号。也就是记忆之前所有低电平，直到按复位键，清除记忆，停止报警。

每个输入信号出现低电平，都可以引起外中断 0 的中断。在外中断 0 的中断服务程序中，查询 P2 端口的每个输入信号，判断中断信号来自哪里，然后输出报警信号：显示和声音。

参考程序清单：

```
;------------------------------------------------------------分隔线 1
            OUT     EQU 21H         ;定义保存单元
;------------------------------------------------------------分隔线 2
            ORG     0000H           ;复位入口
            LJMP    START           ;转移到主程序
            ORG     0003H           ;外中断 0 入口
            LJMP    INT_0           ;转移到外中断 0 的中断服务程序
;------------------------------------------------------------分隔线 3
            ORG     0030H           ;主程序的开始地址
START:      MOV     IE,#81H         ;允许外中断 0,初始化
            MOV     IP,#00H         ;优先级,全 0 没有高优先
            MOV     TCON,#01H       ;外中断 0 下降沿触发
            MOV     OUT,#0FFH       ;输出开始值全 1
            MOV     P1,#00H         ;试验输出效果
            LCALL   DELAY1S         ;延时
            MOV     P1,#0FFH        ;试验完毕
            ORL     PCON,#01H       ;进入睡眠状态
            SJMP    $               ;死循环,等待中断(出现情况报警)
;------------------------------------------------------------分隔线 4
;以下是外中断 0 的中断服务程序
;程序循环检测扩展的中断输入信号,只要某输入端产生过负脉冲,就自动记忆,脉冲过去了也还保存记忆,显示也不会消失。只要开始报警,本服务程序就不结束,直到复位
INT_0:      MOV     A,P2            ;读取传感器状态
            ANL     OUT,A           ;保存当前报警状态
            MOV     P1,OUT          ;输出
            SJMP    INT_0           ;复位前不停
            RETI
;------------------------------------------------------------分隔线 5
DELAY1S:    MOV     R7,#255         ;延时子程序,约 0.25 s
DELAY1:     MOV     R6,#255
DELAY2:     NOP
```

```
        NOP
        DJNZ    R6,DELAY2
        DJNZ    R7,DELAY1
        RET
        END                 ;程序结束
```

程序分析：主程序很简单，初始化时将中断条件准备好，然后等待中断的发生。此时单片机进入待机状态，降低功耗。

中断服务程序只要有一个传感器输出低电平，就会引起中断。单片机被中断唤醒，开始工作，执行中断服务程序。中断服务程序首先读取传感器的信息到累加器，然后和保存传感器状态的单元内容进行"与"运算，保持原有的低电平，增加新来的低电平。然后将运算结果输出。这个过程会一直继续下去，直到单片机复位或是断电。与运算不会改变原来就有的低电平，只能增加新的低电平，所以报警灯会一直亮，喇叭会一直响。

利用 Proteus 软件，设计好硬件电路，添加程序，编译，仿真运行，观察结果。按下任意一个按钮，看到对应的发光二极管亮，听到喇叭响，证明电路正确。仿真也会响的，计算机声卡会发出声音。再按下另外一个按钮，就增加一个对应 LED 亮，喇叭继续响。发现不符合要求，就要检查电路和程序，找出错误并修改，直到符合项目要求为止。

C 语言程序清单：

```
//自动防盗报警器
//功能要求：
//任意输入低电平，报警器响并显示
//报警后有其他位置的传感器送来低电平
//喇叭继续响，显示会随之改变
//也就是记忆之前所有低电平，直到按复位，清除记忆，停止报警
//每个输入信号出现低电平，都可以引起外中断 0 的中断
//在外中断 0 的中断服务程序中，查询 P2 端口的每个输入信号
//判断中断信号来自哪里，然后输出报警信号：显示和声音
#include <reg51.h>                      //引用库定义
void delayms(unsigned int t);           //延时声明
unsigned char out,temp;                 //定义中间变量
void main()
{
    EA=1;                               //允许外中断 0，初始化
    EX0=1;
    IT0=1;                              //外中断 0 下降沿触发
    out=0xff;                           //输出开始值全 1
    P1=0x00;                            //试验输出效果
    delayms(300);                       //延时
    P1=0xff;                            //试验完毕
    while(1);                           //死循环，等待中断（出现情况报警）
}
//以下外中断 0 的中断服务程序，程序循环检测扩展的中断输入信号，只要某输入端产生负脉冲，就自动记忆，脉冲过去了也保护记忆，显示也不会消失。只要开始报警，本服务程序就不结束，直到复位
```

```
void ext0(void )interrupt 0 using 0
{
    temp=P2;                        //读取传感器状态
    out=out&temp;                   //保存当前报警状态
    P1=out;                         //输出
}
void delayms(unsigned int t)        //延时子程序,约 1 ms
{
    unsigned int i,j;
    for(i=0;i<t;i++)
        for(j=0;j<124;j++);
}                                   //C51 程序结束
```

3.3.3　单片机的电源控制

MCS-51 单片机的电源控制在特殊功能寄存器 PCON 中,字节地址为 87H,没有位寻址功能。各位定义如下:

单片机的电源控制各位定义

PCON	位序号	D7	D6	D5	D4	D3	D2	D1	D0
(87H)	位地址								
	位名称	SMOD				GF0	GF1	PD	IDL

SMOD(D7):波特率倍增位,串行口设置波特率使用。

GF0(D3):用户自定义,可以用软件清零或置 1。

GF1(D2):同上

PD(D1):掉电控制位。PD=1,单片机进入掉电方式,停止一切工作,只有硬件复位可以恢复工作。

IDL(D0):待机控制位。IDL=1,单片机进入待机(睡眠)方式,停止执行程序,定时器等模块继续工作,可以由中断唤醒。

其余各位不用。

由于没有位寻址,所以要对某一位操作,要通过字节操作指令进行。如果要控制单片机的待机方式,可以使用如下指令:

```
ORL    PCON,#01H        ;使 IDL 位置 1,进入待机方式
ANL    PCON,#0FEH       ;使 IDL 位置 0,退出待机方式
```

任务 3.4　自动防盗报警器的制作调试

制作和调试,从原理图到 PCB 板,从源程序到代码下载执行,最终产品功能符合项目要求,是个繁杂的过程,项目 1 给出了比较通用的流程,这里不再赘述,只是针对具体项目特点,给出一些提示。

3.4.1 制作和测试自动防盗报警器

先在 Proteus 中设计电路，添加程序，编译通过，然后仿真执行。

最终达到全速执行，鼠标单击任意按钮，对应指示灯亮，同时喇叭响，继续单击按钮，对应指示灯亮，喇叭继续响。第一次单击的按钮即使放开，对应的指示灯仍然在亮，说明这个传感器有过动作。

制作实物。可以利用已有的单片机最小系统，再添加一些 LED 和按钮。也可以从头开始制作一个完整的报警器。这个过程可以参照有关操作要求进行。

从原理图到电路板用 Proteus 实现。具体方法可以参看实训指导。做 PCB 前，最好在原理图中，把缺少的复位电路和晶振电路补齐，把各种元件的封装确定好，还要增加一些接插件，方便外设接线。进入制板软件，放置元件，布置好位置，进行自动布线，再进行人工调整。如图 3-10 所示是一个 PCB 图例。采用双面板，正反面电路重叠在一起。自动布线后还没有进行人工调整，也没有敷铜。

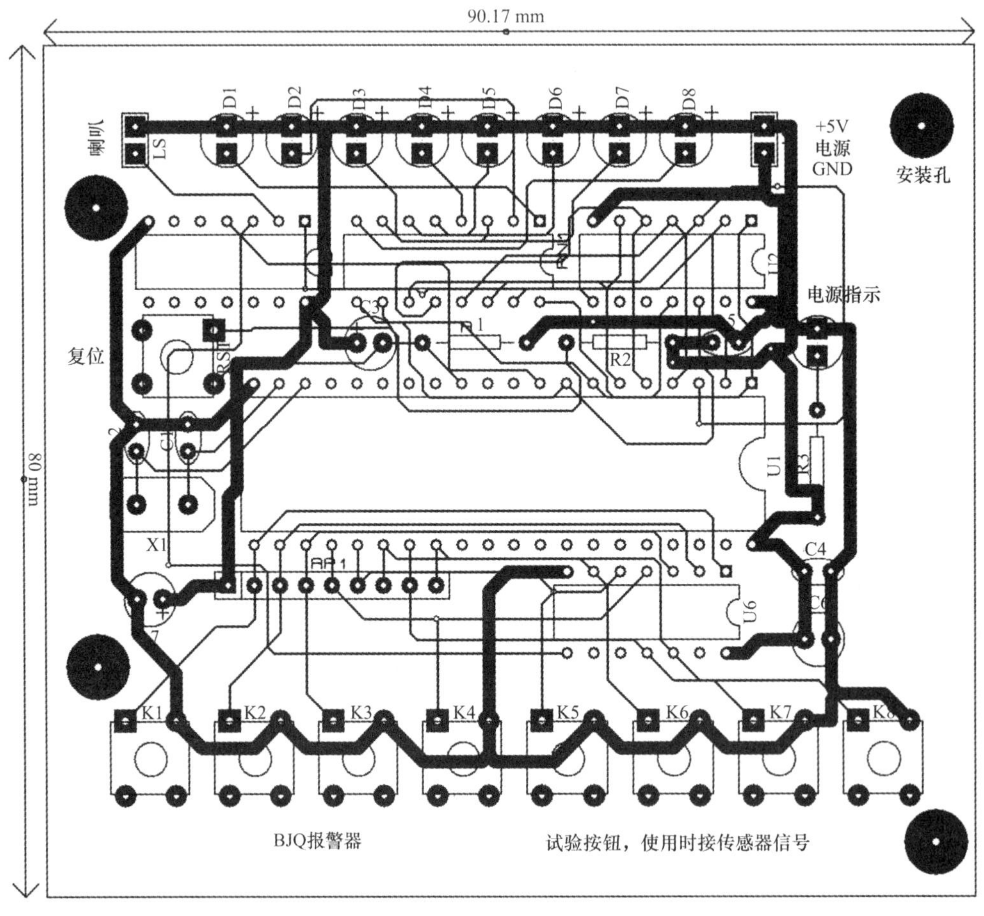

图 3-10 报警器 PCB 图

注意：这个板图还有很多地方需要改进。

忠告：电路制作完成，一定要进行测试，保证电路功能正常。

3.4.2　程序下载和调试

实物制作完成之后，检查无误，通电调试。首先使用下载软件，将程序下载到单片机的内部程序存储器。下载软件的使用方法请按照自己使用的软件要求进行。

加载程序后，通电，开始喇叭响一下，同时所有指示灯亮，一秒后停止，进入警戒状态。这时，按动任意按钮，对应指示灯亮，同时喇叭响，直到关闭电源。期间如无异常，则完成。

3.4.3　文档整理

调试完成以后，还要整理文档，完善使用说明书包括注意事项等内容。文件资料归档，总结经验教训，为以后参考。

提醒：这个项目中只涉及外中断的应用，至于定时/计数中断及串行中断的应用将在后面的项目中进行介绍。

任务 3.5　自动防盗报警器的改进

思考：修改电路和程序，实现变声调报警，传感器增加到 80 个，如何扩展？如何实现报警信号数字显示？如何记录各个传感器动作时间(便于事后分析)？

提示：中断还有很多用处，后面的项目将介绍。

通过该项目几个任务的硬件设计和软件设计，学习 MCS-51 系列单片机的中断系统，但是只使用了外部中断，还有定时器和串行口三个内部中断没有用过。

项目小结

1. 掌握有关中断、中断源以及中断优先级等概念；理解中断系统结构；了解中断响应过程、中断优先级排列。

2. 掌握五个中断源的中断请求标志、中断允许寄存器 IE、中断优先级寄存器 IP 各位的含义及设置。

3. 掌握外部中断的两种触发方式以及中断服务程序编程方法。

4. 进一步熟悉 Proteus 和 Wave 软件。

5. 进一步掌握焊接和布线操作技能；学习测量方法。

习题 3

一、填空题

1. MCS-51 系列单片机的优先级由软件设置特殊功能寄存器______加以选择。

2. 外部中断$\overline{\text{INT1}}$入口地址为______。

3. MCS-51 系列单片机中，T0 中断服务程序入口地址为______。

4. MCS-51 系列单片机中断有______优先级。

5. MCS-51 系列单片机中断嵌套最多______级。

6. 外中断请求标志位是______和______。

7. ______指令以及任何访问______和______寄存器的指令执行过后，CPU 不能马上响应中断。

二、选择题

1. 在中断服务程序中，至少应有一条(　　)。

A. 传送指令　　B. 转换指令　　C. 加法指令　　D. 中断返回指令

2. 要使 MCS-51 系列单片机能够响应定时器 T1 中断、串行接口中断，它的中断允许寄存 IE 的内容应是(　　)。

A. 98H　　B. 84H　　C. 42H　　D. 22H

3. MCS-51 系列单片机在响应中断时，下列哪种操作不会发生？(　　)

A. 保护现场　　B. 保护 PC

C. 找到中断入口　　D. 保护 PC 转入中断入口

4. MCS-51 系列单片机有中断源(　　)。

A. 5 个　　B. 2 个　　C. 3 个　　D. 6 个

5. MCS-51 系列单片机响应中断时，下面哪一个条件不是必需的？(　　)

A. 当前指令执行完毕　　B. 中断是开放的

C. 没有同级或高级中断服务　　D. 必须有 RETI 指令

6. 计算机在使用中断方式与外界交换信息时，保护现场的工作应该是(　　)。

A. 由 CPU 自动完成　　B. 在中断响应中完成

C. 应由中断服务程序完成　　D. 在主程序中完成

7. MCS-51 系列单片机的中断允许触发器内容为 83H，CPU 将响应的中断请求是(　　)。

A. $\overline{INT0}$，$\overline{INT1}$　　B. T0，T1　　C. T1，串行接口　　D. $\overline{INT0}$，T0

8. 执行 MOV IE，#03H 后，MCS-51 系列单片机将响应的中断是(　　)。

A. 1 个　　B. 2 个　　C. 3 个　　D. 0 个

9. MCS-51 系列单片机的中断源全部编程为同级时，优先级最高的是(　　)。

A. $\overline{INT1}$　　B. TI　　C. 串行接口　　D. $\overline{INT0}$

10. 外部中断 1 固定对应的中断入口地址为(　　)。

A. 0003H　　B. 000BH　　C. 0013H　　D. 001BH

11. 各中断源发出的中断请求信号，都会标记在 MCS-51 系列单片机系统中的(　　)。

A. TMOD　　B. TCON/SCON　　C. IE　　D. IP

12. MCS-51 系列单片机响应中断的不必要条件是(　　)。

A. TCON 或 SCON 寄存器内的有关中断标志位为 1

B. IE 中断允许寄存器内的有关中断允许位置 1

C. IP 中断优先级寄存器内的有关位置 1

D. 当前一条指令执行完

13. 执行返回指令时，返回的断点是(　　)。

A. 调用指令的首地址　　B. 调用指令的末地址

C. 调用指令下一条指令的首地址　　D. 返回指令的末地址

三、简答题

1. 什么叫中断？中断技术的采用使单片机具有哪些功能？

2. 什么叫中断源？MCS-51系列单片机有哪些中断源？哪些是内部中断源？哪些是外部中断源？

3. 为何需要设置中断优先级？MCS-51系列单片机可以设置几个中断优先级？什么叫中断嵌套？

4. MCS-51系列单片机的五个中断源的中断标志位代号是什么？它们如何被置1和清零？

5. MCS-51系列单片机响应中断的条件是什么？CPU响应中断后，CPU要进行哪些操作？不同的中断源的中断入口地址是多少？

6. MCS-51系列单片机的外部中断有哪两种触发方式？它们对触发脉冲或电平有什么要求？

7. 在相同优先级下，定时器T0中断和串行口的T1中断同时产生，CPU响应哪一个中断？为什么？

8. MCS-51系列单片机复位后，是否允许中断？

9. 中断服务子程序与普通子程序有哪些异同之处？

四、设计题

1. 编写初始化程序：外中断0和外中断1为高优先级，开中断，外中断0脉冲方式触发，外中断1电平方式触发；其他中断源为低优先级，关中断。

2. 设计一个中断计数系统。每次中断，计数值加1，并且在数码管上显示出来。用Proteus仿真。自己安排资源的使用。

3. 设计一个8路抢答器，利用中断。主持人按键开始后抢答，任意选手按键后，其他选手按键无效，这时按键的选手灯亮，同时发出声音。

项目4 电子秒表

——定时器/计数器

项目规划单

项目名称	电子秒表
功能要求	利用 LED 数码管显示时分秒,具有启动停止功能
实施方案	利用单片机的定时器产生时分秒,使用六个 LED 数码管显示时间,精确到 0.01 s。两个按键,实现计时的启动和停止功能,还有清零按键
知识目标	1. 定时器/计数器的结构、工作方式以及控制方法 2. 查询和中断编程 3. 定时器/计数器的应用(初始化和中断服务)
能力目标	1. 使用软件设计电路图,编写并调试程序 2. 使用工具制作电路板并测试其正确性 3. 软、硬件联调,完成要求功能
素质目标	踏实、抗挫抗压能力、理解能力、主动学习能力、问题解决能力以及沟通协调能力等诸方面都有提高
工匠明星	钱学森被誉为“中国航天之父”“中国导弹之父”“中国自动化控制之父”,为我国科技事业作出了杰出贡献。美国称“一个钱学森抵得上 5 个海军陆战师”,他历经千难万险回到祖国,报效国家,这也是我们常说的“钱学森式爱国”
实施过程	1. 完成知识学习 2. 建立仿真文件,编写程序并调试,实现预定功能 3. 利用实训设备,完成实物制作,实现预定功能
完成时间	课内 8 学时,课外 4 学时
说明	还可以利用定时器/计数器实现电子钟功能,实现精确计时
备注	参考样本:电子文档中的仿真文件为电子秒表.dsn(包括电路和程序)

项目说明:

这个项目比较简单,主要是定时器的使用。将来,还要在此基础之上增加功能,比如带日历的时钟、定时控制器和自动打铃器等。

任务 4.1 电子秒表电路

电子秒表可以用数字电路设计制作,但是所用元件数量大,电路麻烦,改进功能的时候需要改变电路。单片机做的电子秒表,电路相对简单,改进也容易。

4.1.1 6 位数码管显示电路

如图 4-1 所示是电子秒表电路图。实际上它与产品计数器很相似,显示电路相同,只是增加了一个按钮,不同的是程序和显示的内容。

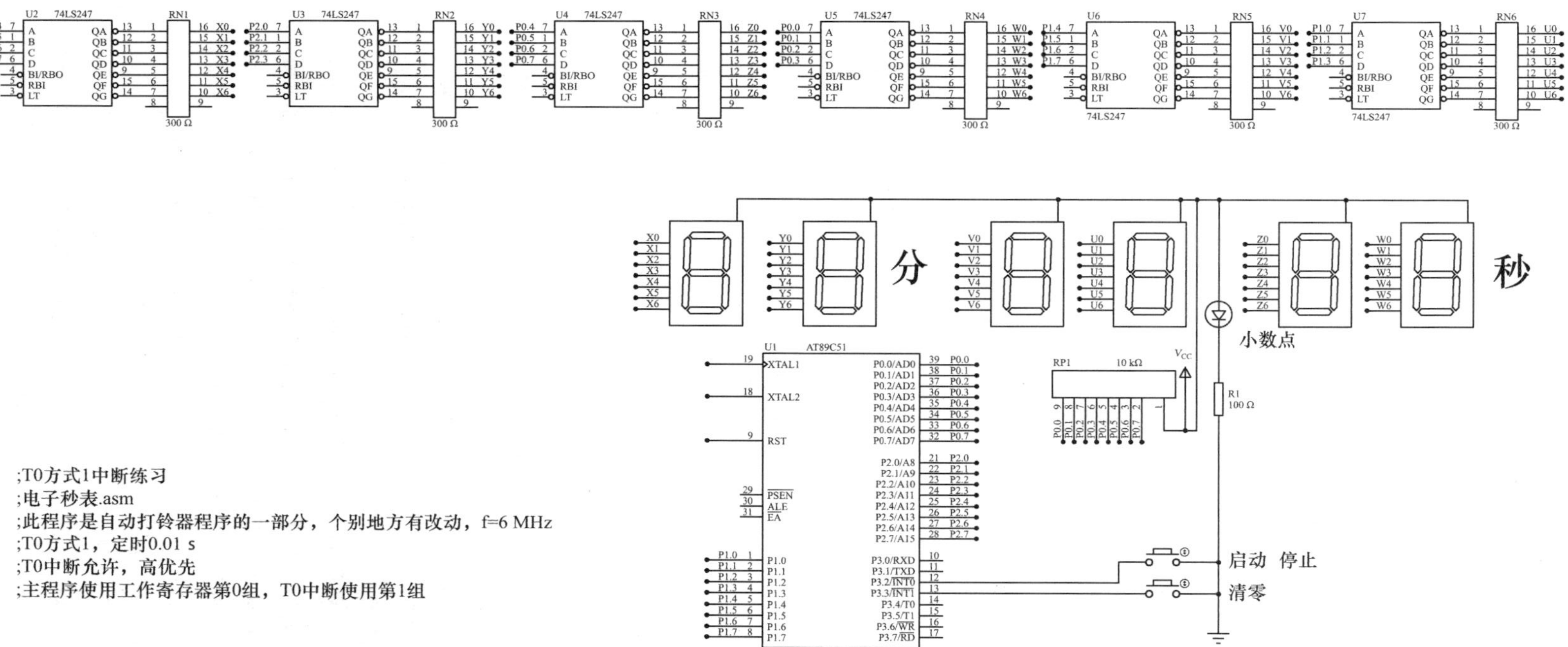

图4-1 电子秒表电路图

```
;T0方式1中断练习
;电子秒表.asm
;此程序是自动打铃器程序的一部分，个别地方有改动，f=6 MHz
;T0方式1，定时0.01 s
;T0中断允许，高优先
;主程序使用工作寄存器第0组，T0中断使用第1组
```

4.1.2 电子秒表的驱动程序

驱动程序：

```
;T0 方式 1 中断练习
;电子秒表.asm
;此程序是自动打铃器程序的一部分，个别地方有改动，f=6 MHz
;T0 方式 1，定时 0.01 s，即 10 毫秒
;T0 中断允许，高优先
;主程序使用工作寄存器第 0 组，T0 中断使用第 1 组
;改成电子秒表
;------------定时器 T0 时间常数------------------------------------分隔线 1
          TH0H   EQU 26H          ;高字节
          TL0L   EQU 27H          ;低字节
;-----------1 字节 直接地址 变量-----------------------------------分隔线 2
          XX     EQU 6DH          ;临时存储一字节数据
          YY     EQU 6EH
;----------允许显示标志位------------------------------------------分隔线 3
          DSP    BIT 00H          ;20H.0 位，允许显示标志位，1=允许
;-----------程序开始----几个固定入口地址-----------------------分隔线 4
          ORG    0000H
          LJMP   MAIN             ;主程序
          ORG    0003H
          LJMP   INT0FW           ;外中断 0 服务
          ORG    000BH
          LJMP   T0FW             ;T0 中断服务
          ORG    0013H
          LJMP   INT1FW           ;外中断 1 服务
;--------------以下主程序开始-------------------------------------分隔线 5
          ORG    0030H
MAIN:     MOV    SP,#2FH          ;堆栈从 30H 开始-----------首先初始化
          CLR    RS1              ;主程序使用工作寄存器区 0
          CLR    RS0
          MOV    TH0H,#0ECH       ;T0 初值高字节，定时 0.01 s，初始值为 60536=EC78H
          MOV    TL0L,#078H       ;T0 初值低字节，定时 0.01 s，初始值为 60536=EC78H
          MOV    TCON,#01H        ;01H=00000001B，INT0 下降沿触发
          MOV    IE,#86H          ;86H=10000110B，允许 T0 和外中断 1
          MOV    IP,#02H          ;02H=00000010B，T0 高优先
          MOV    TMOD,#09H        ;T0 方式 1，外部控制
          MOV    TH0,TH0H         ;定时 0.01 s，初始值为 60536=EC78H
          MOV    TL0,TL0L         ;定时 0.01 s，初始值为 60536=EC78H
          SETB   TR0              ;启动 T0
          LCALL  DISP             ;调用显示子程序
LOOP:     NOP                     ;主循环------------------初始化完成
```

```
;----------以下 3 行为了显示所加----------------------------------分隔线 6
        JNB     DSP,LOOP1       ;判断显示标志位,无显示跳过
        CLR     DSP             ;有显示,清标志
        LCALL   DISP            ;调用显示子程序
;----------显示完成---------------------------------------------分隔线 7
LOOP1:  NOP                     ;暂时没有任务,有任务可在此处添加
        NOP                     ;等待中断
        SJMP    LOOP            ;死循环,永不结束
;----------------主程序到此结束----------------------------------分隔线 8
;以下是外中断 0 服务程序
INT0FW: NOP                     ;没有任务,有任务可在此添加
        NOP                     ;一旦有干扰,进入中断,也会很快返回
        RETI                    ;中断服务程序结束,返回
;--------外中断 0 服务程序结束-------------------------------------分隔线 9
;以下是外中断 1 服务程序-----------功能:显示数清零
INT1FW: MOV     08H,#0          ;0.01 秒数清零
        MOV     09H,#0          ;秒数清零
        MOV     0AH,#0          ;分数清零
        LCALL   DISP            ;调用显示子程序
        RETI                    ;中断服务程序结束,返回
;--------外中断 1 服务程序结束-------------------------------------分隔线 10
        ORG     0100H
;--------定时器 0 中断服务程序-------------------------------------分隔线 11
;T0 方式 1,初值 60536=EC78H,10 ms 中断一次,高优先级
;产生时间:10 ms,在 08H,即 0.01 s=08H
;秒=09H;分=0AH;时=0BH;日=0CH;月=0DH;星期=0EH;年(末 2 位)=0FH
T0FW:   PUSH    ACC             ;保护现场
        PUSH    B               ;保护现场
        PUSH    PSW
        SETB    RS0             ;选择工作寄存器第 1 组
        CLR     RS1
;-------------------------以上中断服务之前的准备工作 -----------分隔线 12
        MOV     TH0,TH0H        ;定时器重新赋值,高字节
        MOV     TL0,TL0L        ;低字节
;-------------------------以下对定时器中断次数计数,以产生秒分小时----分隔线 13
        INC     R0              ;10 ms 数(在 08H 中)
        SETB    DSP             ;可以调用一次显示程序
        CJNE    R0,#100,$+3     ;比较 10 ms 数是否够 100
        JC      T0FWZ           ;不够 100 就是不够 1 s,转中断结束
        INC     R1              ;10 ms 数够 100,1 s 数加 1(在 09H 中)
        MOV     R0,#0           ;10 ms 数从 0 开始
        CJNE    R1,#60,$+3      ;秒数加 1 后,要判断是否够 1 分
        JC      T0FWZ           ;不够 1 分,结束中断
        INC     R2              ;够 1 分,分数加 1(在 0AH 中)
```

```
        MOV     R1,#0               ;够 1 分,秒数要从 0 开始
        CJNE    R2,#60,$+3
        JC      T0FWZ
        INC     R3                  ;60 分=1 小时数(在 0BH 中)
        MOV     R2,#0
;----------------------以上中断服务完毕,以下恢复现场---------分隔线 14
T0FWZ:  POP     PSW                 ;恢复现场
        POP     B
        POP     ACC
        RETI                        ;定时器 0 中断服务程序到此结束
;以下显示时间-------------------------------------------------分隔线 15
DISP:   MOV     R0,#08H             ;0.01 s 数保存地址
        MOV     A,@R0               ;取 0.01 s 数
        LCALL   B2D                 ;转换成 BCD
        MOV     P0,A                ;送 P0 显示 0.01 s 数
        INC     R0                  ;毫秒地址
        MOV     A,@R0               ;取毫秒数
        LCALL   B2D                 ;转换成 BCD
        MOV     P1,A                ;送 P1 显示秒
        INC     R0                  ;秒地址
        MOV     A,@R0               ;取秒数
        LCALL   B2D                 ;转换成 BCD
        MOV     P2,A                ;送 P2 显示分
        RET                         ;子程序结束,返回
;-------------------------------------------------------------分隔线 16
;时间二进制数(一字节在 A)转换到压缩 BCD 码(一字节还在 A)
B2D:    MOV     B,#10               ;一字节数,不大于 99,除以 10
        DIV     AB                  ;二进制数在 A,除以 10
        SWAP    A                   ;商是十位数,在 A,换到高半字节
        ORL     A,B                 ;余数是个位数,在 B,组合到 A 中
        RET                         ;子程序结束,返回
;-------------------------------------------------------------分隔线 17
        END
```

C 语言程序清单:

```
//T0 方式 1 中断练习;电子秒表,程序是自动打铃器程序的一部分,个别地方有改动,F=6 MHz;T0 方式 1,定时 0.01 s,T0 中断允许,高优先,主程序使用工作寄存器第 0 组,T0 中断使用第 1 组
#include <reg51.h>                          //包含库函数
unsigned char TH0H,TL0L;
unsigned char COUNTL,COUNTM,COUNTH;         //定义分,秒,10 毫秒
unsigned char BCD(unsigned char val);       //定义 BCD 子程序
bit DSP=0;                                  //显示位
void DISP( );                               //定义显示子程序
void main()
```

```
{
    COUNTH=0;                   //10 毫秒清零
    COUNTM=0;                   //秒清零
    COUNTL=0;                   //分清零
    TH0H=0xec;                  //T0 初值高字节,定时 0.01 s,初始值为 60536=EC78H
    TL0L=0x78;                  //T0 初值高字节,定时 0.01 s,初始值为 60536=EC78H
    TCON=0x01;                  //01H=00000001B,INT0 下降沿触发
    IE=0x86;                    //全允许
    IP=0x02;                    //02H=00000010B,T0 高优先
    TMOD=0x09;                  //T0 方式 1,外部控制
    TH0=TH0H;                   //定时 0.01 s,初始值为 60536=EC78H
    TL0=TL0L;                   //定时 0.01 s,初始值为 60536=EC78H
    DISP();                     //显示子程序
    TR0=1;                      //启动 T0
    DISP();
    while(1)
    {
        if(DSP==1)              //判断是否需要显示
        {
            DSP=0;              //清除设置位
            DISP();             //显示子程序
        }
    }
}
//以下显示时间子程序
void DISP()
{
    P0=BCD(COUNTL);             //转换后,10 毫秒显示
    P1=BCD(COUNTM);             //转换后,秒显示
    P2=BCD(COUNTH);             //转换后,分显示
}
unsigned char BCD(unsigned char val)
{
    unsigned char daval=0;
    unsigned char h,l;
    h=val/10;
    l=val%10;
    h=h<<4;
    daval=h|l;
    return daval;
}
//以下外中断 1 服务程序------------功能:显示数清零
void INT1FW(void )interrupt 2 using 0
```

```
{
    COUNTH=0;
    COUNTM=0;
    COUNTL=0;
    DSP=1;
}
//--------定时器 0 中断服务程序--------------------
//T0 方式 1,初值 60536=EC78H,10 ms 中断一次,高优先级
void T0FW() interrupt 1 using 0
{
    TH0=TH0H;                          //定时器重新赋值,高字节
    TL0=TL0L;                          //低字节
    COUNTL++;                          //10 ms
    DSP=1;                             //设置显示位
    if(COUNTL==100)                    //判断是否为 100 次
    {
        COUNTM++;                      //秒加 1
        COUNTL=0;                      //10 毫秒清零
        if(COUNTM==60)                 //判断秒是否为 1 分
        {
            COUNTH++;                  //分加 1
            COUNTM=0;                  //秒清零
        }
    }
}
```

以上两种语言的程序功能相同。

由以上内容可以看出,电路改动很少,主要是程序不同,功能就不同。这次是使用了单片机内部的定时器/计数器。通过这个项目,学习如何使用单片机内部的定时器/计数器。

定时器/计数器与 CPU 并行工作,实现定时/计数功能,并以定时/计数的结果对单片机系统进行控制。下面开始学习 MCS-51 系列单片机定时器/计数器的结构、控制方法、工作方式以及简单应用。

任务 4.2 认识定时器——计数与定时

MCS-51 系列单片机定时器/计数器的功能用来实现定时和计数,还可以利用定时和计数的结果进行控制。如图 4-2 所示是 MCS-51 系列单片机定时器/计数器的内部结构图。

8051 内部有两个 16 位可编程的定时器/计数器 T0 和 T1。T0(T1)由两个 8 位寄存器 TH0(TH1)和 TL0(TL1)拼装而成。其中 TH0(TH1)为高 8 位,TL0(TL1)为低 8 位。

注意:MCS-51 系列单片机的定时器/计数器与 CPU 并行工作,提高了单片机的工作效率。

T0 和 T1 就是两个 16 位的受控制的加法计数器,根据计数脉冲的来源不同,分为两种工作模式:定时和计数。

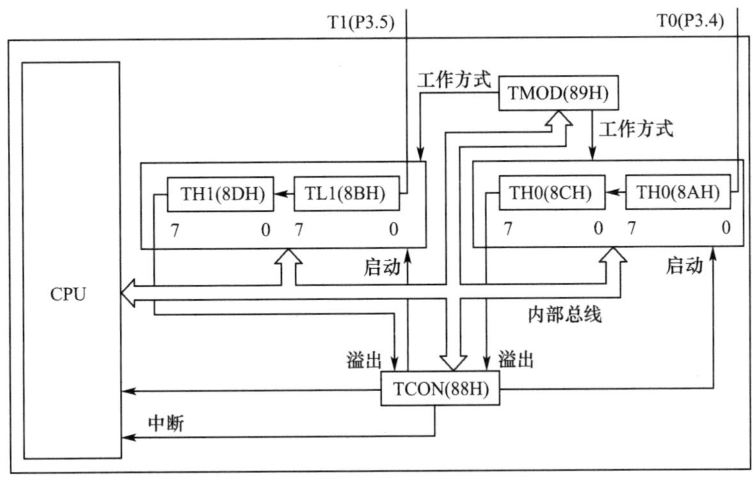

图 4-2　MCS-51 系列单片机定时器/计数器的内部结构图

4.2.1　计　数

计数就是对来自单片机外部的脉冲进行计数。单片机的 P3.4(T0)和 P3.5(T1)即外部计数脉冲的输入端。所谓计数,就是对有效计数脉冲的计数。

注意:MCS-51 系列单片机的两个定时器/计数器采用加法计数结构。

单片机的硬件在每个机器周期自动对 P3.4(T0)和 P3.5(T1)进行采样,若在一个机器周期采样到高电平,在下一个机器周期采样到低电平,即得到一个有效的计数脉冲。计数寄存器在下一个机器周期自动加 1。

注意:在计数方式下,单片机的计数源是外部计数脉冲。

思考:为实现单片机的计数功能,对计数脉冲的高、低电平持续时间有什么要求?

思考:为实现最大计数次数,单片机的计数初值应设置为多少?

4.2.2　定　时

MCS-51 系列单片机中的计数器除了可以作为外来脉冲计数器外,还可以对来自单片机内部的计数脉冲进行计数,这就是定时。定时可以完成时钟功能。

注意:在定时模式下,MCS-51 系列单片机的计数脉冲源是晶振频率的 12 分频产生的脉冲。

简单概括,在定时模式下,就是一个机器周期计数值加 1。

思考:定时模式下,晶振频率为 12 MHz 时,计数脉冲的时间间隔为多少?

任务 4.3　定时器/计数器的控制

熟悉与定时器的 2 个控制寄存器 TCON 和 TMOD,掌握定时器/计数器的工作原理。

4.3.1　定时方式寄存器 TMOD

定时方式寄存器 TMOD 是单片机专门用来控制两个定时器/计数器的工作方式的寄存

器，字节地址 89H，不能位寻址，没有位地址。这个寄存器的各位定义如下：

定时方式寄存器 TMOD 各位定义

TMOD	位序号	7	6	5	4	3	2	1	0
(89H)	位符号	GATE	$C/\overline{T}$	M1	M0	GATE	$C/\overline{T}$	M1	M0
	说　明	定时器/计数器 1				定时器/计数器 0			

下面先介绍与定时器/计数器 T0 相关的 TMOD 的低 4 位。高 4 位管 T1，与 T0 对应相同功能。

GATE——门控位。如图 4-3 所示可以看出：

GATE=0 时，由 TR0 来启动定时/计数。

GATE=1 时，由 TR0 和$\overline{INT0}$(P3.2)共同启动定时/计数，只有当两者同时为 1 时才进行计数操作。

$C/\overline{T}$——定时/计数模式选择位。

$C/\overline{T}$=0 时，处于定时模式，内部计数脉冲是对晶振进行 12 分频产生的。

$C/\overline{T}$=1 时，处于计数模式，外部计数脉冲由 T0(P3.4)引入。

M1、M0——工作方式选择位。

M1、M0 与定时器/计数器 T0 的四种工作方式有下面的对应关系：

00——工作方式 0

01——工作方式 1

10——工作方式 2

11——工作方式 3

TMOD 对定时器/计数器 T1 的控制与对 T0 的控制类似，此时，门控位 GATE 所控制的定时/计数启动由 TR1 和$\overline{INT1}$(P3.3)共同参与完成。

TMOD 对定时器/计数器的控制由软件进行设定，大大提高了控制的灵活性。

注意：TMOD 是不可位寻址寄存器，只能用字节方式进行设置。

4.3.2 定时控制寄存器 TCON

定时控制寄存器 TCON 既参与中断控制又参与定时控制。低 4 位与外中断有关，高 4 位与定时控制功能有关。这个寄存器的各位定义如下：

定时控制寄存器 TCON

TCON	位　序	7	6	5	4	3	2	1	0
(88H)	位地址	8FH	8EH	8DH	8CH	8BH	8AH	89H	88H
	位名称	TF1	TR1	TF0	TR0	IE1	IT1	IE0	IT0

TCON 的高四位进行定时/计数控制，其中高两位(6 和 7 位)控制定时器/计数器 1，低两位(4 和 5 位)控制定时器/计数器 0。

TF0(TCON.5)——定时器/计数器 T0 的溢出中断标志位，当 T0 定时(或者计数)溢出时，由硬件自动置 1。允许中断时会自动清零，不允许中断时要由软件清零。

TF1(TCON.7)——定时器/计数器 T1 的溢出中断标志位，当 T1 定时(或者计数)溢出时，由硬件自动置 1。允许中断时会自动清零，不允许中断时要由软件清零。

TR0(TCON.4)——定时器/计数器 T0 的启动停止控制位，由软件进行设定。TR0=0，停止 T0 定时(或者计数)；TR0=1，启动 T0 定时(或者计数)。

TR1(TCON.6)——定时器/计数器 T1 的启动停止控制位，由软件进行设定。TR1=0，停止 T1 定时(或者计数)；TR1=1，启动 T1 定时(或者计数)。

4.3.3　定时器/计数器工作原理

定时器/计数器的内部结构图如图 4-3 所示。

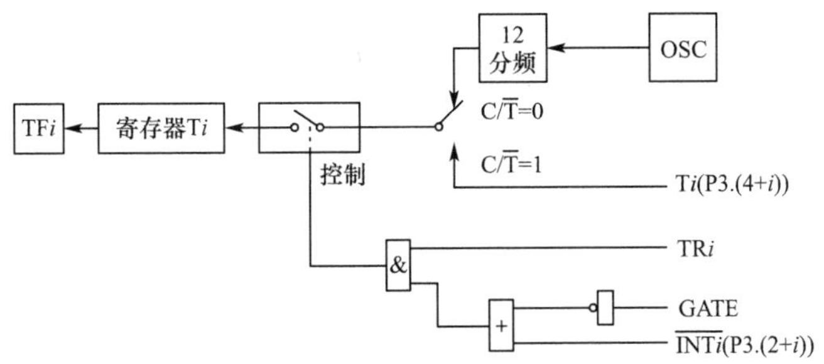

图 4-3　定时器/计数器的内部结构图

当 $C/\overline{T}=0$ 时，为定时工作模式，计数脉冲是晶振的 12 分频。当 $C/\overline{T}=1$ 时，为计数工作模式，外部计数脉冲由 Ti(P3.(i+4))引入。

当 GATE=0 时，或门输出为高电平，与引脚$\overline{\text{INT}i}$(P3.(2+i))无关。此时与门的输出仅由 TRi 决定。TRi=1，与门输出高电平，接通模拟控制开关，引入计数脉冲，进行定时/计数操作。TRi=0，与门输出低电平，断开模拟控制开关，定时/计数停止。

当 GATE=1 时，或门的输出由引脚 $\overline{\text{INT}i}$(P3.(2+i))决定，因此与门的输出由 TRi 和引脚$\overline{\text{INT}i}$(P3.(2+i))共同决定。若 TRi=1，而 $\overline{\text{INT}i}$(P3.(2+i))为高电平，则与门输出高电平，接通模拟控制开关，进行定时/计数；若 TRi=1，而$\overline{\text{INT}i}$(P3.(2+i))为低电平，则定时/计数停止。

注意：利用 GATE=1，同时 TRi=1 的情况，可以测试由$\overline{\text{INT}i}$(P3.(2+i))引入的外部信号的脉冲宽度。

当模拟控制开关接通时，计数寄存器在计数脉冲的作用下进行增 1 计数，当计数溢出时向计数溢出标志位 TFi 进位。

4.3.4　定时器/计数器的编程方式

有中断和查询两种方式编程，无论哪种方式，都需要初始化。即设置定时器的工作方式和工作模式，还有控制方法，还要计算初值。

1. 中断方式编程

定时器/计数器在中断方式下的编程步骤如下：

(1)开中断。

(2)设置中断优先级。

(3)TMOD 初始化。

(4)设置定时/计数初值。

(5)启动定时/计数。

(6)编写定时/计数中断处理程序。

以上六条,(1)~(5)称为初始化部分,一般放在主程序中执行,第(6)条是中断服务程序,要单独编写。

思考:在中断方式下,TF0 和 TF1 如何置 1 和清零?

2. 查询方式编程

定时器/计数器在查询方式下的编程步骤如下:

(1)关中断。

(2)TMOD 初始化。

(3)设置定时/计数初值。

(4)启动定时/计数。

(5)查询 TF*i* 及相关处理。

这里的五条不涉及中断。查询需要耗费比较多的 CPU 资源。

思考:在查询方式下,TF0 和 TF1 如何置 1 和清零?

注意:TMOD 初始化与计数初值送入计数寄存器的次序可以交换。

任务 4.4 定时器/计数器的工作方式与应用举例

学习定时器/计数器的 4 种工作方式,看几个常用的编程举例。

定时器/计数器的工作方式由 TMOD 寄存器的 M1 和 M0 控制决定,重述如下:

M1、M0——工作方式选择位。

00——工作方式 0:13 位计数器。

01——工作方式 1:16 位计数器。

10——工作方式 2:自动重装初值的 8 位计数器。

11——工作方式 3:对于 T0,分解为两个 8 位计数器,对于 T1,停止。

下面分别介绍其工作特点和应用举例。

4.4.1 工作方式 0

定时器/计数器 T0 和 T1 在方式 0 下的工作情况完全相同。此时的计数寄存器为 13 位,构成如下:

$THi_{7\sim0}$	$TLi_{4\sim0}$

方式 0 下的计数溢出值为 8192(2^{13})。则:

$$计数次数=8192-计数初值 \tag{4-1}$$

$$定时时间=(8192-计数初值)\times 机器周期 \tag{4-2}$$

方式 0 没有充分利用 16 位计数寄存器的计数范围,这是为了与 MCS-48 系列单片机兼容。13 位的计数寄存器的初始化有些烦琐,步骤如下:

(1)由公式 4-1 和公式 4-2 计算出十进制的计数初值。

(2)若计数初值小于 32(2^5),将其送入 TL*i*,将 0 送入 TH*i*,完成计数寄存器初始化。

(3)若计数初值不小于 32,先将其转化为二进制形式。补足 13 位后,将低 5 位送入 TLi,将高 8 位送入 THi,完成计数寄存器初始化。

由于方式 0 可以由方式 1 完全替代,故不多述。如果要仿真,可以在方式 1 的基础上改一下。

4.4.2 工作方式 1

定时器/计数器 T0 和 T1 在方式 1 下的工作情况完全相同。此时的计数寄存器为 16 位,构成如下:

$THi_{7\sim0}$	$TLi_{7\sim0}$

方式 1 下的计数溢出值为 65536(2^{16}),则:

$$计数次数=65536-计数初值 \tag{4-3}$$

$$定时时间=(65536-计数初值)\times机器周期 \tag{4-4}$$

方式 1 利用了全部 16 位计数寄存器的计数范围,计数寄存器的初始化步骤如下:

(1)由公式 4-3 和公式 4-4 计算出十进制的计数初值。

(2)若计数初值小于 256(2^8),将其送入 TLi,将 0 送入 THi,完成计数寄存器初始化。

(3)若计数初值不小于 256,将其转化为十六进制形式,再将高低字节分别送入 THi 和 TLi,完成计数寄存器初始化。

做中学

【技能训练 4-1】 T0 方式 1 定时,产生方波。

目的:定时器方式 1 的使用。

内容:设 f_{osc} =12 MHz,在 P2 端口 8 个引脚产生频率为 250 Hz 的等宽方波。定时器/计数器 0 以工作方式 1 工作。参考 Proteus 仿真文件:T0 方式 1 定时方波.dsn。P2.X 引脚输出的方波(仿真截图)如图 4-4 所示。

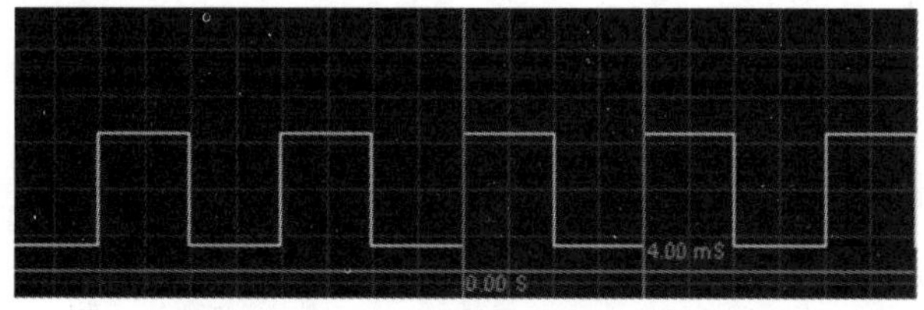

图 4-4 P2.X 引脚输出的方波(仿真截图)

操作步骤:

(1)首先计算计数初值。方波频率为 250 Hz,则周期为 4 ms。即 P2 端口 8 个引脚每 2 ms 取反一次,T0 定时时间为 2 ms。

计算计数初值。根据公式 4-4 有:

定时时间=(65536−计数初值)×12/ f_{osc}

计数初值=65536−定时时间× f_{osc} /12

=65536−2000×12 MHz/12

=63536

=0F8 30H

(2)设置 TMOD。对 T0 的工作方式进行选择,因此设置 TMOD 的低 4 位。

定时,C/$\overline{T}$为 0。

方式 1,M1M0 的组合为 01。

不用外部控制,GATE 为 0。

(3)编制程序(查询方式)如下:

汇编语言程序清单:

```
MAIN:   MOV   A,#00h
        CLR   EA            ;关中断
        MOV   TMOD,#01H     ;设置 TMOD
        MOV   TH0,#0F8H     ;设置计数初值
        MOV   TL0,#30H
        SETB  TR0           ;启动定时
WAIT:   JNB   TF0,WAIT      ;查询溢出标志
        CLR   TF0           ;注意将 TF0 软件清零
        MOV   TH0,#0F8H     ;重装初值
        MOV   TL0,#30H
        CPL   A             ;取反
        MOV   P2,A          ;P2 端口输出
        SJMP  WAIT          ;无条件转移,无限循环
        END
```

C 语言程序清单:

```
/* 设 fosc =12 MHz,T0 方式 1,实现在 P2 端口 8 个引脚产生频率为 250 Hz 的等宽方波 */
//======================声明区====================
#include <reg51.h>                 //定义 8051 寄存器头文件
#define WAVE P2                    //定义输出端口
//======================中断程序==================
void service_t0(void) interrupt 1 using 1
{
    TH0=(65536-2000)/256;          //置 T1 定时时间常数
    TL0=(65536-2000)%256;
    WAVE=~WAVE;                    //输出取反
}
//======================主程序====================
main()                             //主程序开始
{
    WAVE=0xff;
    TMOD=0x01;                     //置 T0 为工作方式 1
    TH0=(65536-2000)/256;          //置 T1 定时时间常数
    TL0=(65536-2000)%256;
    TR0=1;                         //启动 T0 定时器
    ET0=1;                         //允许 T0 中断
    EA=1;                          //开放总中断
```

```
    while(1)                          //无穷循环,程序一直运行
    {
    }
}                                     //主程序结束
```

(4)设计电路

Proteus 软件设计电路图如图 4-5 所示。为了观看仿真时 P2 端口输出波形和频率,要用到虚拟仪器。

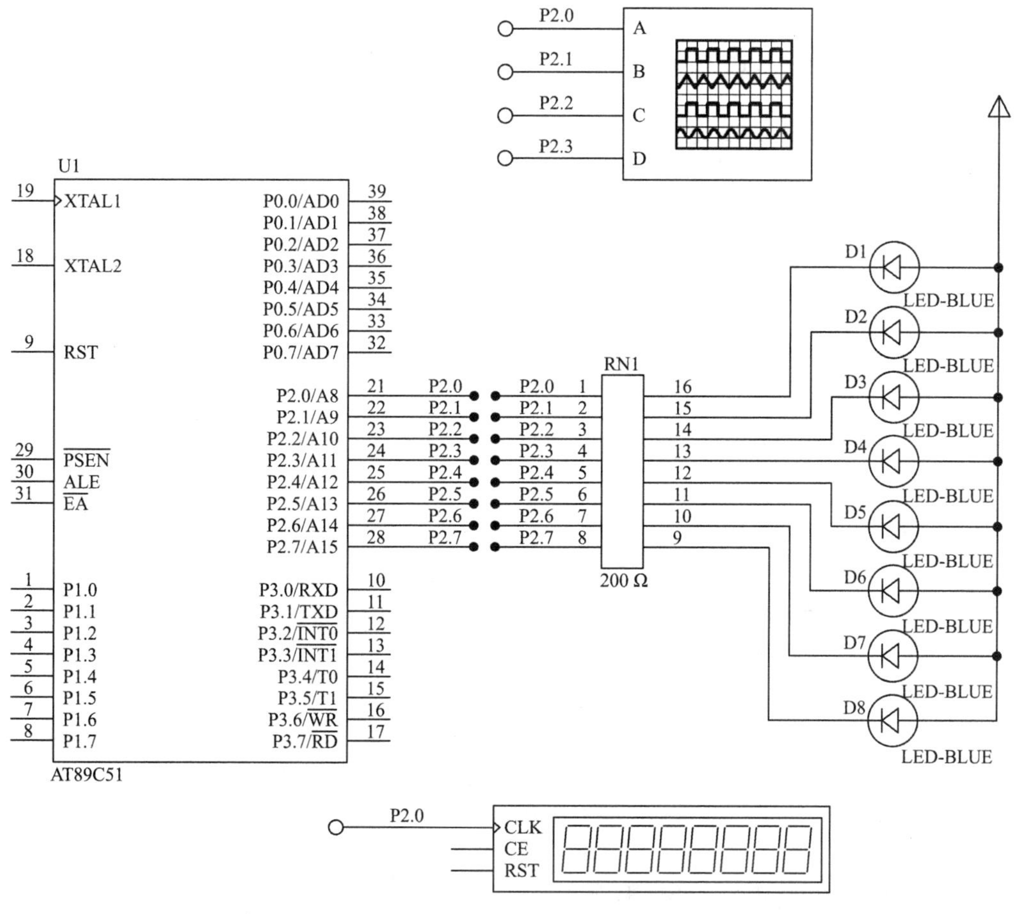

图 4-5　T0 方式 1 定时产生方波的电路图

图中上部是模拟示波器。仿真时可以出现示波器界面,可以对其操作。操作方法与一般示波器相同。图中下部是频率计,运行仿真时可以显示测量到的方波的频率值。

添加虚拟仪器的方法是在软件左边单击虚拟仪器图标,选择第一个(OSCILLOSCOPE)就是虚拟示波器,第三个(COUNTER TIMER)就是频率计。把虚拟示波器的输入端接到 P2 端口的任意引脚,虚拟频率计也可以将输入端接入 P2 端口任意引脚。

提示:频率计(COUNTER TIMER)默认是计数器,要在其属性中的操作模式里选择频率计。

(5)添加程序

按照给定的程序,输入文件,在 Proteus 软件里,添加进来,编译,没有错误提示即可。

(6)仿真运行

单击“运行”按钮，出现虚拟示波器和波形图，前面的图 4-4 就是其中的一部分。调整图中虚拟示波器的调节开关和旋钮，可以改变示波器显示的图形，但是波形参数是一样的。

(7)观察波形计算频率，验证符合题目要求

此次训练，主要是定时器的使用，表现在程序设计上。首先是初始化，然后就是反复查询，时间到就执行要求的操作。还要学会使用虚拟示波器，并得出波形参数，验证程序的正确性。

提示：关于定时器中断方式编程，可以参看仿真文件：T0 方式 1 中断. dsn。

关于定时器计数初值的另一种情况：要求定时时间大于定时器最大定时时间。此时就要把要求的定时时间分成几次定时来实现。例如要求定时 1 s，就可以设置定时器每次定时 0.1 s，执行 10 次就是 1 s。

定时器方式 1 的应用举例还有几个，仿真文件中有 T0 方式 1 中断 A. dsn、测脉宽. dsn 等。

4.4.3 工作方式 2

在方式 0 和方式 1 中，当定时/计数溢出后计数寄存器的内容为 0，在下一次定时/计数时需要进行初值重载，初值重载是由软件实现的。如果需要多次进行定时/计数，则需占用较多 CPU 时间且影响精度。

定时器/计数器在方式 2 下可由硬件自动实现初值重载。

T0 和 T1 在方式 2 下为 8 位定时器/计数器，二者的工作情况相同。由 TL*i* 充当计数寄存器，由 TH*i* 充当初值重载寄存器，如图 4-6 所示。

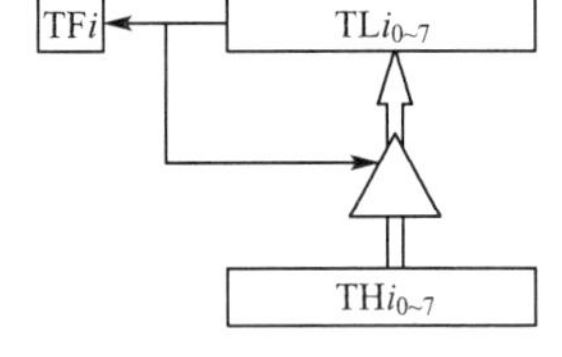

图 4-6 定时器/计数器方式 2 下的初值重载

在方式 2 下，当低 8 位计数器产生计数溢出时，一方面会把溢出信号写入 TF*i*，一方面会启动 TH*i* 自动为 TL*i* 赋初值。

方式 2 下的计数溢出值为 256(2^8)，则：

$$计数次数=256-计数初值 \tag{4-5}$$

$$定时时间=(256-计数初值)\times 机器周期 \tag{4-6}$$

方式 2 只利用了低 8 位计数寄存器，因此计数初值一定小于 256，计数器的初始化步骤如下：

(1)由公式 4-5 和公式 4-6 计算出十进制的计数初值。

(2)将计数初值送入 TL*i*，也将其送入 TH*i*，完成计数寄存器初始化。

工作方式 2 经常用于波特率发生器(将在串行接口中讲解)。

注意：方式 2 下计数初值既要送入 TL*i*，也要送入 TH*i*。

【技能训练 4-2】 T0 和 T1 方式 2。

目的：方式 2 应用。

内容：设 f_{osc} =12 MHz，T0 方式 2 计数，T1 方式 2 定时。编程实现利用 T1 定时在 P1.0 引脚输出频率为 10 kHz 的方波；再将 P1.0 上的输出信号，利用 T0 进行 12 分频后在 P1.5 引脚输出。即将 P1.0 输出的脉冲作为 T0 的计数脉冲输入。

操作步骤：

(1)首先计算 T1 定时时间。P1.0 引脚输出的方波频率为 10 kHz，则周期为 0.1 ms，半个周期为 0.05 ms。即 P1.0 引脚每 50 μs 取反一次，定时时间为 50 μs。

(2)计算 T1 计数初值

根据公式 4-6 有：

T1 的定时时间＝(256－T1 的计数初值)×12/ f_{osc}

T1 的计数初值＝256－T1 的定时时间× f_{osc} /12

＝256－50×12 MHz/12＝206＝0CEH

(3)计算 T0 计数初值

P1.5 脚方波为对 P1.0 脚方波的 12 分频，即 P1.5 脚方波周期为 P1.0 脚方波周期的 12 倍，即 P1.0 引脚每输出 6 个脉冲，P1.5 引脚取反一次。

根据公式 4-5 有：

T0 的计数初值＝256－T0 的计数次数

＝256－6＝250

(4)设置 TMOD。T0 方式 2 计数，不用外部控制，TMOD 的低 4 位为 0110；T1 方式 2 定时，不用外部控制，TMOD 的高 4 位为 0010。

(5)编制程序(中断方式)如下：

汇编语言程序：

```
        ORG     0000H
        AJMP    MAIN
        ORG     000BH           ;T0 的中断服务程序②
        CPL     P1.5
        RETI
        ORG     001BH           ;T1 的中断服务程序③
        CPL     P1.0
        RETI
        ORG     0050H
MAIN:   SETB    EA              ;开中断
        SETB    ET0
        SETB    ET1
        MOV     IP,#8           ;设置中断优先级①
        MOV     TMOD,#26H       ;设置 TMOD,T0 方式 2 计数,T1 方式 2 定时
        MOV     TL0,#250        ;设置计数初值
        MOV     TH0,#250
        MOV     TL1,#206
        MOV     TH1,#206
        SETB    TR0             ;启动计数
        SETB    TR1             ;启动定时
HERE:   SJMP    HERE
        END
```

①本题中 T1 控制输出的脉冲是 T0 的计数脉冲，是引起 T0 中断的原因。如果两者同时产生计数溢出，则应先响应 T1 的中断请求，即 T1 的优先级高于 T0 的优先级。

②定时器/计数器工作在方式 2 下，在计数溢出时具有初值自动加载功能，无须在中断服务程序中重载计数初值。

③中断服务程序的长度不超过 8 个字节时，直接在中断程序入口处编写中断服务程序即可，无须另外开辟中断程序服务区。

C 语言程序清单：T0T1.c

```
/＊设 fosc =12 MHz，T0 方式 2 计数，T1 方式 2 定时，编程实现在 P1.0 引脚输出频率为 10 kHz 的方
波，将 P1.0 上的信号进行 12 分频为在 P1.5 引脚输出。P1.0 输出的脉冲作为 T0 的计数脉冲＊/
//======================声明区====================
#include <reg51.h>                  //定义 8051 寄存器头文件
sbit P10=P1^0;                      //定义输出引脚
sbit P15=P1^5;
//======================定时器/计数器 t1 中断程序===========
void service_t1(void) interrupt 3 using 1
{
    P10=~P10;
}
//======================定时器/计数器 t0 中断程序===========
void service_t0(void) interrupt 1 using 0
{
    P15=~P15;                       //P15 取反，周期 200 ms
}
//======================主程序====================
main()                              //主程序开始
{
    TMOD=0x26;                      //设置 TMOD，T1 方式 2 定时，T0 方式 2 计数
    TH0=250;                        //计数 6 次
    TL0=250;
    TH1=206;                        //定时 50 μs
    TL1=206;
    ET1=1;                          //允许 T1 中断
    ET0=1;                          //允许 T0 中断
    EA=1;                           //允许总中断
    TR1=1;                          //启动 T1 定时器
    TR0=1;                          //启动 T0 定时器
    while(1)
    {
    }
}                                   //主程序结束
```

(6)设计 Proteus 项目

运行仿真文件 T0T1 方式 2.dsn，观察运行结果，如图 4-7 所示。

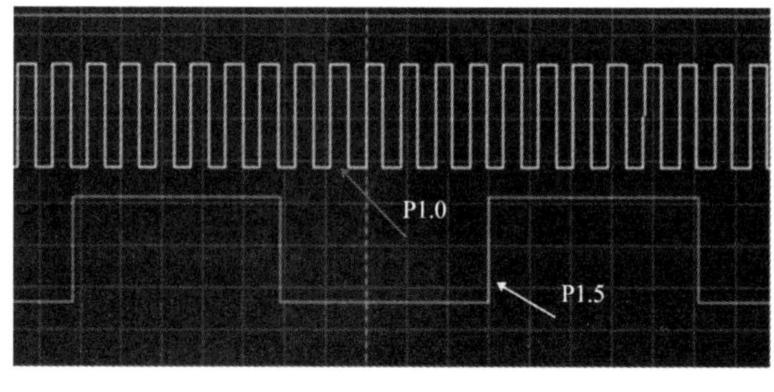

图 4-7　P1.0 和 P1.5 引脚输出的方波(仿真截图)

思考：如果要求 P1.5 的输出是 P1.0 频率的 10 分频，如何修改程序？

4.4.4　工作方式 3

定时器/计数器 T0 在方式 3 下是双 8 位计数器结构，定时器/计数器 T1 在方式 3 下停止计数。如图 4-8 所示是定时器/计数器 T0 在方式 3 下的逻辑电路图。

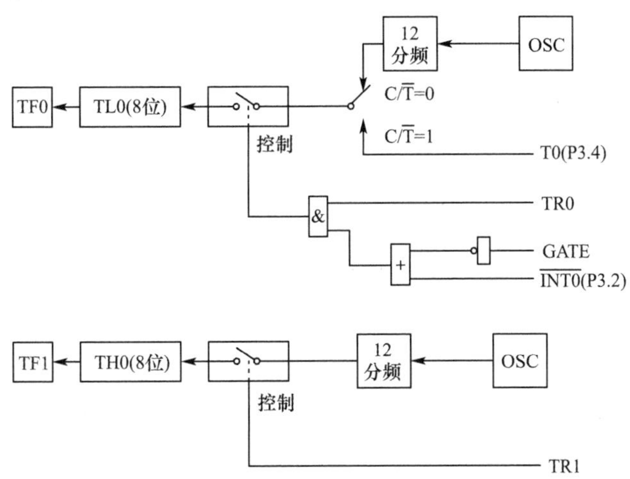

图 4-8　T0 在方式 3 下的逻辑电路图

T0 的低 8 位(TL0)在方式 3 下占用 T0 的控制位和引脚信号，成为一个 8 位的定时器/计数器。其功能和操作与方式 0 和方式 1 完全相同。

T0 的高 8 位(TH0)在方式 3 下借用 T1 的 TR1 和 TF1，成为一个 8 位的定时器。

在方式 3 下，定时器/计数器 T0 就构成了一个 8 位的定时器/计数器和一个 8 位的定时器。

如果定时器/计数器 T0 工作在方式 3 下，那么定时器/计数器 T1 只能工作于方式 0、1、2 下。由于没有 TR1 可用，只要为 T1 的计数寄存器装入初值，再设置好工作方式，T1 就可以自动运行。通常，只有当 T1 用作波特率发生器时，T0 才会工作于方式 3 下。由于没有 TF1 可用，T1 只能把计数溢出直接送给串行口。将 T1 的方式控制设置为方式 3，T1 就会停止计数。

任务 4.5　电子秒表的仿真调试和制作

时间是控制系统中的一个重要参数。现以电子秒表为例，说明定时器的具体应用。

4.5.1　设计思路

电子秒表可以随时启动和停止，停止时显示计时值，再启动继续计时。按清零按钮，清除显示值。

计时精度，一般精确到 0.01 秒即可，因为操作的人反应不可能比 0.01 秒更快。

关于硬件设计，按照上述要求，设计了本项目开头的电子秒表电路。电路图如图 4-1 所示。总共六位数，最高两位是分，中间两位是秒，最后两位是秒的小数部分。两个按键，一个启动停止，另一个清零。数码管和按键电路已经多次使用，不必细说。

关于软件设计，程序设计思路如下：

让定时器 T0 定时 10 ms，时间到就中断，将中断次数记录起来作为时间单位，100 个 10 毫秒就是 1 秒，60 个 1 秒就是 1 分钟。定时器 T0 启动/停止的最后控制权交给外部引脚 INT0（P3.2）。随时将记录的分和秒数送给显示器（数码管）。不需要的显示数就清零。

程序的具体说明：

分隔线 1～分隔线 2：定义两个字节的内部 RAM，相当于变量，存储 T0 时间常数。这样做的好处是将来可以在使用过程中修改这些值。

分隔线 2～分隔线 3：定义两个字节的内部 RAM，作为临时变量，本程序中没用到。

分隔线 3～分隔线 4：定义一个位变量，作为可以执行显示程序的标志。

分隔线 4 以下是程序，将来都要存储在程序存储器里。分为固定入口、主程序、子程序和中断服务程序等几部分。

分隔线 4～分隔线 5：固定入口。

分隔线 5～分隔线 8：主程序。

分隔线 5～分隔线 6：初始化，以上程序只会被执行一次。

分隔线 6～分隔线 8：主循环，这里面的指令会被反复执行。

分隔线 6～分隔线 7：判断标志，决定是否调用显示程序。

分隔线 7～分隔线 8：暂时没有任务，如果有任务可在此处添加。

分隔线 8～分隔线 9：外中断 0 服务程序，没有任务，有任务可在此处添加。一旦有干扰，进入中断，也会很快返回。其他没用到的中断入口也应该如此处理。

分隔线 9～分隔线 10：外中断 1 服务程序。

分隔线 10～分隔线 11：定时器 0 中断服务程序入口地址指定，可以省略。

分隔线 11～分隔线 15：定时器 0 中断服务程序。

分隔线 11～分隔线 12：定时器 0 中断服务程序前奏：保护现场和设置工作寄存器组。

分隔线 12～分隔线 13：定时器重新赋计数初值。中断发生时，其值为 0，但是现在可能已经过去了 10 个左右的机器周期，按理说应该修正。就是将计算出来的计数初值要加一个修正值。否则时间一长积累误差会很大。请读者自行计算。

分隔线 13～分隔线 14：对定时器中断次数计数，以产生秒分小时。这是重点部分，若仍有问题可以回顾指令表。这段程序以后还会用到。

提示：仔细看懂"CJNE R0，#100，$ +3"和"JC T0FWZ"两条指令，尤其是这两条指令之间的配合关系。

分隔线 14～分隔线 15：恢复现场。如有疑问请查阅有关堆栈部分。在项目 2 中，有关堆栈的说明和堆栈指令放在一起。与中断服务程序开头的部分有联系（分隔线 11～分隔线 12）。

分隔线 15～分隔线 16：显示子程序。

分隔线 16～分隔线 17：一个字节二进制数转换成压缩 BCD 码的子程序。

C51 的电子秒表程序分析略。

4.5.2 仿真调试和制作

可以按照 Proteus 软件的操作方法打开参考文件：电子秒表.dsn，运行，就可以看到结果。单击"启动/停止"按钮，可以看到计时变化；单击"清零"按钮，可以看到显示回到全零。

制作和调试过程，按照电子文档中附录的有关要求执行。从原理图到 PCB 板设计，用 Proteus 或者 Protel 99，亦可参照 PCB 图在万能板上制作。焊接、测量和电路功能验证。可以在最小系统的基础上，增加接口电路按钮和数码管。然后下载程序，调试，直到符合要求为止。最后整理文档，项目总结。

4.5.3　电子秒表的改进

增加年月日功能。不需要秒表的时候，就可以作为一般的时钟使用，还可以加上日历，使用更加方便。

增加记录功能。记录每一次秒表测量结果，附上记录时间，便于事后检查，这对于野外作业很有用。

如果有其他需求的功能也可以附加进来，以便产品性价比更好。

项目小结

1. 定时器/计数器的基本结构、控制、工作方式以及应用举例。

2. 利用定时器产生秒分时。还可以利用定时器延时代替软件延时，这在比较大的系统中可以大大节省 CPU 资源。

习题 4

一、填空题

1. 定时器 T0 的中断入口地址是______。

2. 使用定时器 T1 设置串行通信的波特率时，应把定时器 T1 设定为工作方式______。

3. 若 8031 的 f_{osc} =12 MHz，则其两个定时器对重复频率高于______ MHz 的外部事件是不能正确计数的。

4. 定时器 T1 的溢出标志位是______。

5. T0 和 T1 方式 1 定时，定时时间＝(65536－初值)×______。

6. 若设置定时器 T0 中断允许，应该将______、______控制位置 1。

7. 在工作方式______下，定时器能够自动重装初值。

8. 当定时器工作在方式 2 时，最大计数值是______。

二、选择题

1. 要想测量$\overline{\text{INT0}}$引脚上的一个正脉冲宽度，那么特殊功能寄存器 TMOD 的内容应为(　　)。

A. 09H　　B. 87H　　C. 00H　　D. 80H

2. 使用定时器 T1 时，有(　　)种工作方式。

A. 1　　B. 2　　C. 3　　D. 4

3. 定时器/计数器工作方式 1 是(　　)。

A. 8 位计数器结构　　B. 2 个 8 位计数器结构

C. 13 位计数结构　　D. 16 位计数结构

4.设单片机晶振频率为 12 MHz,定时器作为计数器使用时,其最高的输入计数频率应为(　　)。

A. 2 MHz　　B. 1 MHz　　C. 500 kHz　　D. 250 kHz

5. TMOD 中的 GATE=1 时,表示由(　　)个信号控制定时器的启停。

A. 1　　B. 2　　C. 3　　D. 4

三、简答题

1. 8051 单片机定时器/计数器作为定时和计数用时,其计数脉冲分别由谁提供?

2. 8051 单片机定时器/计数器的门控信号 GATE 设置为 1 时,定时器如何启动?

3. 8051 单片机内设有几个定时器/计数器?它们是由哪些特殊功能寄存器组成的?

4.定时器/计数器作为定时器用时,其定时时间与哪些因素有关?

5.当定时器 T0 工作于模式 3 时,如何使运行中的定时器 T1 停止下来?

6.晶振 f_{osc} =6MHz,T0 工作在模式 1,最大定时等于多少?

四、编程题

1.单片机用内部定时方法产生频率为 10 kHz 等宽矩形波,设 f_{osc} =12 MHz,编程实现。

2.以定时器/计数器 T1 进行外部事件计数。每计数 1000 个脉冲后,转为定时方式,定时 10 ms 后,又转为计数方式,如此循环不止。设 f_{osc} =6 MHz,以方式 1 编程实现。

3.以中断方法设计单片机秒、分脉冲发生器。假定 P1.0 每秒钟产生一个机器周期的正脉冲,P1.1 每分钟产生一个机器周期的正脉冲。

项目5 远程控制电子钟

——串行接口与应用

项目规划单

项目名称	远程控制电子钟
功能要求	利用单片机制作简易电子钟。正常显示时、分以及秒，必要时需要用到对表功能。可以在 PC 机上实现远程控制
实施方案	利用单片机的定时器 T0 定时，工作方式 2，自动重装初值，中断编程，精度高。经中断程序计算，产生时分秒。通过模拟串行口方式 0 扩展 6 个并行口，实现静态显示。通过 P0 端口连接三个按键，实现现场对表功能。通过串行口实现与 PC 机通信，远程控制对表
知识目标	1. 串行口的结构、工作方式和控制方法 2. 查询和中断编程 3. 串行口的应用（初始化和中断服务） 4. 其他串行总线，I^2C 总线应用
能力目标	1. 使用软件设计电路图，编写并调试程序 2. 使用工具制作电路板并测试其正确性 3. 软、硬件联调，完成要求功能
素质目标	踏实、抗挫抗压能力、理解能力、主动学习能力、问题解决能力以及沟通协调能力等诸方面都有提高
工匠明星	邓稼先为中国的“两弹”元勋，中国杰出的科学家之一，邓稼先在中国西北的大漠深处风餐露宿，用最原始的办法探寻原子弹的奥秘，因亲身查找碎片受核辐射患癌病逝，遗嘱上写着：“不要让别人把我们落得太远！一不为名，二不为利，但我们的工作就要奔世界先进水平！”
实施过程	1. 完成知识学习 2. 建立仿真文件，编写程序并调试，实现预定功能 3. 利用实训设备，完成实物制作，实现预定功能
完成时间	课内 8 学时，课外 4 学时
说明	这个项目是自动打铃器的部分内容，自动打铃器也是利用 T0 定时
备注	参考样本：电子文档中的仿真文件为 T0 方式 1 时钟 595 远程.dsn

这个项目比较简单，主要涉及定时器、中断、按钮的检查处理以及串行口的应用，难点是熟练掌握串行口的结构与编程。简易电子钟外形如图 5-1 所示。

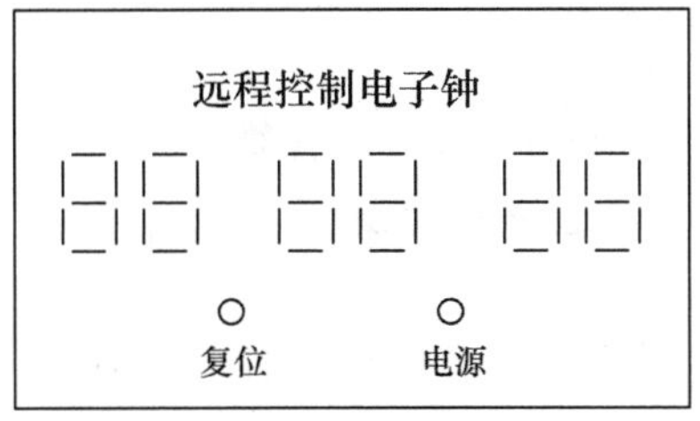

图 5-1　简易电子钟外形示意图

任务 5.1 了解有关通信的知识

学习与通信有关的一些基本概念，如并行与串行、同步与异步、波特率等。

5.1.1 数据通信的概念

计算机的 CPU 与外部设备之间以及计算机与计算机之间的信息交换称为数据通信。基本的数据通信方式有两种：并行通信和串行通信。

1. 并行通信

并行通信是数据的各位同时进行传送（发送或接收）的通信方式。其优点是数据传送速度快；缺点是数据有多少位，就需要多少根传送线。

2. 串行通信

串行通信是数据的各位一位一位顺序传送的通信方式。其优点是数据传送线少（利用电话线就可作为传送线），这样就大大降低了传送成本，特别适用于远距离通信；其缺点是传送速度较低。

5.1.2 串行通信中数据的传输方式

串行通信中数据的传输方式有单工、半双工和全双工传输方式。

单工传输方式：数据只能单方向地从一端向另一端传送。

半双工传输方式：允许数据向两个方向中的任一方向传送，但每次只允许向一个方向传送。

全双工传输方式：允许数据同时双向传送。全双工通信效率最高，适用于计算机之间的通信。

5.1.3 串行通信的两种基本通信方法

串行通信有两种基本通信方式，即同步通信方式和异步通信方式。

1. 同步通信

在同步通信中，发送器和接收器由同一个时钟控制，如图 5-2(a)所示。同步传送时，字符与字符之间没有间隙，也不用起始位和停止位，仅在要传送的数据块开始传送前，用同步字符 SYNC 来指示，其数据格式如图 5-2(b)示。

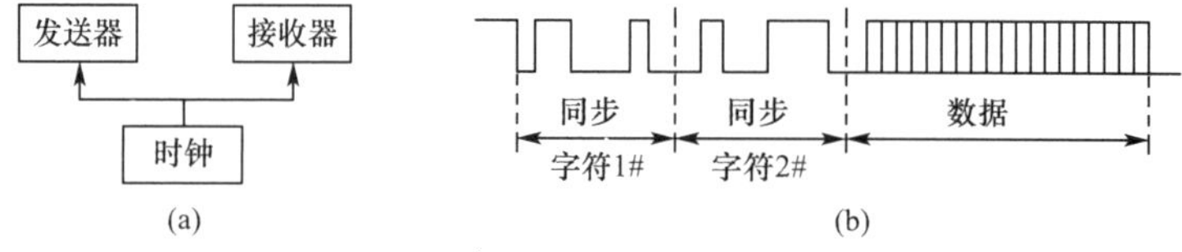

图 5-2 同步通信和同步字符

同步传送的优点是可以提高传送速率，但硬件比较复杂。

2. 异步通信

在异步通信中，发送器和接收器均由各自时钟控制，如图 5-3(a)所示。通信时，数据是一帧一帧（包含一个字符代码或一个字节数据）传送的，每一串行帧的数据格式如图 5-3(b)所示。

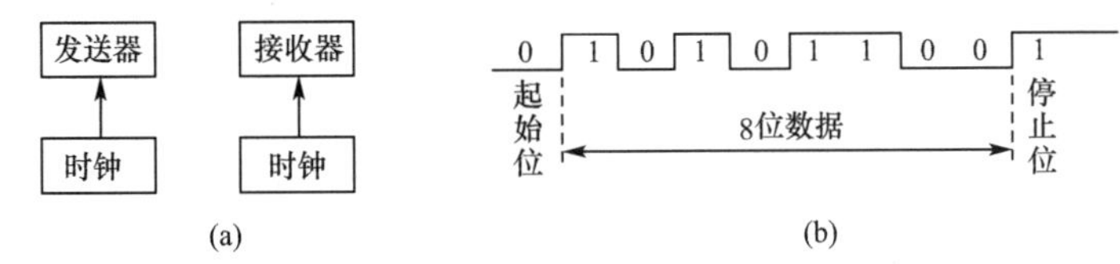

图 5-3　异步通信和帧数据格式

在帧格式中，一个字符由四个部分组成：起始位、数据位、奇偶校验位和停止位。首先是一个起始位“0”，然后是数据位（规定低位在前，高位在后），接下来是奇偶校验位（可省略），最后是停止位“1”。

5.1.4　串行通信的传送速率

1. 波特率

通信线路上传送的所有位信号都保持一致的信号持续时间，每一位的宽度都由数据传送速率确定，而传送速率是以每秒传送多少个二进制位来度量的，这个速率叫波特率，它的单位是位/秒（b/s 或 bps）。波特率对于 CPU 与外部的通信很重要。

思政案例

中国 5G 技术

注意：波特率是衡量传输通道频宽的指标，与时钟频率有关，时钟频率越高，波特率越大。

2. 允许的波特率误差

假设传递的数据一帧为 10 位，若发送和接收的波特率达到理想预设，那么接收方对数据的采样都将发生在每位数据有效时刻的中点。如果接收一方的波特率比发送一方大或小 5%，那么对 10 位一帧的串行数据，时钟脉冲相对数据有效时刻逐位偏移，当接收到第 10 位时，积累的误差达 50%，则采样的数据已是第 10 位数据的有效与无效的临界状态，这时可能发生错位，所以 5%是 10 位一帧串行传送的最大的波特率允许误差。

思考：对于常用的 8 位、9 位和 11 位一帧的串行传送，其最大的波特率允许误差分别为多少？

5.1.5　串行通信中的校验

在通信过程中往往要对数据传送的正确与否进行校验，校验是保证准确无误传输数据的关键。常用的校验方法有奇偶校验、和校验等。

1. 奇偶校验

奇偶校验是检验串行通信双方传输的数据正确与否的一个方法，并不能保证通信数据的传输一定正确。

换言之，如果奇偶校验发生错误，表明数据传输一定出错；如果奇偶校验没有出错，不等于数据传输完全正确。

奇校验：8 位有效数据连同 1 位附加位中，二进制“1”的个数为奇数。

偶校验：8 位有效数据连同 1 位附加位中，二进制“1”的个数为偶数。

2. 和校验

所谓和校验是发送方将所发数据块求和（或各字节异或），产生一个字节的校验字符（校验和）附加到数据块末尾。接收方接收数据同时对数据块（除校验字节外）求和（或各字节异或），将所得的结果与发送方的“校验和”进行比较，相符则无差错，否则即认为传送过程中出现了差错。

5.1.6 串行通信的实现

实际上，单片机串行通信的过程是将其内部的并行数据转换成串行数据，通过串行通信线传送，接收方将接收到的串行数据再转换成并行数据送到计算机中。在 MCS-51 系列单片机中，串-并、并-串转换是由串行口的移位寄存器自动完成的。

思考：串行通信的基本特征是什么？

任务 5.2 认识单片机的串行口

掌握 MCS-51 单片机的串行口结构和有关控制寄存器 SCON，还有电源控制寄存器 PCON 和中断控制寄存器与串行口有关。

5.2.1 串行口结构

MCS-51 系列单片机串行口由串行控制器电路、发送电路和接收电路三部分组成。其结构原理如图 5-4 所示。接收和发送缓冲器 SBUF 是物理上完全独立的两个 8 位缓冲器，发送缓冲器只能写入不能读出，接收缓冲器只能读出不能写入，两个缓冲器占用同一个地址(99H)。

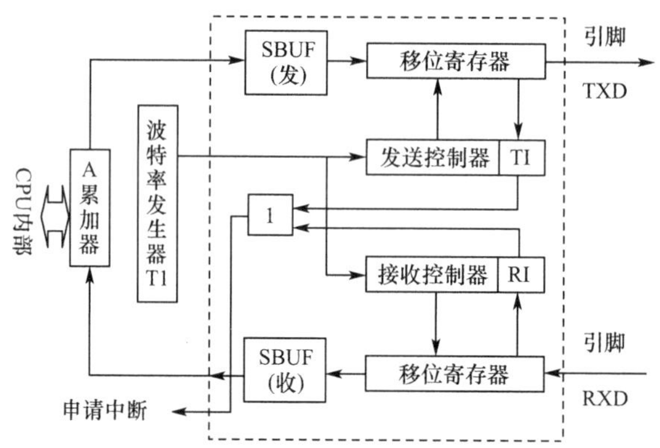

图 5-4 串行口的结构原理示意图

串行口的发送和接收都是以特殊功能寄存器 SBUF 的名义进行读或写的。当向 SBUF 发“写”命令时，向发送缓冲器 SBUF 装载并开始由 TXD 引脚向外发送一帧数据，发送完便使发送中断标志位 TI=1。

指令“MOV SBUF,A”启动一次数据发送。当 TI=1 时，可向 SBUF 再发送下一个数。

在接收数据时，一帧数据从 RXD 端经接收端口进入 SBUF 之后，RI=1，串行口发出中断请求，通知 CPU 接收这一数据。CPU 执行一条读指令，就能将接收的数据送入累加器 A 中。与此同时，接收端口接收下一帧数据。

指令“MOV A,SBUF”完成一次数据接收，SBUF 可再接收下一个数。

注意：串行发送和接收的速率与移位时钟同步，移位时钟的速率即波特率。

思考：两个缓冲器占用同一个地址(99H)，如何来区分？

5.2.2 串行口控制

串行通信有关的控制寄存器有串行控制寄存器 SCON、电源控制寄存器 PCON 及中断允许控制寄存器 IE 等。

1. 串行控制寄存器 SCON

SCON 寄存器的字节地址为 98H,可位寻址,位地址为 98H～9FH。SCON 用于设定串行口工作方式、接收发送控制及设置状态标志。SCON 格式如下:

串行控制寄存器 SCON 格式

(98H)	位序号	D7	D6	D5	D4	D3	D2	D1	D0
SCON	位名称	SM0	SM1	SM2	REN	TB8	RB8	TI	RI
	位地址	9F	9E	9D	9C	9B	9A	99	98

SCON 中的各位含义如下:

(1)SM0、SM1 串行口的工作方式选择位

其功能说明见表 5-1。

表 5-1　SM0、SM1 串行口工作方式及功能说明

SM0	SM1	工作方式	功能说明	波特率
0	0	0	移位寄存器方式(同步半双工)	$f_{osc}/12$
0	1	1	10 位异步收发方式(UART)	由 TI 控制
1	0	2	11 位异步收发方式(UART)	$f_{osc}/32$ 或 $f_{osc}/64$
1	1	3	11 位异步收发方式(UART)	由 TI 控制

注:12、32 和 64 是波特率因子,表示传送一个数据位所需脉冲个数,单位是个/位。

(2)SM2 多机通信控制位

在方式 2 或方式 3 时,如果 SM2=1,则接收到的第 9 位数据(RB8)为 0 时不激活 RI,接收到的数据丢失;只有当收到的第 9 位数据(RB8)为 1 时才激活 RI,向 CPU 申请中断。如果 SM2=0,则不论收到的第 9 位数据(RB8)是 1 还是 0,都会将接收的前 8 位数据装入 SBUF 中。在方式 1 时,如果 SM2=1,则只有收到有效的停止位时才会激活 RI;若没有收到有效的停止位,则 RI 清零。在方式 0 时,SM2 必须为 0。

(3)REN 允许串行接收控制位

由软件置位以允许接收,由软件清零禁止接收。

(4)TB8 为发送数据位

在方式 2 和方式 3 时,TB8 为要发送的第 9 位数据。根据需要由软件置位和复位。在多机通信时,TB8 的状态用来表示主机发送的是地址还是数据,通常协议规定“0”表示数据,“1”表示地址。

(5)RB8 为接收数据位

在方式 2 和方式 3 时,RB8 为接收到的第 9 位数据。RB8、SM2 和 TB8 一起,常用于通信控制。在方式 1 时,如果 SM2=0,RB8 接收到的是停止位。在方式 0 时,不使用 RB8。

(6)TI 发送完成标志位

由片内硬件在方式 0 串行发送第 8 位结束时置位,或在其他方式串行发送停止位的开始

时置位。必须由软件清零。

①当 SBUF 发送完一个完整的数据帧时 TI=1。如果串口中断是开放的，则 TI=1 时会自动引发中断。用户可以通过中断服务程序向 SBUF 发送下一个数据。

```
MOV    SBUF,A
```

②也可以使用查询的方式对 TI 进行检测，如图 5-5(a)所示，如果 TI=1，则执行：

```
MOV    SBUF,A
```

否则等待。

(7)RI 接收完成标志

由片内硬件在方式 0 串行接收到第 8 位结束时置位，或在其他方式串行接收到停止位的中间时置位。必须由软件清零。

①当 SBUF 从 RXD 接收完一个完整的数据帧时 RI=1。如果串口中断是开放的，则RI=1 时会自动引发中断。用户可以通过中断服务程序将 SBUF 中的数据取出送累加器 A。

```
MOV    A,SBUF              ;中断方式接收数据
```

②也可以使用查询的方式对 RI 进行检测，如图 5-5(b)所示，如果 RI=1，则执行：

```
MOV    A,SBUF              ;查询方式接收数据
```

否则等待。

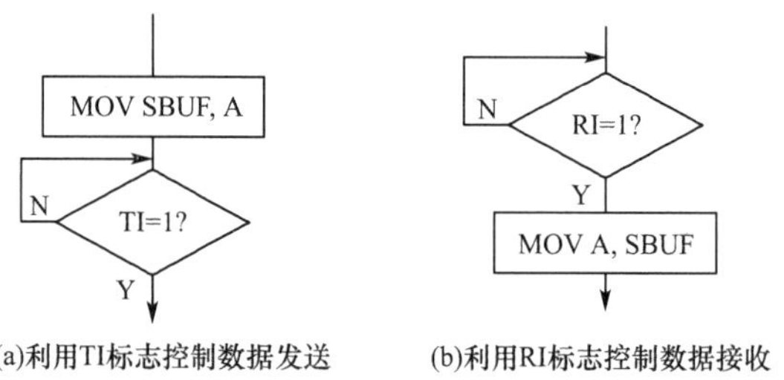

图 5-5 采用查询方式进行数据发送或接收流程图

注意：单片机复位时，SCON 的所有位都被清零；接收/发送数据，无论是否采用中断方式工作，每接收/发送一个数据都必须用指令对 RI/TI 清零，以备下一次接收/发送。

2. 电源控制寄存器 PCON

电源控制寄存器 PCON 能够进行电源控制，项目 3 与中断有关部分已经介绍过了。其最高位 D7 位 SMOD 与串行口有关，是串行口波特率设置位。寄存器 PCON 的字节地址为 87H，没有位寻址功能。PCON 的格式如下：

PCON 的格式

PCON	位　序	D7	D6	D5	D4	D3	D2	D1	D0
87H	位名称	SMOD				CF1	CF0	PD	IDL

PCON 寄存器的 D7 位为 SMOD，称为波特率倍增位。即当 SMOD=1 时，波特率加倍；当 SMOD=0 时，波特率不加倍。

通过软件可设置 SMOD=0 或 SMOD=1。因为 PCON 无位寻址功能，所以，要想改变 SMOD 的值，可通过执行以下指令来完成。

```
ANL    PCON,#7FH        ;使 SMOD=0
ORL    PCON,#80H        ;使 SMOD=1
```

注意：单片机复位时，SMOD 位被清零。

PCON 中电源控制各位的功能：CF1 和 CF0 是通用标志位，可由指令置 1 或清零。PD 是掉电方式控制位，PD＝1 时进入掉电方式，单片机停止一切工作，只有硬件复位可以恢复工作。IDL＝1 时进入待机方式，可以由中断唤醒。

3. 中断允许控制寄存器 IE

IE 寄存器控制中断系统的各中断的允许与否。其中与串行通信有关的位有 EA 和 ES 位，当 EA＝1 且 ES＝1 时，串行中断允许。

任务 5.3　单片机串行口的工作方式和应用

串行口的工作方式有四种，由 SCON 中的 SM0 和 SM1 来定义(见表 5-1)。

在这四种工作方式中，异步串行通信只使用方式 1、方式 2 和方式 3。方式 0 是同步半双工通信，经常用于扩展并行输入/输出口。

5.3.1　串行口方式 0

串行口工作于方式 0 下，串行口为 8 位同步移位寄存器输入/输出口，其波特率固定为 $f_{osc}/12$。数据由 RXD(P3.0)端输入或输出，同步移位脉冲由 TXD(P3.1)端输出，发送和接收的是 8 位数据，不设起始位和停止位，低位在先，高位在后，其帧格式为：

串行口工作于方式 0 下的帧格式

……	D0	D1	D2	D3	D4	D5	D6	D7	……

注意：串行口方式 0 的发送和接收不能同时进行，即半双工。

1. 发送

SBUF 中的串行数据由 RXD 逐位移出；TXD 输出移位时钟，频率＝$f_{osc}/12$；每送出 8 位数据 TI 就自动置 1；需要由软件清零 TI。

方式 0 的发送与串入并出移位寄存器(如 74LS164 和 CD4094 等)共同使用扩展并行输出口。

2. 接收

串行数据由 RXD 逐位移入 SBUF 中；TXD 输出移位时钟，频率＝$f_{osc}/12$；每接收 8 位数据 RI 就自动置 1；需要由软件清零 RI。

方式 0 的接收与并入串出移位寄存器(如 74LS165 和 CD4014 等)一起使用扩展并行输入口。

注意：在方式 0 中，TB8 位不起作用，SM2 位(多机通信控制位)必须为 0；复位时，SCON 已经被清零，缺省值：方式 0；接收前，务必先置位 REN＝1，允许接收数据。

3. 方式 0 的波特率

波特率＝$f_{osc}/12$。

方式 0 工作时，多用查询方式编程：

```
发送:MOV   SBUF,A          接收:JNB   RI,$
     JNB   TI,$                 CLR   RI
     CLR   TI                   MOV   A,SBUF
```

提示：串行口常用工作方式 0 扩展并行 I/O 端口。并行输出口可接各种设备，比如发光二极管和 LED 数码管显示器等，并行输入口可接开关和按钮等。

学中做

【技能训练 5-1】 利用串行口扩展并行输出口。

目的：串行口方式 0。

内容：硬件，利用移位寄存器 74LS164 扩展并行口，在 P1 端口输入 8 位二进制数。驱动程序使 P1 端口的内容从串行口输出。

说明：

项目电路如图 5-6 所示（参考仿真文件：51-74164. dsn）。图中使用的移位寄存器型号是 74LS164，它可以在时钟脉冲的作用下，将数据串行移位。图中对 74LS164 的特性做了说明。当然，也有其他可用的移位寄存器，不过该用法是比较传统的用法。后面项目将介绍其他器件，比如 74LS595。

汇编语言程序清单：

```
;串行口实验,P1 端口输入,串行口输出,单片机频率设为 12 Hz,慢动作,看移位过程。查询方式,不用中断
        ORG     0000
MAIN:   MOV     SCON,#0         ;串行口方式 0
        MOV     SBUF,P1         ;读入 P1 端口的内容,送给串行口缓冲器,发送立即开始
        JNB     TI,$            ;等待一个字节发完,查询方式
        CLR     TI              ;完成,清除发送完成标志
        LCALL   DELAY           ;调用延时子程序(慢动作时去掉此条指令)
        SJMP    MAIN            ;无限循环,从头再来
        END
```

C 语言程序清单：

```
/* P1 端口输入,利用串行口工作方式 0 扩展出 8 位并行口输出,理解移位寄存器动作
单片机频率设为 12 Hz,慢动作,看移位过程。查询方式,不用中断
这里可以看出,C51 相对复杂,389 个机器周期用来初始化,即 389 s
单片机频率设为 12 MHz,就是 389 μs */
//=======================声明区=====================
#include <reg51.h>                  //定义 8051 寄存器头文件
//=======================主程序=====================
main()                              //主程序开始
{
    SCON=0x00;                      //串行口方式 0
    while(1)                        //无限循环
    {
        TI=0;
        SBUF=P1;
        while(TI==0);               //查询发送标志,等待串行口发送完成
    }
}                                   //主程序结束
```

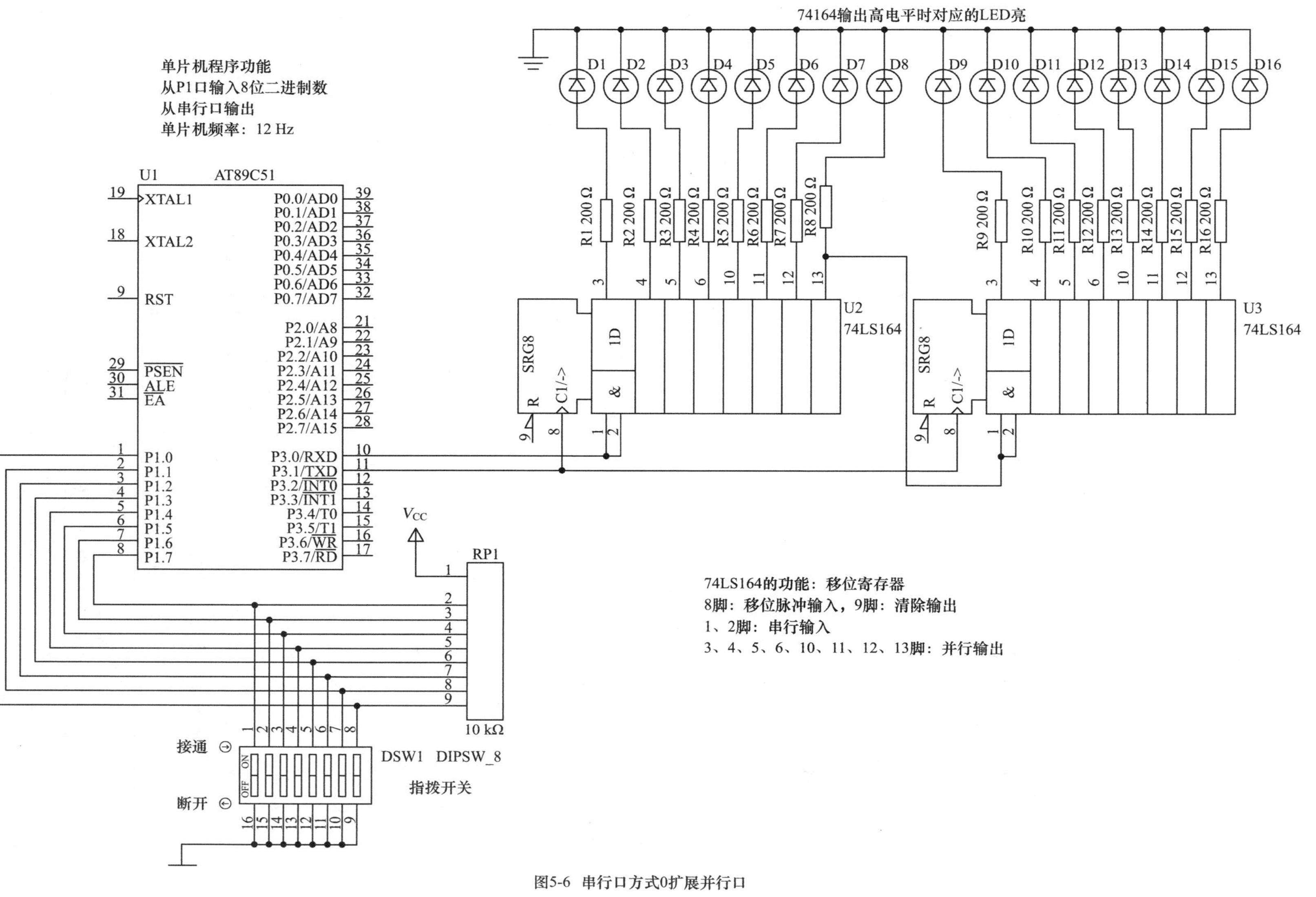

图5-6 串行口方式0扩展并行口

操作步骤：

(1)利用 Proteus 软件绘制原理图。

(2)添加驱动程序，编译通过。

(3)执行仿真，单击指拨开关，改变输入内容，观察串行口输出情况。

(4)将单片机频率改回 12 MHz，将会看到，速度太快，未观察清楚。解决办法：在串行口发送完一个字节后，延时一段时间，即可看清。程序中被打了分号的一行，去掉分号即可。

(5)填写项目实施记录单。

思考：如果在扩展的并行输出口接上数码管，结果是什么？

5.3.2 串行口方式 1

方式 1 是 10 位为一帧的全双工异步串行通信方式，共包括 1 个起始位、8 个数据位(低位在先)和 1 个停止位。TXD 为发送端，RXD 为接收端，波特率可变。其帧格式为：

起始									停止
0	D0	D1	D2	D3	D4	D5	D6	D7	1

1. 发送

串行口在方式 1 下进行发送时，数据由 TXD 端输出，CPU 执行一条写入 SBUF 的指令就会启动串行口发送，发送完一帧数据信息时，发送中断标志 TI 置 1；需要由软件清零 TI。

2. 接收

接收数据时，SCON 应处于允许接收状态(REN＝1)。接收数据有效时，装载 SBUF，停止位进入 RB8，RI 置 1。中断标志 RI 必须由软件清零。

注意：方式 1 接收数据有效需同时满足：RI＝0，SM2＝0 或接收到的停止位为 1。

3. 方式 1 的波特率

使用定时器 T1 作为串行口方式 1 和方式 3 的波特率发生器，定时器 T1 常工作于方式 2，波特率计算公式如下：

$$波特率=\frac{2^{SMOD}}{32}\times\frac{f_{osc}}{12\times(256-X)}$$

其中 X 是定时器的初值。

思考：使用定时器 T1 作为波特率发生器，为何经常使其工作于方式 2?

在实际应用中，一般是先按照所要求的通信波特率设定 SMOD，然后再算出定时器 T1 的时间常数。

定时器 T1 的时间常数 $X=2^8-2^{SMOD}\times f_{osc}/(12\times 32\times 波特率)$。

通常为避免复杂定时器初值计算，将波特率和定时器 T1 初值的关系列成表，以便查询，表 5-2 为常用波特率和定时器 T1 初值关系。

表 5-2　常用波特率和定时器 T1 初值关系表

波特率 方式 1、3	f_{osc} ＝6 MHz			f_{osc} ＝12 MHz			f_{osc} ＝11.059 MHz		
	SMOD	T1 方式	初　值	SMOD	T1 方式	初　值	SMOD	T1 方式	初　值
62.5 kb				1	2	0FFH			
19.2 kb							1	2	0FDH
9.6 kb							0	2	0FDH

（续表）

波特率方式 1、3	f_{osc} =6 MHz			f_{osc} =12 MHz			f_{osc} =11.059 MHz		
	SMOD	T1 方式	初　值	SMOD	T1 方式	初　值	SMOD	T1 方式	初　值
4.8 kb				1	2	0F3H	0	2	0FAH
2.4 kb	1	2	0F3H	0	2	0F3H	0	2	0F4H
1.2 kb	1	2	0E6H	0	2	0E6H	0	2	0E8H
600 b	1	2	0CCH	0	2	0CCH	0	2	0D0H
300 b	0	2	0CCH	0	2	98H	0	2	0A0H
137.5 b	1	2	1DH	0	2	1DH	0	2	2EH
110 b	0	2	72H	0	1	0FEEBH	0	1	0FEFFH

思考：为何通常使用 11.059 MHz 的晶振？

【技能训练 5-2】 波特率计算。

目的：波特率计算。

内容：波特率计算和初始化程序。

要求：某 AT89C51 单片机控制系统，晶振频率为 12 MHz，要求串行口发送数据为 8 位，波特率为 1200 b/s，编写串行口的初始化程序。

计算过程：

设 SMOD=1，则定时器 T1 的时间常数 X 的值为

$$X = 2^8 - 2^{SMOD} \times f_{osc} / (384 \times 波特率)$$
$$= 256 - 2 \times 12 \times 10^6 / (384 \times 1200)$$
$$= 256 - 52.08 = 203.92 \approx 0CCH$$

串行口初始化程序如下：

```
MOV    SCON,#50H        ;串行口工作于方式 1
ORL    PCON,#80H        ;SMOD=1
MOV    TMOD,#20H        ;T1 工作于方式 2,定时方式
MOV    TH1,#0CCH        ;设置时间常数初值
MOV    TL1,#0CCH
SETB   TR1              ;启动 T1
```

执行上面的程序后，即可使串行口工作于方式 1，波特率为 1200 b/s。

如果允许中断需设中断允许标志位；如果是接收数据，仍要先将 REN 位置 1。

【技能训练 5-3】 双机通信。

目的：串行口方式 1 应用。

内容：2 个单片机互相传送数据。

说明：单片机串行接口主要用于计算机之间的串行通信，包括两个单片机之间、多个单片机之间及单片机与 PC 机之间的串行通信。通信应考虑接口电路、通信协议、程序编写和问题处理等几方面内容。

关于双机串行通信的实现方法：

(1)接口电路

两台单片机通信根据双方距离的远近可采取不同的接口电路。如果两台单片机应用系统相距很近，则将它们的串行口直接相连，即发送方的 TXD 连接到接收端的 RXD，而接收端的

TXD 连接到发送端的 RXD 端，双方用 GND 线相连。如果通信距离较远，通信线路必须加辅助电路，如可采用 RS-232C 接口、RS-485 接口以及调制解调器等。

（2）通信协议

通信协议就是通信双方要遵守共同约定。协议内容包括双方采取一致的通信方式、一致的波特率设定、确认何方为收机何方为发机、设定通信开始时发机的呼叫信号和收机的应答信号以及通信结束的标志信号等。通常在设计发送与接收程序时应考虑以下问题：

①发送程序

- 波特率设置初始化（与接收程序设置相同）。
- 串行口初始化（允许接收）。
- 相关工作寄存器设置（原数据地址指针等）。
- 按约定发送/接收数据。

②接收程序

- 波特率设置初始化（与发送程序设置相同）。
- 串行口初始化（与发送程序设置相同）。
- 工作寄存器设置（保存数据地址指针等）。
- 按约定发送/接收数据，传送状态字如正确标志和错误标志。

参考电路如图 5-7 所示。

汇编语言参考程序：

```
;双机通信.asm。电路如双机通信.dsn，双机对称，使用相同程序
;串行口方式 1，波特率 1200 b/s
;从 P1 端口输入数据，然后从串行口发送到对方
;从串行口接收到的数据，送到 P0 端口显示
;就是说，本机输入的数据，在对方的 P0 端口显示
          ORG     0000H
          LJMP    START
          ORG     0100H
START:    MOV     TMOD,#20H       ;设定时器 T1 为方式 2
          MOV     TL1,#0E8H       ;设定时初值，波特率为 1200 b/s
          MOV     TH1,#0E8H       ;设定时初值，波特率为 1200 b/s
          MOV     PCON,#00H       ;PCON 中的 SMOD=0
          SETB    TR1             ;启动定时器 T1
          MOV     SCON,#50H       ;设定串行口为方式 1，允许接收
          MOV     P1,#0FFH        ;输入前要先输出 1
;以上初始化，以下死循环
LOOP1:    MOV     A,P1            ;从 P1 端口输入数据
          MOV     SBUF,A          ;数据送 SBUF 发送
LOOP2:    JNB     TI,LOOP2        ;判断数据是否发送完毕
          CLR     TI              ;发送完一帧后清标志
LOOP3:    JNB     RI,LOOP3        ;判断是否接收到数据
          CLR     RI              ;接收到数据后清接收标志
          MOV     A,SBUF          ;数据送累加器 A
          MOV     P0,A            ;从 P0 端口输出
```

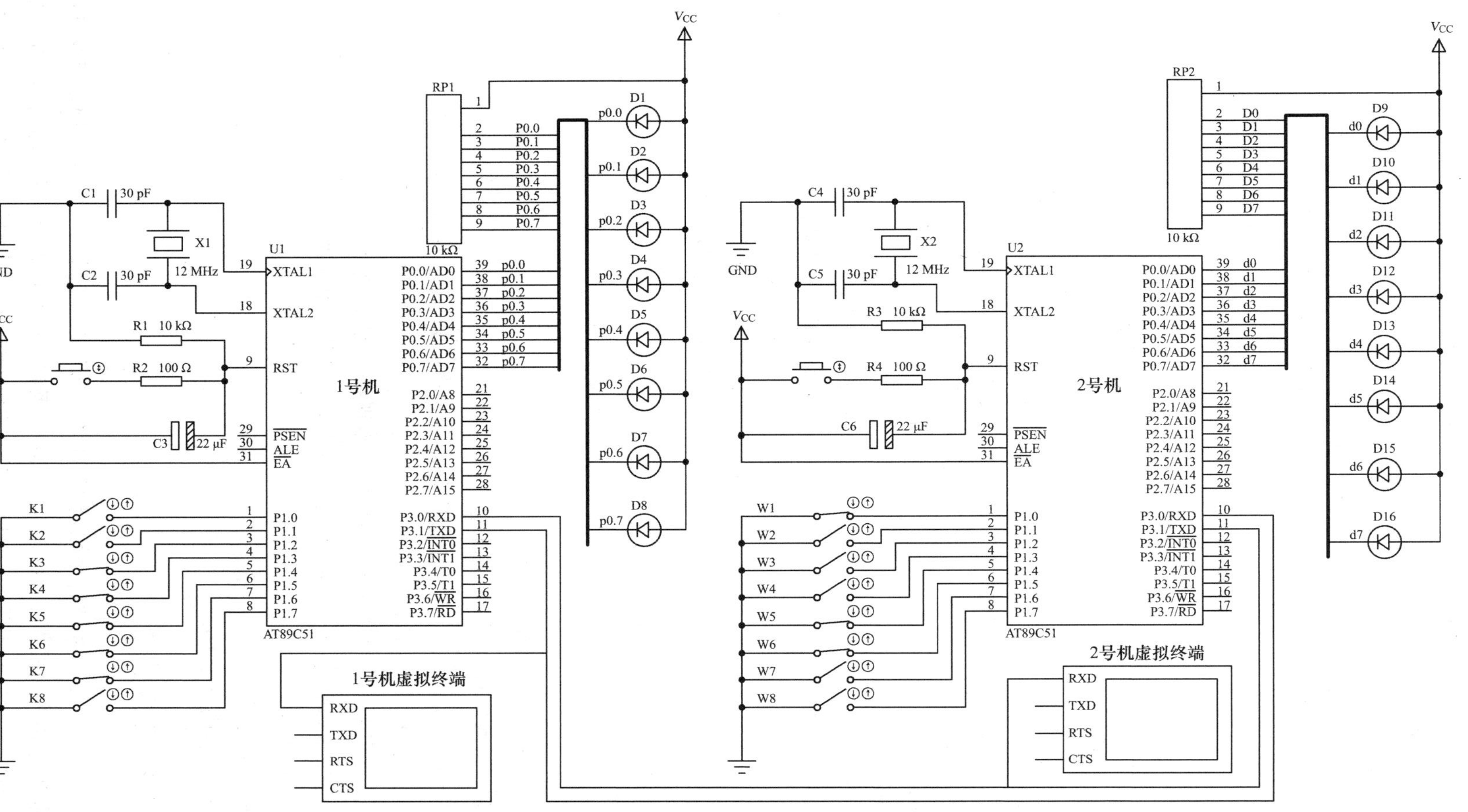

1号机
2号机
AT89C51
U1
U2
1号机虚拟终端
2号机虚拟终端
RXD
TXD
RTS
CTS
XTAL1
XTAL2
RST
PSEN
ALE
EA
P0.0/AD0
P0.1/AD1
P0.2/AD2
P0.3/AD3
P0.4/AD4
P0.5/AD5
P0.6/AD6
P0.7/AD7
P2.0/A8
P2.1/A9
P2.2/A10
P2.3/A11
P2.4/A12
P2.5/A13
P2.6/A14
P2.7/A15
P3.0/RXD
P3.1/TXD
P3.2/INT0
P3.3/INT1
P3.4/T0
P3.5/T1
P3.6/WR
P3.7/RD
P1.0
P1.1
P1.2
P1.3
P1.4
P1.5
P1.6
P1.7
RP1
RP2
10 kΩ
X1
X2
12 MHz
C1 30 pF
C2 30 pF
C4 30 pF
C5 30 pF
R1 10 kΩ
R2 100 Ω
R3 10 kΩ
R4 100 Ω
C3 22 μF
C6 22 μF
K1
K2
K3
K4
K5
K6
K7
K8
W1
W2
W3
W4
W5
W6
W7
W8
D1
D2
D3
D4
D5
D6
D7
D8
D9
D10
D11
D12
D13
D14
D15
D16
V_{CC}
GND

图5-7 双机通信

```
        SJMP    LOOP1           ;返回继续
        END
```

C语言程序：

```
//======================声明区======================
#include <reg51.h>                 //定义 8051 寄存器头文件
//======================主程序======================
main()                             //主程序开始
{
    TMOD=0x20;                     //设定时器 T1 为方式 2
    TH1=0xe8;                      //送定时初值,波特率为 1200 b/s
    TL1=0xe8;
    PCON=0x00;                     //PCON 中的 SMOD=0
    TR1=1;                         //启动定时器 T1
    SCON=0x50;                     //设定串行口为模式 1
    P1=0xff;                       //设 P1 端口为输入口
    while(1)
    {
        SBUF=P1;                   //数据送 SBUF 发送
        while(!TI);                //判断数据是否发送完毕
        TI=0;                      //发送完一帧后清标志
        while(!RI);                //判断是否接收到数据
        RI=0;                      //接收到数据后清接收标志
        P0=SBUF;                   //数据从 P0 端口输出
    }
}                                  //主程序结束
```

操作步骤：

(1)用 Proteus 软件画出电路图。

(2)编辑双机通信程序，并编译通过。

(3)在 Proteus 项目中，给两个单片机都添加程序(同一个程序即可)。

(4)全部编译(Build All)。

(5)运行，看到虚拟串口不断发送的数据，出现在对方 P0 端口。

(6)改变 P1 端口状态，查看发送的数据变化，对方显示也在变。

(7)讨论，总结。

(8)填写实训记录单。

参考文件：双机通信.dsn。

5.3.3 串行口方式 2

串行口工作于方式 2，为波特率固定 11 位异步通信口，发送和接收的一帧信息由 11 位组成，即 1 位起始位、8 位数据位(低位在先)、1 位可编程位(第 9 位)和 1 位停止位，TXD 为发送端，RXD 为接收端，发送时可编程位(TB8)根据需要设置为“0”或“1”(TB8 既可作为多机通信中的地址数据标志位又可作为数据的奇偶校验位)；接收时，可编程位的信息被送入 SCON 的

RB8 中，其帧格式为：

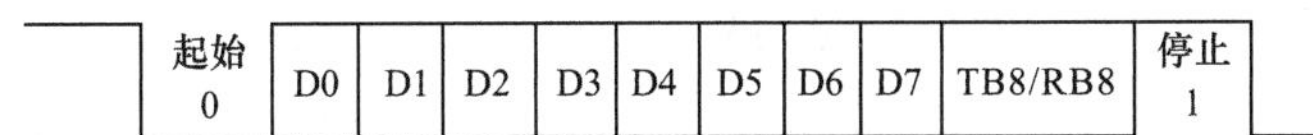

起始 0	D0	D1	D2	D3	D4	D5	D6	D7	TB8/RB8	停止 1

1. 发送

在方式 2 发送时，数据由 TXD 端输出，附加的第 9 位数据为 SCON 中的 TB8，CPU 执行一条写 SBUF 的指令后，便立即启动发送器发送，送完一帧信息后，TI 被置 1。在发送下一帧信息之前，TI 必须由中断服务程序（或查询程序）清零。

2. 接收

当 REN＝1 时，允许串行口接收数据，数据由 RXD 端输入，接收 11 位信息，接收数据有效，8 位数据装入 SBUF，第 9 位数据装入 RB8，并置 RI 为 1。

3. 方式 2 的波特率

$$方式2的波特率=(2^{SMOD}/64)\times f_{osc}$$

5.3.4　串行口方式 3

串行口工作于方式 3，为波特率可变的 11 位异步通信方式，除了波特率外，方式 3 和方式 2 相同。方式 3 的波特率和方式 1 的波特率计算方法相同。

思考：串行口方式 3 和方式 2 区别是什么，串行口四种工作方式的特点分别是什么？

5.3.5　关于 11 位帧格式的使用

串行口方式 2 和方式 3 都是 11 位帧格式，正常数据一般是 8 位（一个字节），加上起始位和停止位共 10 位。多出来的 1 位是 TB8/RB8，该位有什么作用呢？可以用来进行奇偶校验，还可以实现多机通信。

1. 关于奇偶校验

奇偶校验，就是在发送了 8 位数据之后，再来一个奇偶检验位。

程序状态字寄存器 PSW 中有一个奇偶状态位 P(PSW.0)：P＝1 表示目前累加器中“1”的个数为奇数；P＝0 表示目前累加器中“1”的个数为偶数。CPU 随时监视着 ACC 的“1”的个数并自动反映在 P。

(1)发送（约定采用偶校验）

若发送的 8 位有效数据中“1”的个数为偶数，则要人为添加一个附加位“0”一起发送；若发送的 8 位有效数据中“1”的个数为奇数，则要人为添加一个附加位“1”一起发送。

选用偶校验方式发送，如果 A 中“1”的个数是奇数（P＝1），将 TB8 写成“1”一起发出去；反之若（P＝0）则写 TB8＝0 发出去。具体操作就是将令 TB8＝P。程序片段：

```
CLR     TI              ;清发送中断标志以备下次发送
MOV     A,@R0           ;取由 R0 所指向的单元中的数据
MOV     C,P             ;将奇偶标志位通过 C 放进 TB8
MOV     TB8,C           ;一起发送出去，如无此句就会出现错误
MOV     SBUF,A          ;启动发送
INC     R0              ;指针指向下一个数据单元
```

(2)接收(约定采用偶校验)

若接收到的 9 位数据中“1”的个数为偶数,则表明接收正确,取出 8 位有效数据即可;若接收到的 9 位数据中“1”的个数为奇数,则表明接收出错,应当进行出错处理。

选用偶校验方式接收,若 P=0 且 RB8=0 或 P=1 且 RB8=1 表示偶校验没有出错。若 P=0且 RB8=1 或 P=1 且 RB8=0 表示偶校验出错。程序片段:

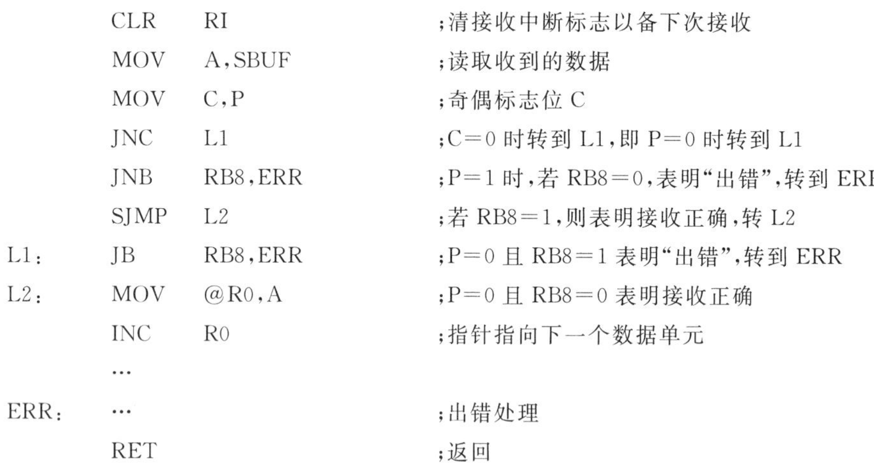

```
        CLR     RI              ;清接收中断标志以备下次接收
        MOV     A,SBUF          ;读取收到的数据
        MOV     C,P             ;奇偶标志位 C
        JNC     L1              ;C=0 时转到 L1,即 P=0 时转到 L1
        JNB     RB8,ERR         ;P=1 时,若 RB8=0,表明“出错”,转到 ERR
        SJMP    L2              ;若 RB8=1,则表明接收正确,转 L2
L1:     JB      RB8,ERR         ;P=0 且 RB8=1 表明“出错”,转到 ERR
L2:     MOV     @R0,A           ;P=0 且 RB8=0 表明接收正确
        INC     R0              ;指针指向下一个数据单元
        …
ERR:    …                       ;出错处理
        RET                     ;返回
```

思考:串行口四种工作方式都允许采用奇偶校验发送/接收数据吗?奇或偶校验正确与错误如何判断?如何采用和校验发送/接收数据?

2. 关于多机通信

MCS-51 系列单片机多机分布式系统常构成主从式通信方式,主机与从机可实现全双工通信,而各从机之间只能通过主机交换信息。设有一个多机分布式系统,一个主机,n 个从机。系统如图 5-8 所示。主机的 RXD 端与所有从机的 TXD 端相连,主机的 TXD 端与所有从机的 RXD 端相连(为增大通信距离,各机之间可能还要配接 RS-232C 或 RS-485 标准接口等)。

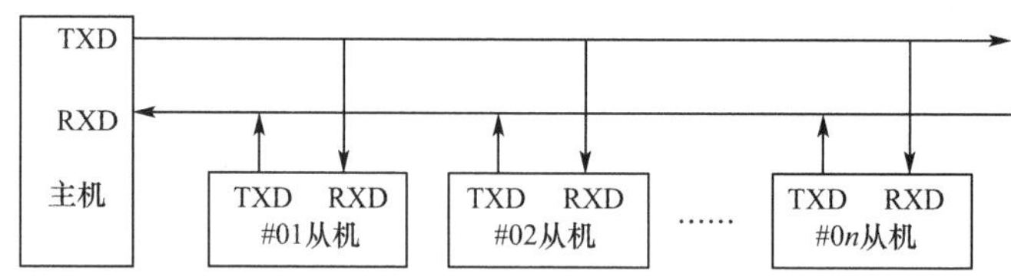

图 5-8 MCS-51 主从式多机通信系统

(1)多机通信原理

在多机通信中,为了保证主机与所选择的从机实现可靠的通信,必须保证通信接口具有识别功能,可以通过控制单片机的串行口控制寄存器 SCON 中的 SM2 位来实现多机通信的功能,其原理简述如下:

利用单片机串行口方式 2 或方式 3 及串行口控制寄存器 SCON 中的 SM2 和 RB8 的配合可完成主从式多机通信。串行口以方式 2 或方式 3 接收时,若 SM2 为 1,则仅当从机接收到的第 9 位数据(在 RB8 中)为 1 时,数据装入接收缓冲器 SBUF,并置 RI=1 向 CPU 申请中断;如果接收到第 9 位数据为 0,则不置位中断标志 RI,信息将丢失。而 SM2 为 0 时,则接收到一个数据字节后,不管第 9 位数据是 1 还是 0 都产生中断标志 RI,接收到的数据装入 SBUF。应用这个特点,便可实现多个单片机之间的串行通信。

(2)多机通信协议

多个单片机通信过程可约定如下：

①所有从机串行口初始化为方式2或方式3,SM2置位,串行中断允许。各从机均有编址。

②主机首先发送一帧地址信息,其中包括8位地址,第9位为地址位,表示发送的为地址。

③所有从机均接收主机发送的地址,并进入各自中断服务程序,与各自的地址进行比较。

④被寻址的从机确认后,把自身SM2清零,并向主机返回地址供主机核对。对于地址不符的从机,仍保持SM2=1状态。

⑤主机核对地址无误后,再向被寻址的从机发送命令,命令从机是进行数据接收还是数据发送,第9位清零。

⑥主从机之间进行数据传送,其他从机检测到主机发送的是数据而非地址,则不予响应。直到接收主机发送新的地址后。

⑦数据传输完毕后,从机将SM2重新置位。

⑧重复②~⑦过程。

思考:在多机通信中TB8/RB8和SM2各起什么作用?

任务5.4 远程控制电子钟的设计

远程控制一般使用PC机实现,所以这里要涉及单片机与PC机之间通信。

5.4.1 远程控制电子钟的电路设计

按照项目规划单的要求,设计远程控制电子钟电路如下：

远程控制电子钟的6位数码管显示,可以使用以前的数码管显示电路,但是为了让大家看到不同的电路和元件使用方法,重新设计了显示电路。如图5-9所示。

在这个电路中,使用了串行口扩展器件74LS595。可以先看一下仿真项目:595X6.dsn,这是该电路的一个原型,它利用单片机的串行口方式0,输出扩展6个并行口,实现静态显示。

为了实现远程控制,需要利用串行通信,而51单片机只有一个串行口,于是使用单片机原有的串行口通信,然后利用程序控制模拟一个串行口驱动74LS595显示。

电路还有三个按键,用来对表。三个按键的功能定义为时加1、分加1和秒加1直到加到最大值自动回0。

为了实现远程控制,利用单片机的串行口,加上串行口电平转换器件MAX232,实现与PC机的通信。将来只利用PC机就可控制电子钟。

参考文件:T0方式1时钟595远控.dsn。

5.4.2 PC机的串行口

PC机的串行口一般是9芯D型接口母头,与此相对应的是9芯D型接口公头,它们可以顺利对接。如图5-10(a)所示是PC机上的串行口接头,其中左边的是露在机箱外部的接口,右边的是背面的接线端子。如图5-10(b)所示是外设串行口接头。有时它们直接相连,有时通过串口线连接。串口线如图5-11所示。

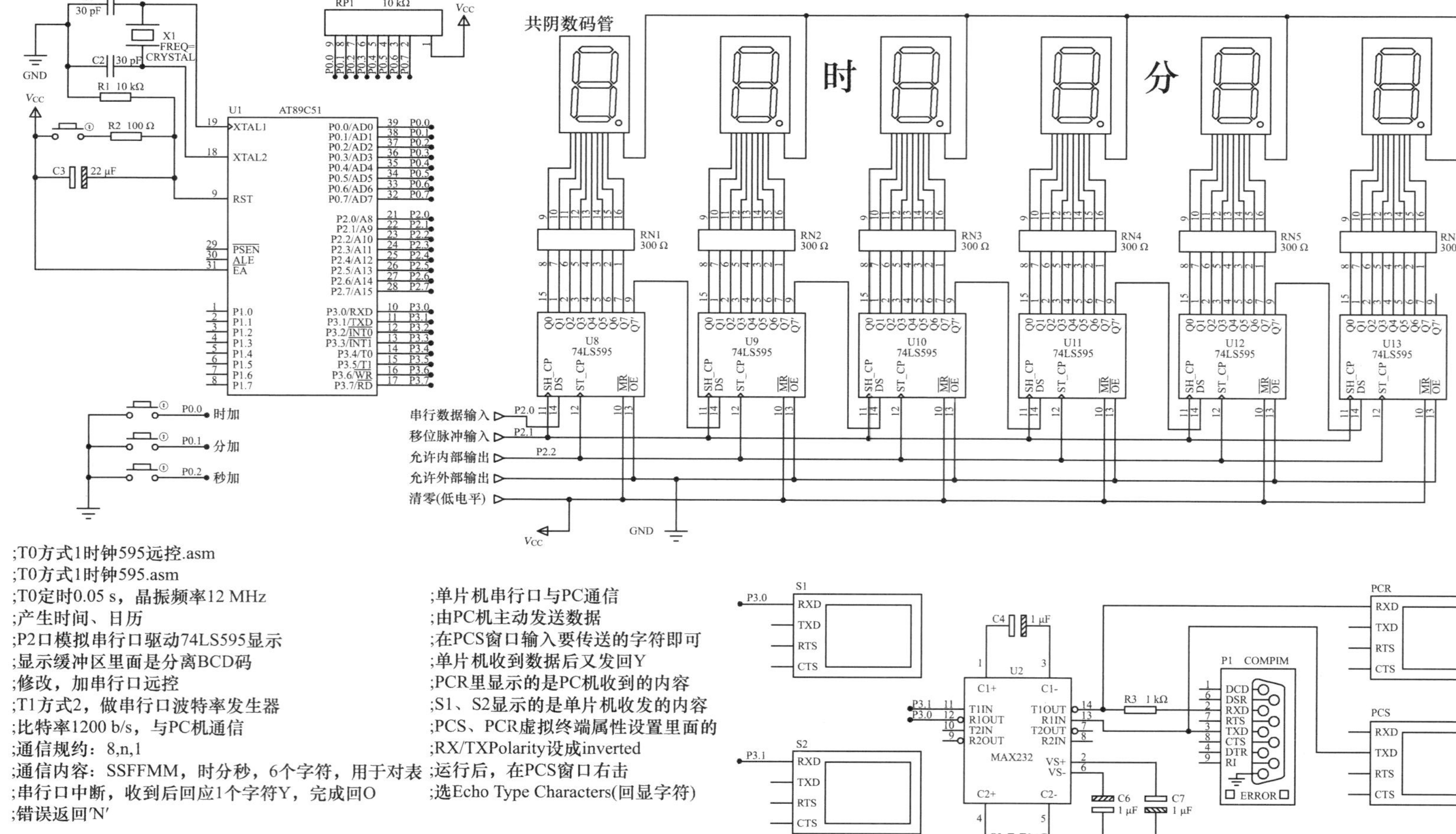

图5-9 远程控制电子钟电路

PC 机的串行口符合 RS-232C 标准，主要特点是，用+3～+15 V 表示逻辑 0，用－3～－15 V表示逻辑 1。各个引脚排列如图 5-12 所示。

引脚	定义	符号
1	载波检测	DCD
2	接收数据	RXD
3	发送数据	TXD
4	数据终端准备好	DTR
5	信号地	SG
6	数据准备好	DSR
7	请求发送	RTS
8	清除发送	CTS
9	振铃提示	RI

图 5-12 中的 5 号引脚没有标出，直接接地。只使用三个引脚就可以了，就是 2 号引脚 RXD(接收数据)和 3 号引脚(发送数据)，还有地线。其他引脚暂时不用，忽略。

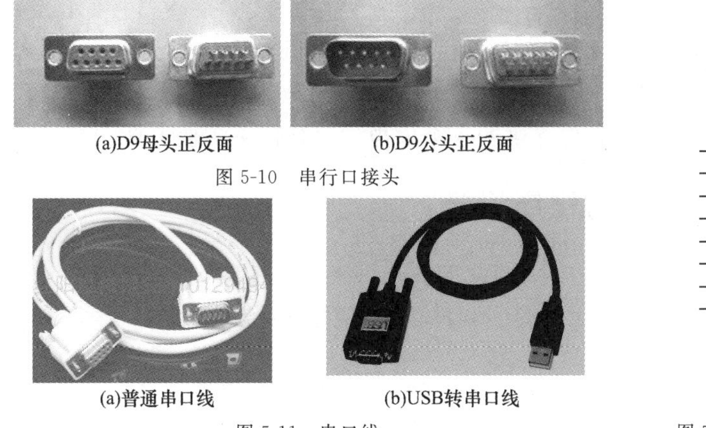

(a)D9母头正反面　(b)D9公头正反面

图 5-10 串行口接头

(a)普通串口线　(b)USB转串口线

图 5-11 串口线

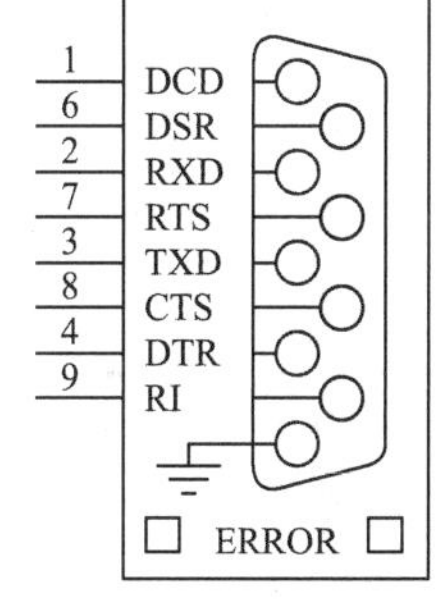

图 5-12 串口接头引脚排列

5.4.3 单片机与 PC 机串口相连

利用串行口实现与 PC 机联系，这个联系建立起来以后，就可以利用普通的台式机来控制单片机。

单片机的串行口信号电平符合 TTL 标准，PC 机的串行口符合 RS-232C 标准，这两个标准不一致，需要对逻辑电平进行转换，才可以连接。

一般电平转换使用专用芯片进行，常见的芯片是 MAX232，具体方法如图 5-13 所示。

MAX232 芯片内部具有电压转换电路，自动将+5 V 电源转换成+12 V 和－12 V，用来与 PC 机的数据电平配合。转换电路需要电容配合工作，电容太小可能使电压不够，电容太大可能影响数据传输波特率。

MAX232 有两个串行口通道，图中只使用了 1 号通道，2 号通道没有使用。芯片有 16 个引脚，16 号接+5 V 电源，15 号接地，这两个引脚在图中是隐藏的。

单片机有了转换后的符合 RS-232 标准的串行口，就可以使用串口线与 PC 机的串口连接。

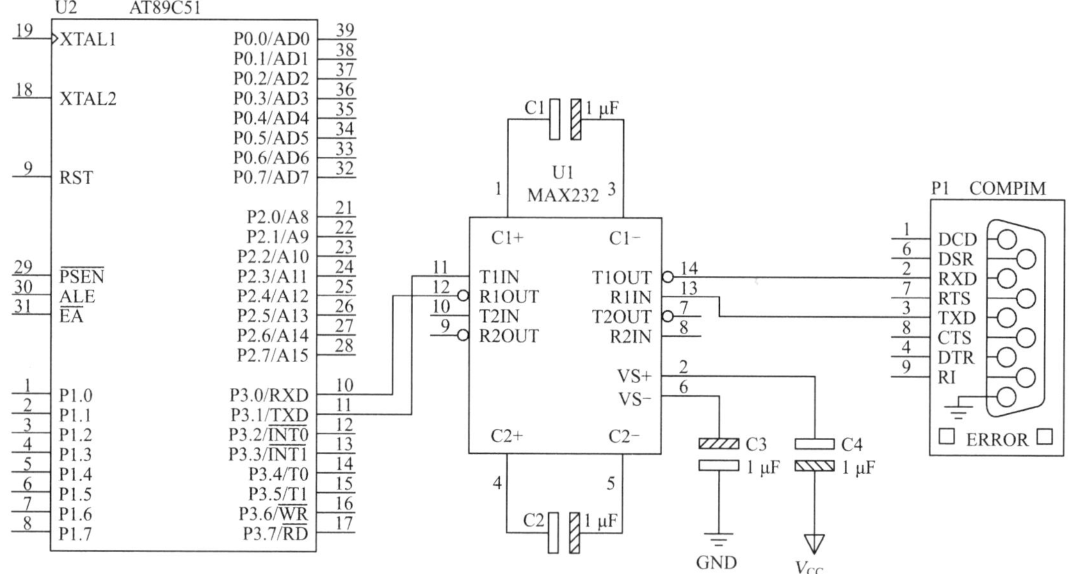

图 5-13 PC 机与单片机之间接口电路

电路接好，还需要有程序。单片机要有串口通信程序，PC 机也要有串口通信程序，而且通信协议必须一致。

在这个项目中，利用 Proteus 软件提供的一个虚拟的串行口来实现仿真。

5.4.4 远程控制电子钟的程序设计

程序名：T0 方式 1 时钟 595 远控.asm，这里只介绍程序思路和重点子程序。

先利用伪指令定义资源使用。然后是主程序，进行初始化，包括定时器 T0、T1 和串行口，中断，堆栈，各种初值。

1. 时钟部分

由 T0 中断产生秒分时和日月年星期，不过日期不显示。中断产生的时分秒是二进制数，通过转换程序变成分离 BCD 码，显示程序把 BCD 码再转换成字形码，从模拟串行口发送到移位寄存器 74LS595 驱动的数码管显示。

```
;-----------以下显示子程序
;驱动 74LS595 串行显示，用软件模拟串行口的时序，发送数据
TIME_DSP:  MOV    R7,#6            ;显示 6 位数
           MOV    R0,#DISPRAM+5    ;显示缓冲区首地址，秒的地址
           CLR    ST_CP            ;595 内部输出允许，上升沿有效
           CLR    SH_CP            ;595 移位时钟信号输入端，上升沿有效
TD0:       MOV    R6,#8            ;每个显示 8 位二进制数
           MOV    A,@R0            ;取显示的数据，分离 BCD 码
           LCALL  SEG7             ;查表取得字形码，在 A 中
TD1:       RRC    A                ;右移一位到 C
           MOV    SDS,C            ;数据送到串行器件 595 的输入端
           SETB   SH_CP            ;595 移位时钟信号输入端，上升沿数据移位
           CLR    SH_CP            ;595 移位时钟信号输入端，下降沿不变
           DJNZ   R6,TD1           ;循环 8 次，发送一个字节
```

```
        DEC     R0              ;下一个字节地址
        DJNZ    R7,TD0          ;循环 6 次,发送 6 个字节
        SETB    ST_CP           ;595 内部输出允许,上升沿有效
        CLR     ST_CP           ;595 内部输出允许,上升沿有效
        RET
```

上述程序中阴影部分是模拟串行口的关键,需要针对器件特性来理解。其中的接口定义在整个程序开头,必要时参看一下,程序更容易理解。

2. 远程通信部分

远程控制的功能暂时只有对表。远程对表就是有 PC 机发送来时间(或日期),单片机按照这个时间对表。

除了主程序中的串行口波特率设定和中断设定,就是串行口中断(接收)程序和控制程序。

串行口中断服务程序接收时间数据,如果接收完全,建立一个标志 BSJ=1,以便修改时钟时间,实现对表。串行发送的数据以 ASCII 码形式实现。接收的第一个字符包含标题和字节数,′A′=41H=时间 6 字节,′B′=42H=日期 8 字节,接收后存放在 PCDATA 单元,其后是依次接收的数据。

程序先对接收的数据判断开头字符,′A′代表时间,6 字节数据,′B′代表日期,8 字节数据。如果不是字符头,就应该是数据,转移到接收数据部分。数据接收完建立一个标志,以便对表。以下是串行口中断服务程序。

```
SFW:    PUSH    ACC             ;保护现场
        PUSH    PSW
        PUSH    B
        SETB    RS1             ;使用工作寄存器组 2
        CLR     RS0
SFW8:   JNB     RI,SFWB         ;不是接收完成,转判断发送标志
        CLR     RI              ;是接收完一个字节的标志,清除
        MOV     A,SBUF          ;接收来的数据送累加器
        MOV     B,A             ;暂存
        CJNE    A,#041H,SFW9    ;判断是否是时间标题,不是则转
        MOV     PCDATA,A        ;保存标题和字节数,是时间
        MOV     ZJS,#6+1        ;本次要接收的时间字节数
        MOV     DIZ,#1          ;保存下次接收数据的地址偏移量
        CLR     BSJ             ;没接收完时间标志 BSJ=0
        SJMP    SFWY            ;头字节处理完
SFW9:   CJNE    A,#42H,SFW8X    ;判断是否是日期标题,不是则转
        MOV     PCDATA,A
        MOV     ZJS,#8+1
        MOV     DIZ,#1
        CLR     BRL
        SJMP    SFWY            ;头字节处理完
SFW8X:  MOV     A,ZJS           ;剩下的字节数,每次接收数据字节从 SFW8X 开始
        JZ      SFWEE           ;如果剩下的字节数=0,就是错误,转错误处理
        MOV     A,#PCDATA       ;保存接收数据的开始地址
        ADD     A,DIZ           ;计算保存具体地址:开始地址+偏移量
```

```
            MOV     R0,A            ;准备用间接寻址,必不可少
            MOV     @R0,B           ;保存收到的数据
            INC     DIZ             ;下次保存地址
            DEC     ZJS             ;字节数减1,减到0就完成了
            MOV     A,ZJS
            JNZ     SFWY            ;ZJS<>0,没收完
            SETB    BSJ             ;SJS=0,收完,标志BSJ=1
            MOV     SBUF,#4FH       ;发送字符'O'
            SJMP    SFWZ            ;本次中断完成
SFWB:       JNB     TI,SFWEE        ;既不是RI也不是TI,即干扰,转错误处理
            CLR     TI              ;是发送完成标志,清除
            SJMP    SFWZ            ;转正常结束
SFWEE:      MOV     SBUF,#4EH       ;向控制机发送错误标志'N';错误处理
            MOV     SJS,#0          ;时间字节数清零
            MOV     RLS,#0
            SJMP    SFWZ            ;转正常结束
SFWY:       MOV     SBUF,#59H       ;接收正常,发回'Y'
SFWZ:       POP     B               ;正常结束
            POP     PSW             ;恢复现场
            POP     ACC
            RETI
```

标号SFW8开始判断是否是时间,标号SFW9开始判断是否是日期,标号SFW8X开始接收并保存数据,保存在片内RAM中。还有判断错误的内容,如果发现错误将发回'N',正确发回'Y',结束发回'O'。为了突出重点,没有进行过多的错误检查。实际应用中一定要有保证通信可靠的措施。

3. 远程控制部分

```
;---------以下控制子程序-----
;将远程控制PC机送来的对表时间实施,也就是将串行口接收到的时间数据用来修改当前时间
KONG:       PUSH    ACC             ;保护现场
            PUSH    B
            PUSH    PSW
            CLR     RS0             ;使用工作寄存器组0
            CLR     RS1
            MOV     A,PCDATA        ;读取数据头
            CJNE    A,#41H,KONGA    ;判断是时间还是日期
            MOV     R0,#PCDATA      ;是时间
            LCALL   HEBING          ;调用合并子程序
            MOV     HOUR,A          ;修改小时
            LCALL   HEBING
            MOV     MINUTES,A       ;修改分
            LCALL   HEBING
            MOV     SECOND,A        ;修改秒
            SJMP    KONGZ           ;时间修改完毕
```

```
KONGA:                              ;修改日期部分略
KONGZ:      POP     PSW             ;恢复现场
            POP     B
            POP     ACC
            RET
```

其中用到子程序:HEBING,就是把接收到的 ASCII 码转换成二进制数据,该处略。

任务 5.5　远程控制电子钟的仿真调试

根据本项目的特殊情况,给出了仿真调试的具体步骤。

【技能训练 5-4】 远程控制电子钟。

目的:串行口通信和模拟串行口扩展 I/O 端口输出。

内容:定时器 T0 方式 1 产生时间,中断编程。模拟串行口输出扩展并行口,用于数码管显示、按键对表、串行口远程通信。

步骤:

(1)用 Proteus 软件按照任务 5-4 中的图 5-10 电路绘制电路图。

(2)按照 5.4.4 节介绍的程序编辑源程序并编译通过(程序名:T0 方式 1 时钟 595 远控.asm),添加到 Proteus 项目中。

(3)执行,观察时间显示,要注意每秒变化一次,快了慢了都不正确,要找出原因并改正之。

(4)单击“加 1”按钮,看对表功能。把时间调到当前标准时间,运行一段时间,观察误差。

(5)单击“暂停”按钮,在显示子程序处开始放置断点,全速执行到断点。

(6)单步执行,查看内存和寄存器内容变化,查看子程序调用过程,理解堆栈的作用和进出栈过程,理解代码转换,理解模拟串行口工作过程,观察要显示的字符从左到右的移动过程。

(7)按照电路图中说明文字,对虚拟串行口设置属性。

(8)在代表 PC 机的虚拟串行口 PCS 窗口输入字符,观察电路反应。

(9)在 PCS 窗口输入“A123456#”,观察时钟反应。这时时钟应该从 12 点 34 分 56 秒继续走时。

(10)完成以上步骤,并且真正理解,就可以下一步。否则要返回步骤(6),直到理解为止。

(11)讨论步骤(6)的收获。

(12)填写技能训练记录单。

任务 5.6　其他串行总线介绍

总线的作用是传递信息,微处理器或计算机与其他设备的通信一般是通过总线来实现,总线的发展也是随着通信需求的发展而不断发展。

广义地说,微机中总线一般有内部总线、系统总线和外部总线。内部总线是微机内部各外围芯片与处理器之间的总线,用于芯片一级的互连;而系统总线是微机中各插件板与系统板之间的总线,用于插件板一级的互连;外部总线则是微机和外部设备之间的总线,微机作为一种设备,通过该总线和其他设备进行信息与数据交换,用于设备一级的互连。PC 机的串行口就属于外部总线,是异步通信接口。

下面将介绍一些常见的串行总线,最后举例说明 I^2C 总线的应用。

5.6.1 串行总线概述

并行通信速度快、实时性好，但由于占用的口线多，不适于小型化产品；而串行通信速率虽低，但在数据通信吞吐量不是很大的微处理电路中则显得更加简易、方便和灵活。所以近些年来串行总线发展很快。几种常见的串行总线简单介绍如下：

1. UART 总线

UART 是一种通用串行数据总线(Universal Asynchronous Receiver/Transmitter，通用异步收发器的缩写 UART)，用于异步通信。该总线双向通信，可以实现全双工传输和接收。在嵌入式设计中，UART 常用来与 PC 进行通信。MCS-51 系列单片机的串行口，就具有 UART 功能。其他大多数单片机也都具有功能类似的内置串行口。

在 PC 机中，UART 相连于产生兼容 RS232C 规范的信号电路。RS232C 标准定义逻辑“0”信号相对于地为 3～15 V，而逻辑“1”相对于地为－3～－15 V。所以，当一个微控制器中的 UART 与 PC 相连时，需要一个 RS232 驱动器来转换电平。

2. USB 总线

USB 是一个外部总线标准，用于规范计算机与外部设备的连接和通信。USB(Universal Serial Bus，通用串行总线)是在 1994 年底由英特尔、康柏、IBM 和微软等多家公司联合提出的。USB 基于通用连接技术，实现外设的简单快速连接，达到方便用户、降低成本以及扩展 PC 连接外设范围的目的。

USB 接口可以为外设提供最大 500 mA 电流的＋5 V 电源，支持设备的即插即用和热插拔功能。USB 接口理论上可连接多达 127 种外设。USB 1.0/1.1 的最大传输速率为 12 Mbps。USB 2.0 的最大传输速率高达 480 Mbps。USB 1.0/1.1 与 USB 2.0 的接口是相互兼容的。USB 3.0 理论上 5 Gbps 向下兼容 USB 1.0/1.1/2.0。

USB 使用一个四针的插头作为标准插头，USB 接口公头的示意图如图 5-14 所示。其内部有 4 根连线，V_{CC} 为电源＋5 V，GND 为电源地 0 V，－D 和＋D 为差分数据线，不可接反。

现在有的新型单片机已经内置了支持 USB 接口的硬件和软件，如：Atmel 公司的 AT89C5122 带有 USB 和智能读卡器接口，其他特性完全保留并增强了 AT89C51 的功能(封装不同)。

Cypress 公司的 EZ-USBFX2 系列芯片中的 CY7C68013，是一种带 USB 接口的单片机芯片，虽然采用低价的 8051 单片机，但仍然能获得很高的速度。Cypress 的 USB 接口单片机是一个加速的类 51 核，并不完全与 MCS-51 系列单片机兼容。

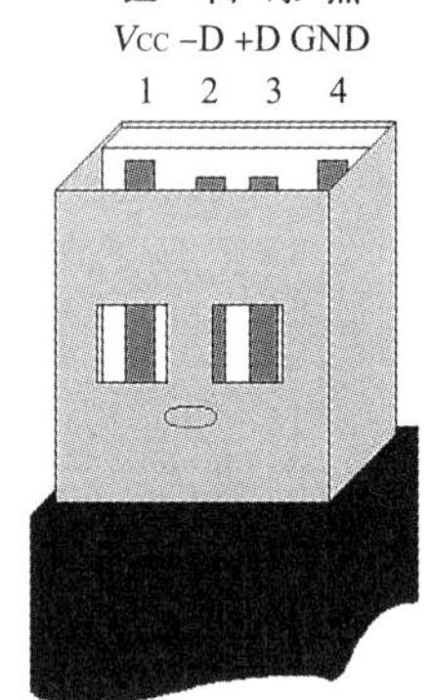

图 5-14 USB 接口公头的示意图

3. 单总线

单总线的特点是只使用一根导线，既传送数据又包含时钟信息，同时还具有供电作用。当然还需要一根地线。其数据传输方向是双向的(半双工)，其传输距离在几十米到几百米之间，主要用于组建小型低速测控网络。

典型芯片是 DS18B20，测量温度用。温度测量范围：－55～＋125℃；分辨率：±0.5℃(－10～＋85℃时)。

其他产品还有：A/D 转换器 DS2450，可寻址控制开关，如 DS2405、DS2406 以及 DS2409 等。具体的工作原理和应用将在项目 8 中详细介绍。

4. 同步串行总线(SPI)

SPI是英文 Serial Peripheral Interface 的缩写，中文意思是串行外围设备接口，SPI 是 Motorola 公司推出的一种同步串行通信方式，是一种三线同步总线，因其硬件功能很强，与 SPI 有关的软件就相当简单，使 CPU 有更多的时间处理其他事务。SPI 总线系统图如图 5-15 所示。

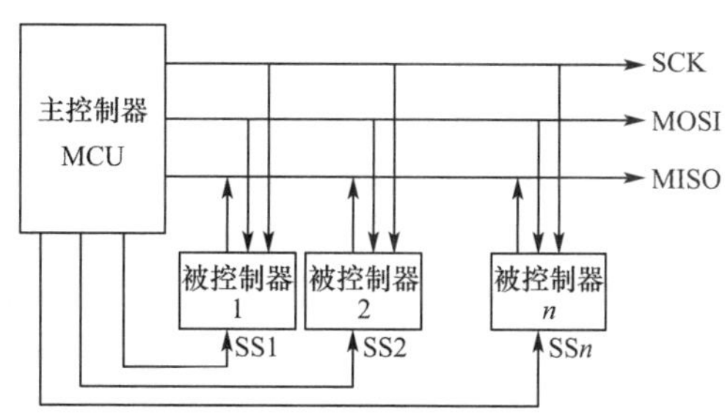

图 5-15 SPI 总线系统图

同步外设接口(SPI)是全双工同步串行总线，该总线大量用在与 EEPROM、ADC、FRAM 和显示驱动器之类的外设器件通信中。

该总线通信基于主-从配置。有以下四个信号：

MOSI：主出/从入

MISO：主入/从出

SCK：串行时钟

SS：从属选择(可以有 0～n 个)

芯片上"从属选择"(slave-select)的引脚数决定了可连到总线上的器件数量。当只使用一个从器件的时候，SS 信号线可以省略，这时只要使用三个信号线就可以了。

在 SPI 传输中，数据是同步进行发送和接收的。传输串行数据时首先传输最高位。在主控器时钟信号的作用下，数据依次被移出(移入)。移出或移入动作可以设置为在时钟信号的上升沿发生，也可以设置为在下降沿发生。数据传输的时钟基于来自主处理器的时钟脉冲，Motorola 公司没有定义任何通用 SPI 的时钟规范。具体速度大小取决于 SPI 硬件。

SPI 总线的使用比较简单，如图 5-16 所示就是 MCS-51 系列单片机连接 SPI 器件 X25F016(2 KB 的 EEPROM)。

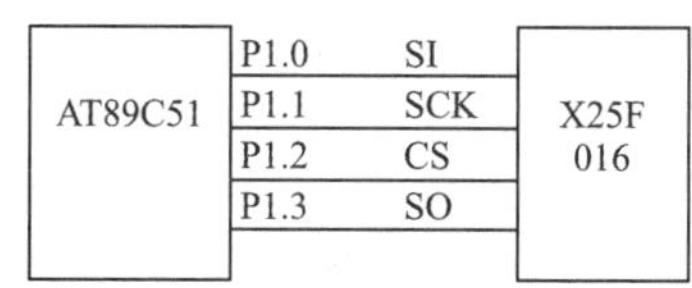

图 5-16 MCS-51 系列单片机连接 SPI 器件 X25F016

5. CAN 总线(控制器区域网络)

控制器区域网络(CAN)是一个多主异步串行总线。CAN 总线使用一对双绞线通信(电源自备)。当总线空闲时，任何 CAN 节点都可以开始数据发送。如果两个或更多的节点同时开始发送，就使用标识符来进行按位仲裁以解决访问冲突。CAN 是一个广播类型的总线，所有节点都接收总线上的数据，硬件上的过滤机制决定消息是否提供给该节点使用，这种总线现在广泛应用在工业场合和汽车上。

6. I^2C 总线

I^2C 由 Philips 公司在 20 世纪 80 年代开发，主要用于芯片级通信。I^2C 总线需要两条双向信号线路，一条用于时钟，一条用于数据，另外还需要接地线和电源线。

除了以上介绍的几种之外，还有许多串行总线，限于篇幅，不再详细介绍。

5.6.2 I^2C 总线使用举例

I^2C 总线的应用很广，详细内容请看电子文档中的文件：附录 I^2C 总线协议介绍.doc。

【技能训练 5-5】 读写 AT24C16。

目的：I^2C 总线使用。

内容：读写 AT24C16 器件。AT89C51 单片机作为主器件读写 AT24C16 的测试程序，要求将单片机片内 RAM 地址从 10H 开始的 8 字节数据，写入 AT24C16 中第二页从 20H 开始的连续地址中，然后再把此地址中的数据读出来，存放到单片机片内 RAM 从 18H 开始的连续地址中。

操作步骤：

(1)绘制单片机与 AT24C16 连接的原理图。

(2)编写源程序并编译通过。

(3)仿真执行。

(4)暂停，查看各个元件的内存，观察读写结果。

(5)单步执行，查看读写过程。

(6)利用图表查看执行过程中的总线时序。

参看仿真文件：24LC16B1.dsn，包括汇编语言程序和 C51 程序。

程序中有一系列的子程序，分别完成读写过程所需要的各种功能，产生 I^2C 总线访问所需要的时序信号，然后主程序调用这些子程序，完成读写要求。

项目小结

1. 串行通信的基本概念、MCS-51 系列单片机串行接口及控制寄存器、工作方式、编程和仿真应用以及与 PC 机通信。

2. MCS-51 系列单片机内部有一个功能很强大的全双工异步串行通信接口，该串行口有四种工作方式，以供不同场合使用。波特率可由软件来设置，接收和发送均可工作于查询方式或中断方式，使用十分灵活。但是只有一个串行口，有的时候不够用，可以利用软件模拟串行口。串行口在远程通信和构成并行输入/输出接口方面很有用。

习题 5

一、填空题

1. 异步串行数据通信的帧格式由______位、______位、______位和______位组成。

2. 异步串行数据通信有______、______和______共三种传送形式。

3. 单片机复位后，SBUF 的内容为______。

4. 单片机串行接口有四种工作方式，这可在初始化程序中用软件填写______特殊功能寄存器加以选择。

5. 使用定时器 T1 设备作为串行通信的波特率发生器时，应把定时器 T1 设定为工作方式______。

6. 要串口为10位UART，工作方式应选为______。

7. 用串口扩并口时，串行接口工作方式应选为方式______。

8. 在串行通信中，收、发双方对波特率的设定应该是______。

9. 要启动串行口发送一个字符只需执行一条______指令。

10. 在多机通信中，主机发送从机地址呼叫从机时，其TB8位为______；各从机此前必须将其SCON中的REN位和______位设置为1。

二、单项选择题

1. 用单片机串行接口扩展并行I/O端口时，串行接口工作方式应选择(　　)。

A. 方式0　　B. 方式1　　C. 方式2　　D. 方式3

2. 串行通信传送速率的单位是波特，而波特的单位是(　　)。

A. 字节/秒　　B. 位/秒　　C. 帧/秒　　D. 字符/秒

3. 在单片机的串行通信方式中，帧格式为1位起始位、8位数据位和1位停止位的异步串行通信方式是(　　)。

A. 方式0　　B. 方式1　　C. 方式2　　D. 方式3

4. 控制串行接口工作方式的寄存器是(　　)。

A. TCON　　B. PCON　　C. SCON　　D. TMOD

5. I^2C总线的信号线有(　　)。

A. 1条　　B. 2条　　C. 3. 条　　D. 4条

三、判断题

1. 要进行多机通信，单片机串行接口的工作方式应选为方式1。(　　)

2. 单片机上电复位时，SBUF=0FH。(　　)

3. 单片机的串行接口是全双工的。(　　)

4. 异步通信方式比同步通信方式传送数据的速度快。(　　)

5. 在串行通信中，收、发双方的波特率可以不一样。(　　)

四、简答题

1. 串行通信和并行通信相比各自有何特点？

2. 简述串行接口接收和发送数据的过程。

3. 单片机串行口有几种工作方式？有几种帧格式？各工作方式的波特率如何确定？

4. 单片机中SCON的SM2、TB8和RB8有何作用？

5. 为何T1用作串行口波特率发生器时常用方式2；若$f_{osc}=6$ MHz，试求出T1在方式2下可能产生的波特率的变化范围。

五、编程题

1. 画出利用串行口方式0和两片74LSl64“串行输入并行输出”芯片扩展16位输出口的硬件电路，并写出输出驱动程序。

2. 单片机串行口以方式3进行串行通信，假定波特率为1200 b/s，要做奇偶验，以中断方式发送，请编写程序。

3. 利用单片机串行口设计6位静态7段显示器，画出电路并编写程序，要求6位显示器上每隔1 s交替地显示“012345”和“6789ab”。

4. 设计一个单片机的双机通信系统，并编写通信程序。将甲机外部RAM1000H～103FH存储区的数据块通过串行口传送到乙机外部RAM1000H～103FH存储区中去。要求仿真。

项目6 点阵式LED广告屏

——单片机的系统扩展

项目规划单

项目名称	点阵式广告屏
功能要求	利用单片机控制点阵式广告屏。显示数字、字符和汉字，可以根据需要改变显示内容
实施方案	利用单片机的三总线对单片机扩展存储器和并行口，驱动 LED 点阵发光以显示各种字符和图形。还要利用串行口与 PC 机（上位机）联系，以便改变显示内容
知识目标	1. 三总线的形成，扩展方法，具体扩展电路 2. LED 点阵以及驱动
能力目标	1. 使用软件设计电路图，编写并调试程序 2. 使用工具制作电路板并测试其正确性 3. 软、硬件联调，完成要求功能
素质目标	踏实、抗挫抗压能力、理解能力、自主学习能力、问题解决能力以及沟通协调能力等诸方面都有提高
工匠明星	于敏被誉为“中国氢弹之父”，荣获“两弹一星功勋奖章”“国家最高科学技术奖”“共和国勋章”。他没喝过一滴“洋墨水”，“纯国产土专家”，隐姓埋名 30 年，最终研究出中国独有的“于敏构型”氢弹，捍卫了祖国的安全
实施过程	1. 完成知识学习 2. 建立仿真文件，编写程序并调试，实现预定功能 3. 利用实训设备，完成实物制作，实现预定功能
完成时间	课内 12 学时，课外 8 学时
说明	静态文字和图形显示（或缓慢变化）。不涉及视频和彩色显示
备注	参考样本：电子文档中的仿真文件为点阵 16×16×3. dsn

如图 6-1 所示，对于点阵式 LED 显示屏，人们在日常生活中经常看到。

图 6-1　点阵式 LED 广告屏外形示意图

其实，LED 屏内部控制器就是单片机。只不过需要扩展大量的 I/O 接口。

单片机总是需要和外部设备配合来完成各种任务，单片机和各种外设之间的电路，就称之为接口电路。

如图 6-2 所示就是一种 LED 点阵屏的电路图。

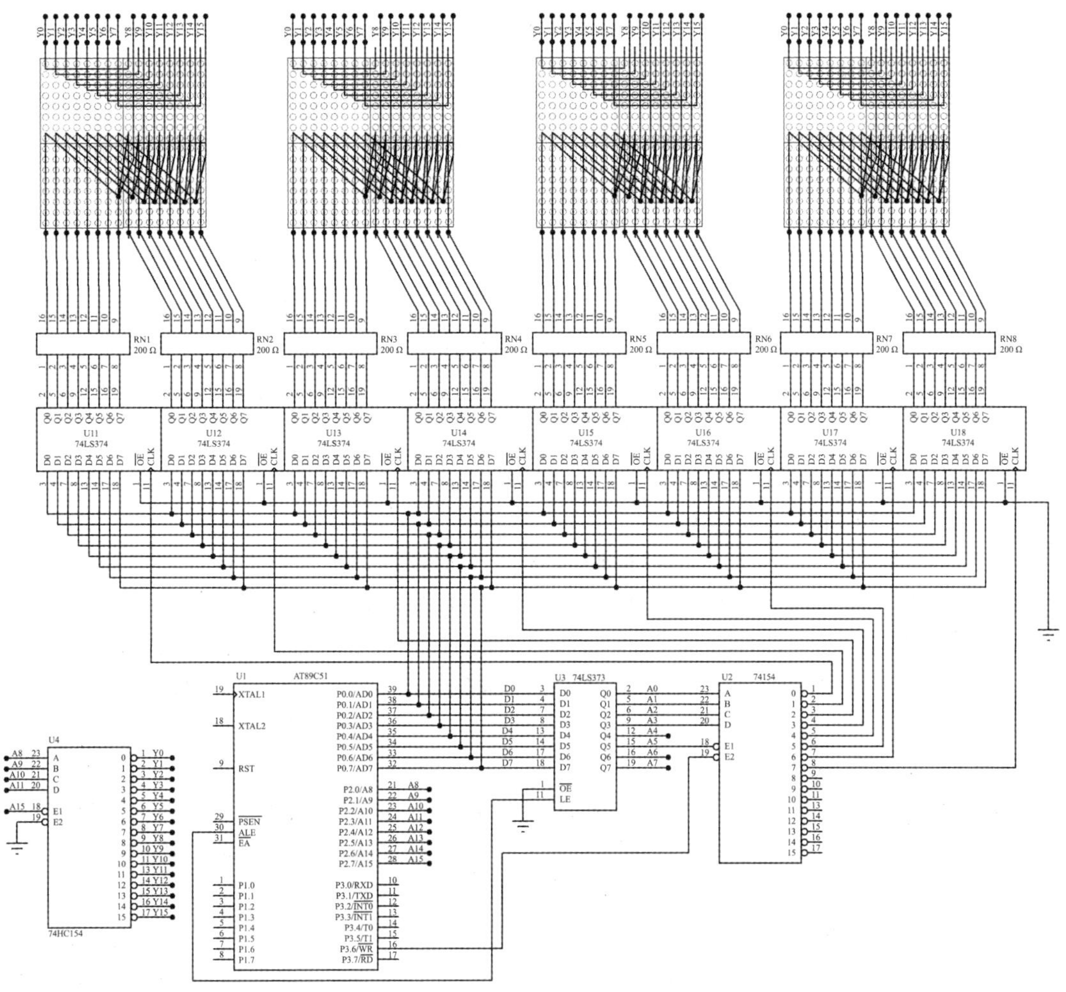

图 6-2　一种 LED 点阵屏的电路图

任务 6.1　认识单片机三总线

单片机应用范围极其广泛。MCS-51 系列单片机的扩展主要提供了传统的三总线并行扩展的能力，此外串行口也可用来扩展。

6.1.1　MCS-51 系列单片机三总线概述

总线就是连接系统中各扩展部件的一组公共信号线。按照功能可分为地址总线 AB、数据总线 DB 和控制总线 CB。

整个扩展系统以单片机为核心，通过总线把各扩展部件连接起来，各扩展部件“挂”在总线上。扩展内容包括 ROM、RAM 和 I/O 接口电路等。因为扩展是在单片机芯片之外进行的，通常称扩展的 ROM 为外部 ROM，称扩展的 RAM 为外部 RAM。必须指出：MCS-51 系列单片机外部扩展 I/O 接口时，其地址是与外部 RAM 统一编址的。换句话说，外部扩展的 I/O 接口要占用外部 RAM 的地址。

典型的单片机扩展系统结构如图 6-3 所示。

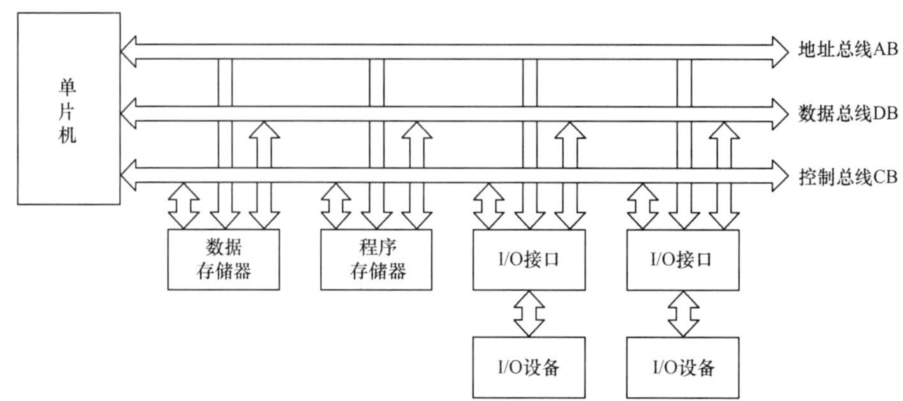

图 6-3 典型的单片机扩展系统结构

1. 地址总线(Address Bus,AB)

地址总线用于传送单片机送出的地址信号,以便进行存储单元和 I/O 端口的选择。地址总线是单向的,只能由单片机向外发出。地址总线的数目决定可以直接访问的存储单元的数目。N 位地址可以产生 2^N 个连续地址编码,可访问 2^N 个存储单元。通常也说寻址范围为 2^N 个地址单元。MCS-51 系列单片机有 16 根地址线,存储器或 I/O 接口扩展最多可达 64 KB,即 2^{16} 个地址单元。

2. 数据总线(Data Bus,DB)

数据总线用于在单片机与存储器之间或单片机与 I/O 端口之间传送数据。数据总线是双向的,可以进行两个方向的数据传送。单片机系统数据总线的位数与单片机处理数据的字长一致。MCS-51 系列单片机字长为 8 位,所以它的数据总线位数也是 8 位。

3. 控制总线(Control Bus,CB)

控制总线实际上就是一组控制信号线,包括由单片机发出的控制信号,以及从其他部件送给单片机的请求信号和状态信号。每一条控制信号线的传送方向经常是单向固定的,但由不同方向的控制信号线组合的控制总线则表示为双向。

总线结构形式大大减少了单片机系统中传输线的数目,提高了系统的可靠性,增加了系统的灵活性。另外,总线结构也使扩展易于实现,只要符合总线规范的各功能部件都可以很方便地接入系统,实现单片机的扩展。

思考:数据总线与控制总线都是双向的,二者有什么不同?

6.1.2 MCS-51 系列单片机三总线的形成

MCS-51 系列单片机可以利用 P0 端口、P2 端口和 P3 端口的部分口线的第二功能形成三总线。如图 6-4 所示。

1. P0 端口线用作数据线/低 8 位地址线

P0 端口线的第二功能具有地址线/数据线分时复用功能。在访问片外存储器时,自动进入第二功能,不需要进行设置。在一个片外存储器读写周期中,首先 P0 端口输出低 8 位地址(A7～A0),然后以 ALE 为锁存控制信号,选择高电平或下降沿触发的 8D 触发器作为地址锁存器(通常使用的锁存器是 74LS373 或 Intel 的 8282),确保低 8 位地址信息在消失前被送入锁存器暂存起来并输出,作为地址总线的低 8 位(A7～A0),直到访问周期结束。地址信号被

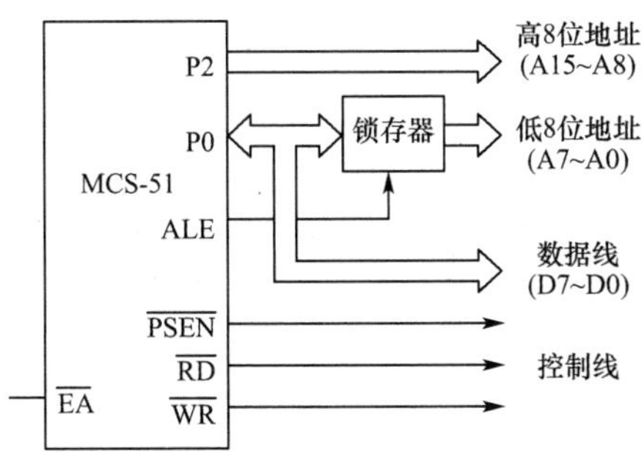

图 6-4　MCS-51 系列单片机的三总线

锁存之后，P0 端口转换为数据线，以便传输数据，直到访问周期结束，从而实现了对地址和数据的分离。

注意：P0 端口线经过锁存器作为低 8 位地址线，不经过锁存器作为 8 位数据线。

2. P2 端口线用作高 8 位地址线

P2 端口线第二功能用于高 8 位地址线的扩展。在访问片外存储器时，自动进入第二功能，不需要进行设置。由于 P2 端口的第二功能只具有地址线扩展的功能，在一个片外存储器读写周期中，P2 端口线始终输出地址总线的高 8 位，可直接与存储器或接口芯片的地址线相连，无须锁存。P2 与 P0 共同提供了 16 根地址线，实现了 MCS-51 单片机系统 64 KB(2^{16})的寻址范围，P2 和 P0 端口线与地址线的对应关系见表 6-1。

表 6-1　　P2 和 P0 端口线与地址线的对应关系

A15	A14	A13	A12	A11	A10	A9	A8	A7	A6	A5	A4	A3	A2	A1	A0
P2.7	P2.6	P2.5	P2.4	P2.3	P2.2	P2.1	P2.0	P0.7	P0.6	P0.5	P0.4	P0.3	P0.2	P0.1	P0.0

3. 控制信号

构成系统的控制总线的控制信号包括：

(1)ALE(30)是锁存信号，用于进行 P0 端口地址线和数据线的分离。

(2)$\overline{\text{PSEN}}$(29)是片外程序存储器读选通控制信号。

(3)$\overline{\text{RD}}$(17)、$\overline{\text{WR}}$(16)分别是外部数据存储器的读、写选通控制信号。

(4)$\overline{\text{EA}}$(31)是程序存储器访问控制信号。当它为低电平时，对程序存储器的访问仅限于外部存储器；为高电平时，对程序存储器的访问从单片机的内部存储器开始，超过片内存储器地址时自动转向外部存储器。

6.1.3　I/O 接口扩展方法

用于对单片机扩展的器件一般都需要具有能够与单片机相适应的三总线接口，即数据线、地址线和控制线。一般在使用时将接口器件的三总线与单片机的三总线相连即可。

广告屏需要较多的 I/O 接口线，本节介绍一些利用三总线的 I/O 接口扩展。单片机的 I/O 接口扩展，可以像扩展外部数据存储器一样，扩展若干并行口。外扩并行口的每个字节占用一个外部 RAM 地址。每个字节(地址)有 8 位数，即 8 个 I/O 接口线。访问扩展的并行口，就像访问扩展的 RAM 一样，使用 MOVX 指令。

在广告屏电路里，扩展的 I/O 接口用于输出，一般要用到锁存器，通用逻辑电路中有许多锁存器可以使用。本节以锁存器 74LS374 为例来扩展输出口。

1. 扩展并行输出口

(1) 用 74LS374 扩展并行输出口

首先了解芯片的特性。74LS374 是带有输出允许端的 8D 锁存器(如图 6-5 所示),除了接电源用的引脚 V_{CC} 和 GND 之外,有 8 个输入端口 D0～D7、8 个输出端口 Q0～Q7、1 个时钟输入端 CLK(上升沿有效)和 1 个输出允许控制端$\overline{OE}$。其功能见表 6-2,在$\overline{OE}$=0 时,通过 CLK 端上升沿信号将数据从输入端 D 打入锁存器,Q 端保持 D 端的 8 位数据。应注意,74LS374 具有三态输出,当控制端$\overline{OE}$为高电平时,输出为高阻态,将失去锁存器中缓存的数据。所以在与单片机相连时,D 端与 P0 相连,$\overline{WR}$与 CLK 相连,$\overline{OE}$输出允许端作为片选控制与地相连,始终允许。如图 6-5 所示,由于没有使用地址线,则其地址为任意。

提示:此处省略了地址锁存器。

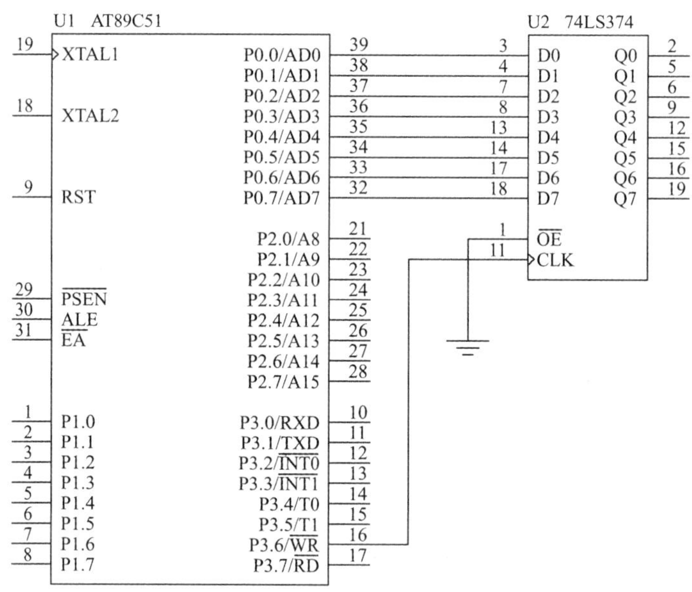

图 6-5 MCS-51 扩展输出口 74LS374

表 6-2 **74LS374 功能表**

输入			输出
$\overline{OE}$	CLK	D	Q
L	↑	H	H
L	↑	L	L
L	L	X	Q0
H	X	X	Z

注:表中 Z 表示高阻,X 表示任意。

若以图 6-5 为接口电路,将片内 RAM 地址为 50H 单元的数据通过该电路输出,程序清单如下:

```
MOV    DPTR,#0000H        ;数据指针指向 74LS374 地址,其值任意
MOV    A,50H              ;输出的 50H 单元数据送累加器 A
MOVX   @DPTR,A            ;P0 端口将数据通过 74LS374 输出
```

说明:在执行"MOVX @DPTR,A"这条指令时,单片机自动进行下列操作:

①首先将 DPTR 指定的地址低 8 位(即 DPL 的值)从 P0 端口输出(此时 P0 端口是地址线),高 8 位(即 DPH 的值)从 P2 端口输出(此地址信号保持到数据读/写完成)。

②然后 ALE 信号有效(由低变高),以便地址锁存器将低 8 位地址锁存。

③ALE 信号失效(由高变低)。

④P0 端口地址信号消失(高阻),转换成数据线。

⑤P0 端口输出数据信号(累加器 A 中的值)。

⑥单片机的 $\overline{WR}$ 信号有效(由高变低,下降沿),为了控制外部器件接收。

⑦单片机的 $\overline{WR}$ 信号无效(由低变高,上升沿),74LS374 接收数据,并在 Q 端输出。

⑧P0 端口输出数据消失(高阻)。

⑨P2 端口输出的高 8 位地址消失。

综上所述,由于省略了地址锁存器,也没有接地址信号,所以只是在写信号有效时,将 P0 端口输出的数据送给了 74LS374,并由其向外输出。

以上过程在执行指令"MOVX @DPTR,A"的过程中自动完成,不需要人工操作。对于"MOVX @Ri,A"指令,执行过程类似,只是没有了 P2 端口的高 8 位地址。了解这个过程,对于设计扩展输出 I/O 接口电路十分有用,对于看懂 LED 屏电路很关键。可以参考如图 6-6 所示的时序图。

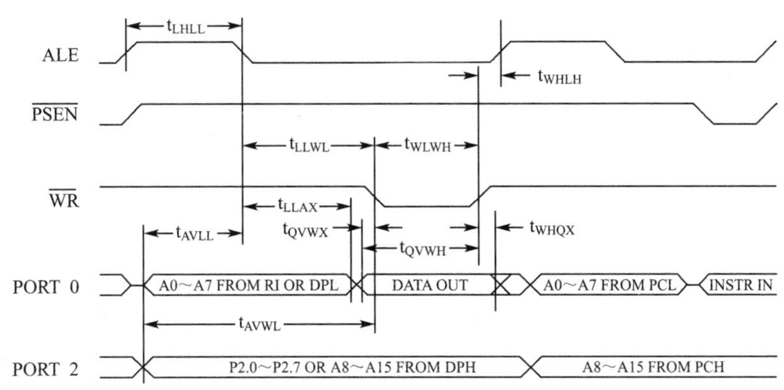

图 6-6 8051 单片机写片外数据存储器时序图

注意:系统中若有其他扩展的 RAM 或 I/O 接口,则可用线选法或地址译码法将地址空间分开。

6.1.4 使用地址译码器扩展 I/O 接口

项目 1 的节日彩灯控制器,每个输出口线串联了 5 个 LED,这 5 个灯同时亮或同时灭,控制性能不理想。如果有 80 个 LED,并且要求对每一个 LED 单独控制,如何处理?

用单片机来实现这个要求很容易,只要扩展 10 个 8 位并行口,控制 80 只灯亮灭即可。

由于使用 10 个扩展的并行 I/O 接口,每个并行口的地址不能任意,也就是说,必须指定其具体地址。电路中使用了地址译码器 74154,来确定每个并行口的地址。

74154 是 4 线-16 线译码器,输入 4 位二进制数,输出的 16 条线中只有与二进制数对应的一条是低电平,其余都是高电平。图 6-7 是其引脚排列图,表 6-3 是其真值表。$\overline{E1}$ 和 $\overline{E2}$ 是控制信号输入端,低电平有效。当 $\overline{E1}$ 和 $\overline{E2}$ 不全为低电平时,输出为全 1。

按照图 6-8 中电路，所有并行口的数据线并联在 P0 端口上，地址线只使用了 A8、A9、A10 和 A11，接在译码器的输入端 A、B、C 和 D，与其他地址线无关，可以取任意值。以未用地址设为 0，填入表 6-4，可以得到各个并行口的具体地址：

第一个并行口的地址为 0000H(=0000000000000000B)。

第二个并行口的地址为 0100H(=0000000100000000B)。

第三个并行口的地址为 0200H(=0000001000000000B)。

其余依次类推。

第十个并行口的地址为 0900H(=0000100100000000B)。

在执行“MOVX @DPTR,A”指令时，写($\overline{WR}$)信号有效(低电平接在译码器的控制端 E1)使得译码器工作，根据输入的地址 ABCD 的值确定输出端 Y0～Y15 的某一个输出低电平，控制对应输出并行口器件 74LS374 工作，将数据线送来的数据信号锁存并输出，控制对应的 LED 亮灭。

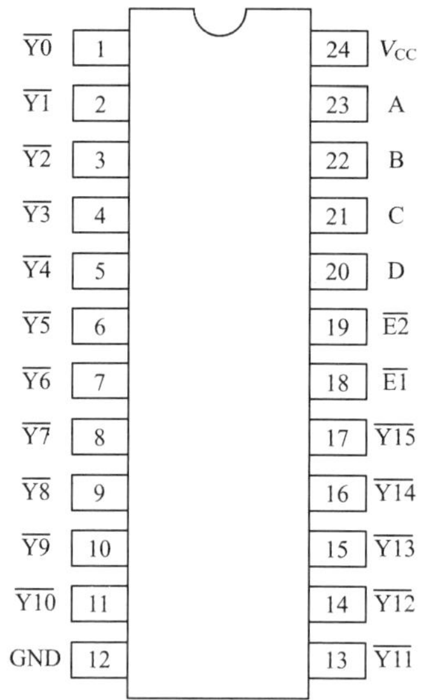

图 6-7　74154 的引脚排列图

在只使用一个 4～16 位译码器的情况下，最多可以扩展到 16 个并行口，共有 128 路。如果使用多个 4～16 位译码器，则可以扩展很多的路数。

表 6-3　74154 真值表

输入						输出															
$\overline{E1}$	$\overline{E1}$	D	C	B	A	$\overline{Y0}$	$\overline{Y1}$	$\overline{Y2}$	$\overline{Y3}$	$\overline{Y4}$	$\overline{Y5}$	$\overline{Y6}$	$\overline{Y7}$	$\overline{Y8}$	$\overline{Y9}$	$\overline{Y10}$	$\overline{Y11}$	$\overline{Y12}$	$\overline{Y13}$	$\overline{Y14}$	$\overline{Y15}$
0	0	0	0	0	0	0	1	1	1	1	1	1	1	1	1	1	1	1	1	1	1
		0	0	0	1	1	0	1	1	1	1	1	1	1	1	1	1	1	1	1	1
		0	0	1	0	1	1	0	1	1	1	1	1	1	1	1	1	1	1	1	1
		0	0	1	1	1	1	1	0	1	1	1	1	1	1	1	1	1	1	1	1
		0	1	0	0	1	1	1	1	0	1	1	1	1	1	1	1	1	1	1	1
		0	1	0	1	1	1	1	1	1	0	1	1	1	1	1	1	1	1	1	1
		0	1	1	0	1	1	1	1	1	1	0	1	1	1	1	1	1	1	1	1
		0	1	1	1	1	1	1	1	1	1	1	0	1	1	1	1	1	1	1	1
		1	0	0	0	1	1	1	1	1	1	1	1	0	1	1	1	1	1	1	1
		1	0	0	1	1	1	1	1	1	1	1	1	1	0	1	1	1	1	1	1
		1	0	1	0	1	1	1	1	1	1	1	1	1	1	0	1	1	1	1	1
		1	0	1	1	1	1	1	1	1	1	1	1	1	1	1	0	1	1	1	1
		1	1	0	0	1	1	1	1	1	1	1	1	1	1	1	1	0	1	1	1
		1	1	0	1	1	1	1	1	1	1	1	1	1	1	1	1	1	0	1	1
		1	1	1	0	1	1	1	1	1	1	1	1	1	1	1	1	1	1	0	1
		1	1	1	1	1	1	1	1	1	1	1	1	1	1	1	1	1	1	1	0
0	1																				
1	0	×	×	×	×	1	1	1	1	1	1	1	1	1	1	1	1	1	1	1	1
1	1																				

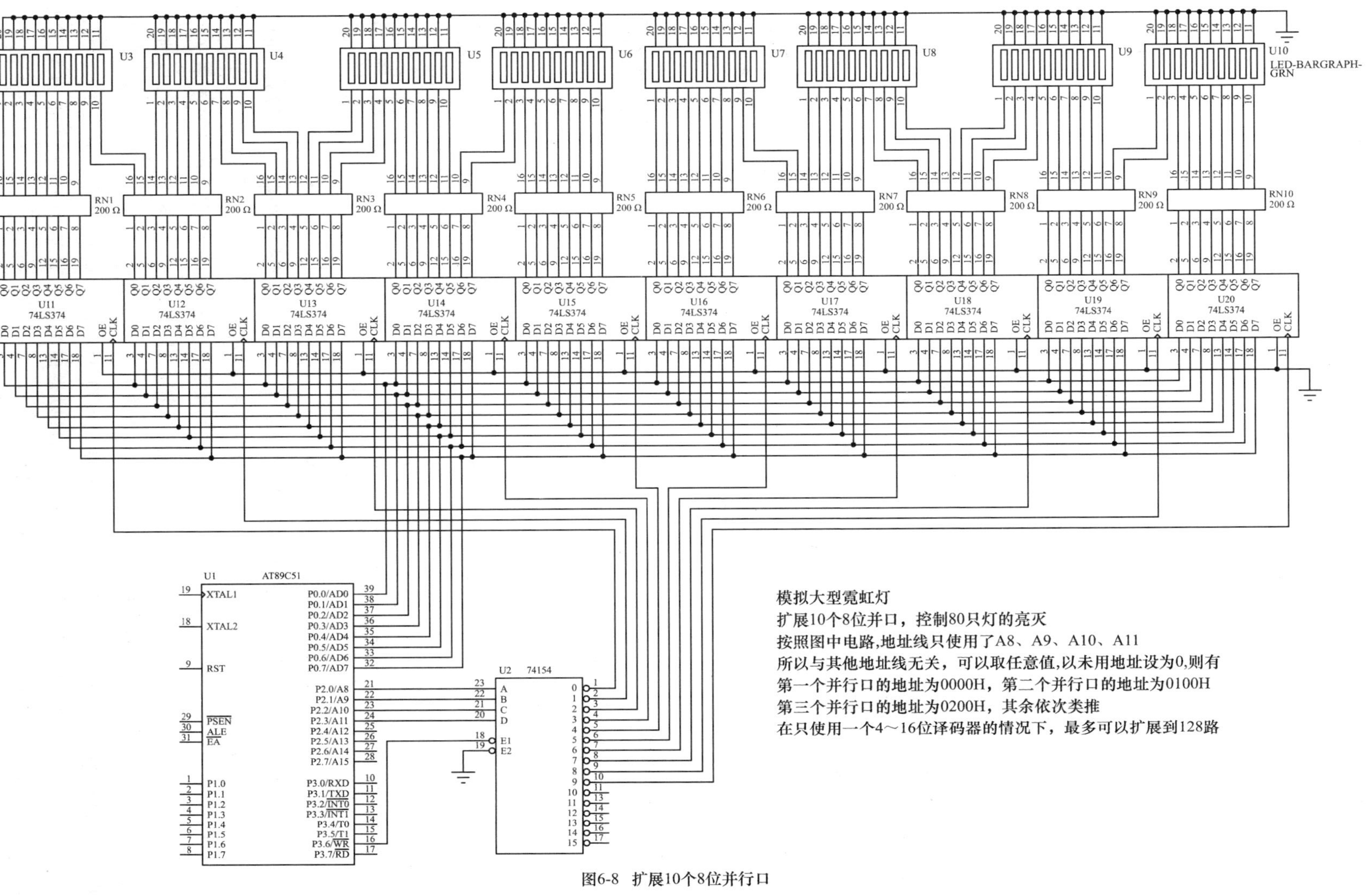

模拟大型霓虹灯
扩展10个8位并口，控制80只灯的亮灭
按照图中电路,地址线只使用了A8、A9、A10、A11
所以与其他地址线无关，可以取任意值,以未用地址设为0,则有
第一个并行口的地址为0000H，第二个并行口的地址为0100H
第三个并行口的地址为0200H，其余依次类推
在只使用一个4～16位译码器的情况下，最多可以扩展到128路
U10 LED-BARGRAPH-GRN
74LS374
200 Ω
U1 AT89C51
U2 74154

图6-8　扩展10个8位并行口

表 6-4　　地址计算表(使用地址 A11、A10、A9、A8)

单片机 I/O 端口	P2.7	P2.6	P2.5	P2.4	P2.3	P2.2	P2.1	P2.0	P0.7	P0.6	P0.5	P0.4	P0.3	P0.2	P0.1	P0.0
对应地址线	A15	A14	A13	A12	A11	A10	A9	A8	A7	A6	A5	A4	A3	A2	A1	A0
译码器输入地址	0	0	0	0	D	C	B	A	0	0	0	0	0	0	0	0
第 1 个并行口地址(Y0 地址)	0	0	0	0	0	0	0	0	0	0	0	0	0	0	0	0
第 2 个并行口地址(Y1 地址)	0	0	0	0	0	0	0	1	0	0	0	0	0	0	0	0
第 3 个并行口地址(Y2 地址)	0	0	0	0	0	0	1	0	0	0	0	0	0	0	0	0
第 4 个并行口地址(Y3 地址)	0	0	0	0	0	0	1	1	0	0	0	0	0	0	0	0
…… ……																
第 10 个并行口地址(Y9 地址)	0	0	0	0	1	0	0	1	0	0	0	0	0	0	0	0

表 6-5　　地址计算表(使用地址 A3、A2、A1、A0)

单片机 I/O 端口	P2.7	P2.6	P2.5	P2.4	P2.3	P2.2	P2.1	P2.0	P0.7	P0.6	P0.5	P0.4	P0.3	P0.2	P0.1	P0.0
对应地址线	A15	A14	A13	A12	A11	A10	A9	A8	A7	A6	A5	A4	A3	A2	A1	A0
译码器输入地址	0	0	0	0	0	0	0	0	0	0	0	0	D	C	B	A
第 1 个并行口地址(Y0 地址)	0	0	0	0	0	0	0	0	0	0	0	0	0	0	0	0
第 2 个并行口地址(Y1 地址)	0	0	0	0	0	0	0	0	0	0	0	0	0	0	0	1
第 3 个并行口地址(Y2 地址)	0	0	0	0	0	0	0	0	0	0	0	0	0	0	1	0
第 4 个并行口地址(Y3 地址)	0	0	0	0	0	0	0	0	0	0	0	0	0	0	1	1
…… ……																
第 10 个并行口地址(Y9 地址)	0	0	0	0	0	0	0	0	0	0	0	0	1	0	0	1

注:译码器 74154 只有 4 条地址输入线,输出 16 条控制线。

思考:如果将未用地址设为 1,则 Y0 地址是多少?

由于地址线 A0～A7 没有使用,故图 6-7 中没有(省略了)地址锁存器 74LS373。如果用了地址锁存器 74LS373 来将地址 A0～A7 线引出,译码器 U2 的输入信号 A、B、C、D 分别连接到 A0～A3 上,那就改变了这些扩展的并行口的地址(如图 6-12 所示的电路中就是这种情况)。在图 6-12 中,如果将未用地址设为 0,重新计算地址见表 6-5,这时第一个并行口的地址是 0000H,第二个并行口的地址是 0001H,第三个并行口的地址是 0002H,依次类推,第九个并行口的地址是 0008H,第十个并行口的地址是 0009H。这样做的结果是多用了一个芯片 74LS373,节省了单片机的 P2 端口的四个口线,可以根据实际情况选择一个最好的方案应用。在图 6-8 电路的基础之上,可编写控制程序如下:

```
;------程序节选------
HY2:     MOV    A,#01H          ;花样 2:从左到右亮,然后从右到左灭
         MOV    R6,#10          ;循环 10 次对应 10 个接口地址
HY21:    MOV    DPTR,#0000H     ;接口 0 地址对应 U11
HY22:    MOV    R7,#8           ;内循环 8 次,对应 8 位
HY2LP:   MOVX   @DPTR,A         ;写接口
         SETB   C               ;为了增加一个亮灯
         RLC    A               ;循环左移一次,带进位
         LCALL  DELAY5MS        ;延时
         DJNZ   R7,HY2LP        ;内循环
         INC    DPH             ;下一个接口地址
         DJNZ   R6, HY22        ;外循环
         LCALL  DELAY400MS      ;延时
;------------                   ;以下从右到左灭,略
```

完整程序请看仿真项目:扩 128.dsn。

C 语言程序,在电子文档"扩 128C"文件夹中,见 IO_128.c。

【技能训练 6-1】 扩展 10 个并行口。

目的:使用译码器扩展 I/O 接口。

内容:扩展 10 个并行口,共 80 根口线,每根口线接一个 LED,作为模拟霓虹灯。

操作步骤:

(1)按照图 6-8 设计电路图。

(2)编辑并编译通过以上程序。

(3)仿真,体会"MOVX @DPTR,A"指令。

(4)讨论交流学习心得。

(5)填写技能训练记录单。

(6)完成其他任务。

提示:以上设计可以参看仿真文件:扩 128.dsn,请安排时间参照此项目进行一次技能训练。

提示:该电路要用到 LED 点阵屏控制器上去。

任务 6.2　点阵式 LED 广告屏的电路设计

认识 LED 点阵元件,学会其驱动方法,设计一个驱动电路。

6.2.1　认识 LED 点阵

在项目 1 中,设计了一个心形的图案。在一些显示内容固定的场合非常适用。如果要改变这个图案,就要改变电路设计,重新制作,很不方便。使用点阵式 LED 显示屏,就可以随心所欲地改变显示内容,包括文字和图形。

【技能训练 6-2】 认识 LED 点阵器件。

目的:认识点阵器件,掌握接线规律。

内容:使用 Proteus 软件的调试工具,测试 LED 点阵元件的特性。

操作步骤：

(1)打开 Proteus 软件，新建一个项目。

(2)在元件库中找到如下元件：LOGICSTATE、MATRIX-8X8-BLUE、MATRIX-8X8-GREEN、MATRIX-8X8-ORANGE、MATRIX-8X8-RED。

(3)完成如图 6-9 所示的电路设计。

(4)开始仿真。

(5)单击 LOGICSTATE，改变输入信号的电平，观察显示结果。

(6)重复进行步骤(5)。

(7)得出如图 6-9 中文字所述结论。

(8)保存项目文件。

(9)填写技能训练表，写总结报告，一定要把 LED 点阵的特性描述清楚。

参考文件：点阵 8×8. dsn。

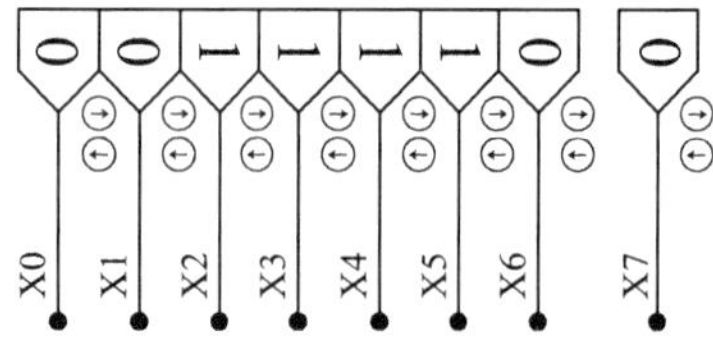

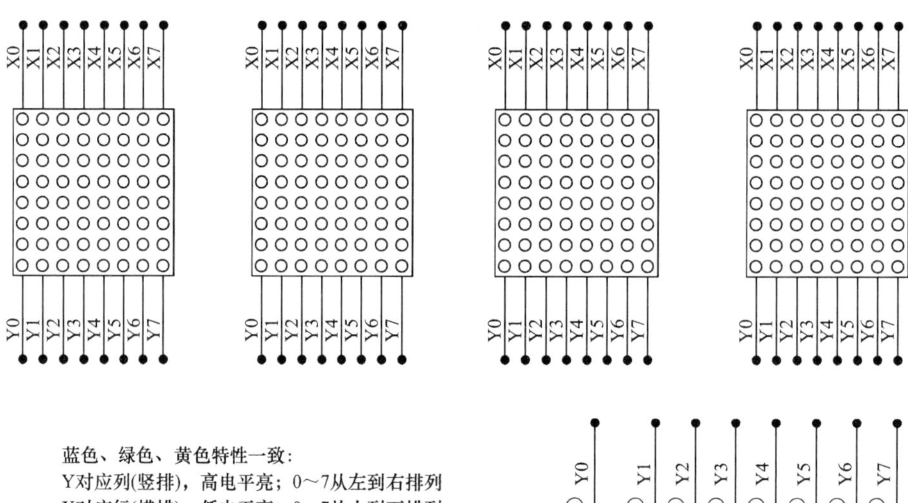

图 6-9　LED 点阵元件测试图

一般 LED 点阵元件产品大多是 8×8 点阵，如果要显示汉字最好使用 16×16 点阵或以上，否则字形很难看。一般是用四个 8×8 点阵元件组合成 16×16 点阵。组合方法如图 6-10 所示。仿真文件：点阵 8×16. dsn。

组合之后，有 16 个行控制端，16 个列控制端。如果需要更多的点阵，也可以用类似的方法组合。

这些 LED 点阵元件，是由若干 LED 按照一定规律排列组装在一起，引出一些引线，供控制 LED 点亮和熄灭。一些点亮的 LED 可以形成某种图形或字符。

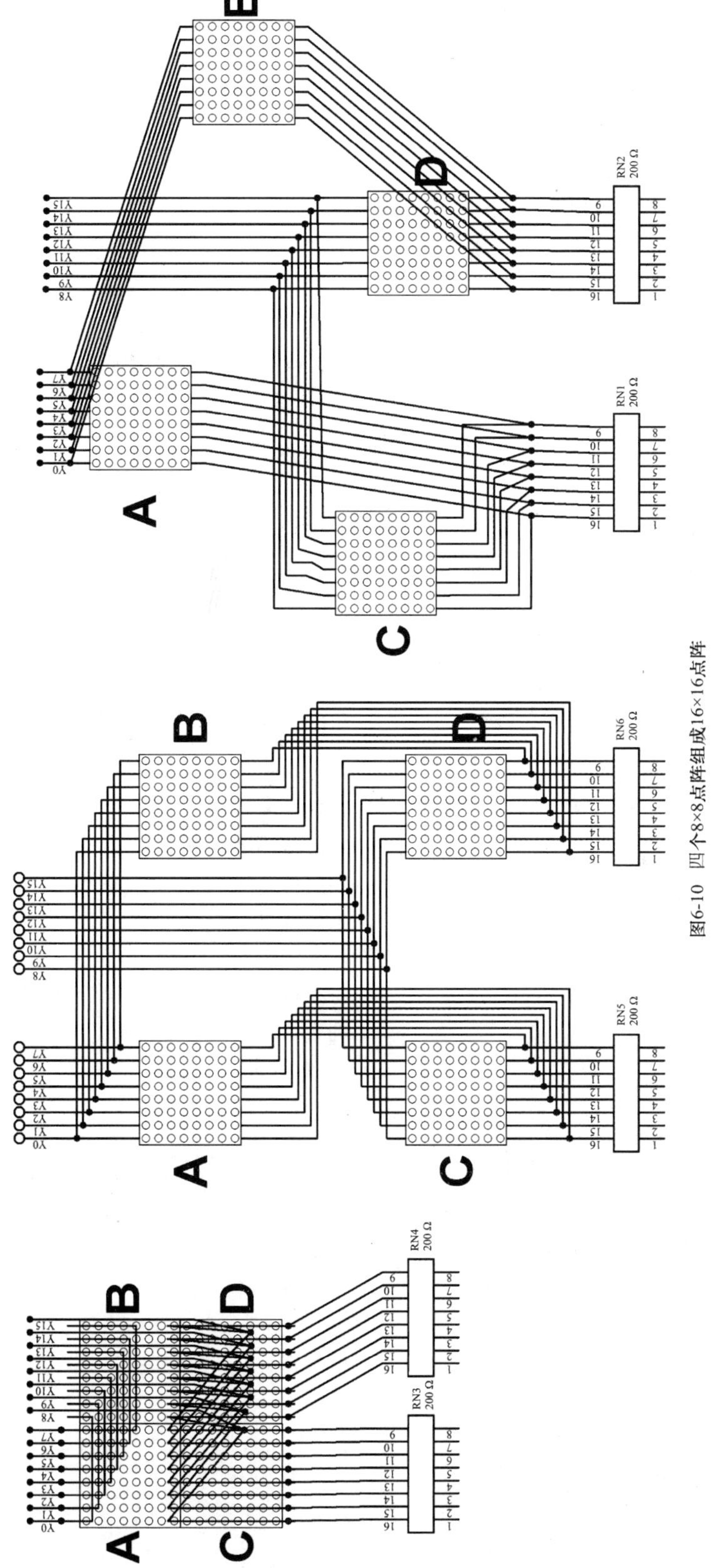

图6-10　四个8×8点阵组成16×16点阵

6.2.2 LED点阵的扫描式显示驱动电路

涉及扫描式显示原理，驱动电路，总线驱动，地址分配，I/O 端口地址和存储器地址分配，常用器件，译码器以及可编程 I/O 器件等。

【技能训练 6-3】 扫描显示。

目的：认识点阵器件的扫描显示，掌握编程方法。

内容：使用 Proteus 软件，画出测试电路，编写扫描式显示程序并调试，得到稳定的显示效果。参考文件：点阵 8×8 扫描.dsn。

操作步骤：

(1)打开 Proteus 软件，打开技能训练 6-2 所保存的项目。

(2)修改电路，完成如图 6-11 所示的电路设计。

(3)编写扫描式显示程序，编译通过，添加到项目中，开始仿真。

(4)全速运行，查看显示结果。

(5)单步执行，查看指令执行所产生的结果，体会扫描式显示的工作过程。

(6)修改延时子程序的时间，重复进行步骤(4)，查看效果。

(7)总结扫描式显示编程要点。

(8)填写技能训练表，写总结报告，要把编程要点写清楚。

参考程序：

```
;点阵 8×8 扫描.asm
START:    MOV     B,#0FEH          ;行值初始值，最上一行亮
          MOV     R7,#8            ;循环 8 次，共 8 行
          MOV     R6,#0            ;取数地址偏移量初值
          MOV     P0,#0FFH         ;关闭所有行显示
LOOP:     MOV     DPTR,#DIAN       ;数据表首地址
          MOV     A,R6             ;取偏移量
          MOVC    A,@A+DPTR        ;查表得到一行的数据，作为列信号
          MOV     P2,A             ;列数据
          MOV     P0,B             ;行数据，该亮的亮，显示一行
          INC     R6               ;下一行的数据偏移量
          MOV     A,B              ;行位置
          RL      A                ;循环左移一位，其实是下一行
          MOV     B,A              ;保存位置
          LCALL   DLYX             ;延时 2 ms
          MOV     P0,#0FFH         ;关闭所有行显示
          DJNZ    R7,LOOP          ;循环 8 次
          LJMP    START            ;从头开始
DLYX:     MOV     R3,#001H         ;延时 2 ms
DL1:      MOV     R4,#008H
DL2:      MOV     R5,#0FFH
DL3:      DJNZ    R5,DL3
          DJNZ    R4,DL2
          DJNZ    R3,DL1
```

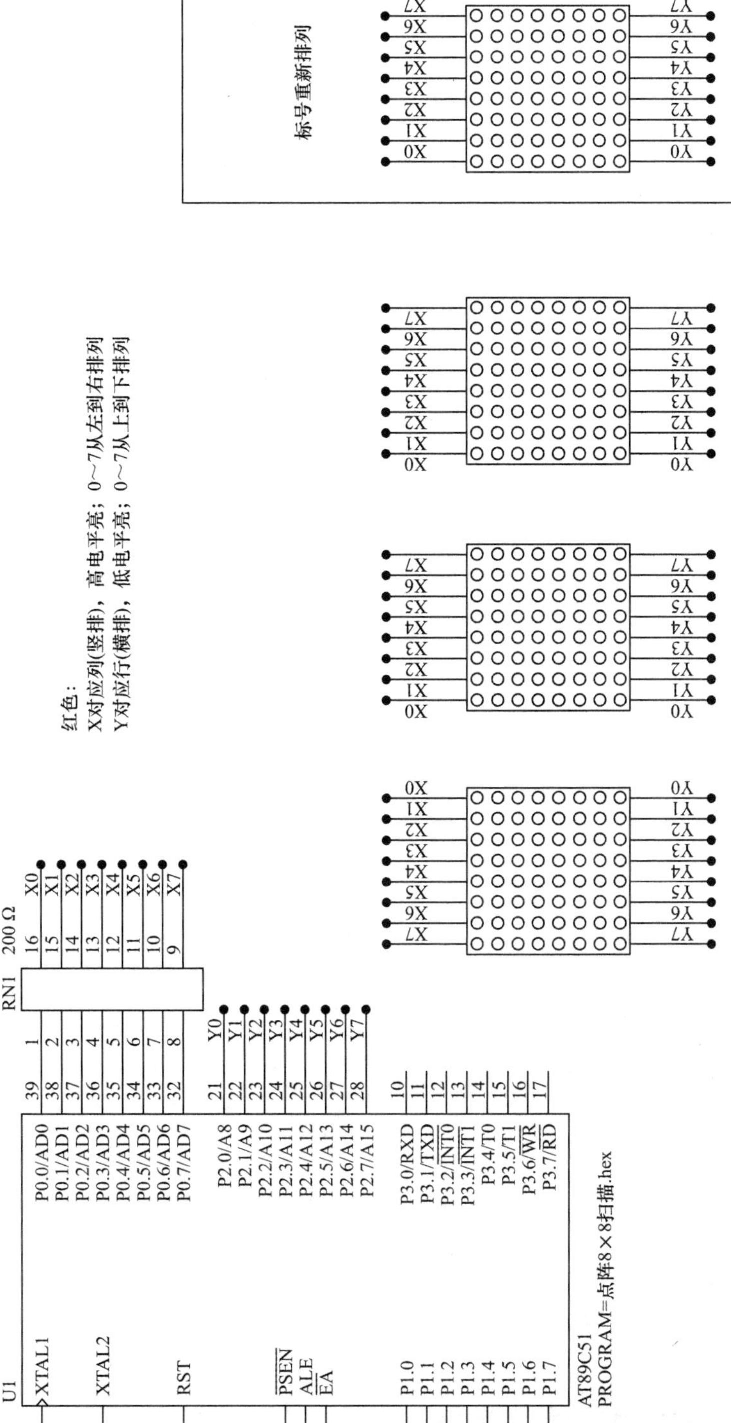
U1
AT89C51
PROGRAM=点阵8×8扫描.hex
RN1
200 Ω
红色：
X对应列(竖排)，高电平亮；0～7从左到右排列
Y对应行(横排)，低电平亮；0～7从上到下排列
蓝色、绿色、黄色特性一致：
Y对应列(竖排)，高电平亮；0～7从左到右排列
X对应行(横排)，低电平亮；0～7从上到下排列
标号重新排列

图6-11　扫描式显示电路图

```
            RET
DIAN:       DB      10H,0FEH,92H,0FEH,92H,0FEH,11H,1FH    ;“电”字 8×8 点阵,高位在左
            END
```

说明:在“RL A ”指令行设置断点,全速执行,可以加快调试进度。

总结:扫描式显示就是一行一行地轮流点亮 LED。

C 语言程序:

```
/* 8×8 点阵扫描实验,P2 端口为列输出口,P0 端口为行输出口 */
/* 字形表是个“电”字 */
//==声明区==================================
#include <reg51.h>                      //定义 8051 寄存器头文件
#define X P0                            //行输出端口,低电平亮
#define Y P2                            //列输出口,高电平亮
unsigned char code TAB[8]=              //“电”字 8×8 点阵,高位在左,每行一个字节
{0X10,0XFE,0X92,0XFE,0X92,0XFE,0X11,0X1F};  //“电”字 8×8 点阵,高位在左
void delay1ms(int);                     //声明延时函数
//==主程序==================================
main()                                  //主程序开始
{
    unsigned char i=1,j;
    while(1)                            //无限循环
    {
        for(j=0;j<8;j++)
        {
            Y=TAB[j];                   //列
            X=~i;                       //行
            delay1ms(15);               //延时 2 ms
            X=0XFF;                     //关闭显示
            i<<=1;                      //换下一列
        }
        i=1;
    }
}                                       //主程序结束
//===延时函数,延时约 x*1 ms=============================
void delay1ms(int x)
{
    int m,n;                            //声明整型变量 m,n
    for(m=0;m<x;m++);                   //计数 x 次,延时约 x*1 ms
        for(n=0;n<120;n++);             //计数 120 次,延时约 1 ms
}
```

6.2.3 点阵式广告屏的电路设计

主要涉及接口使用、器件选择、地址计算等内容。

【技能训练 6-4】 点阵式 LED 广告屏电路设计。

目的：设计 16×16 点阵广告屏。

内容：设计能显示三个汉字的 LED 广告屏，显示“单片机”三个汉字。

操作步骤：使用 Proteus 软件设计电路，按照图 6-10 所示方法，设计一个 16×16 LED 点阵，然后复制，再粘贴两个同样的电路块。再添加一个单片机 AT89C51，一个锁存器 74LS373，两个译码器 74154，连接电路，添加网络标号。如图 6-12 所示。

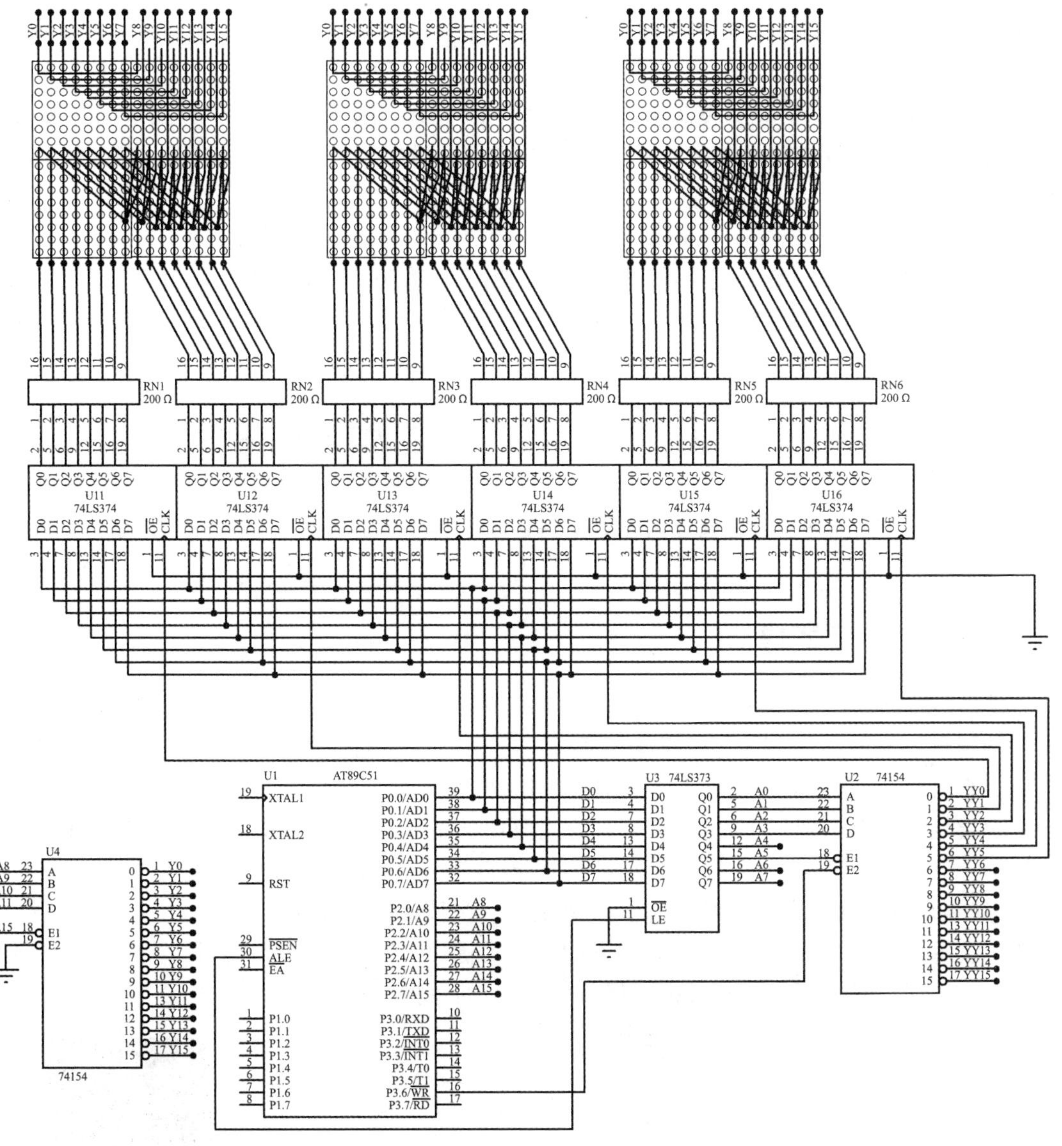

图 6-12　3 个 16×16 LED 点阵显示驱动电路

图 6-12 中，单片机 U1，译码器 U2，锁存器 U11～U16 的接法，与图 6-8 几乎一样，不同的是，译码器 U2 的输入端地址信号来自地址锁存器 U3(74LS373)，使用了地址信号 A0、A1、A2 以及 A3，优点是省下了 P2 端口，缺点是多用了一个 U3。

为了把 P2 端口省下来，增加一个地址锁存器 74LS373，将 P0 端口的低 8 位地址信号(A0～A7)分离出来。利用地址线 A0～A3，使用“MOVX @R0，A”指令访问扩展的并行口。按照

图 6-12 中接法，把不用的地址设为 1，并行口的地址范围是：0D0H～0DFH；把不用的地址设为 0，地址从 0 开始。实际上，图 6-12 中使用了 6 个并行口，地址范围是 00H～05H（或者 0D0H～0D5H）（参看表 6-5 的地址计算）。

当 A7A6A5A4A3A2A1A0＝00H，译码器 U2 译出 YY0＝0，YY1～YY15＝1，选中 U11 接收数据；当 A7～A0＝01H，YY0＝1，YY1＝0，YY2～YY15＝1，选中 U12 接收数据，依次类推。就是说，图 6-12 中 U11 的地址是 00H，U12 的地址是 01H，…，U16 的地址是 05H。

省下的 P2 端口用来驱动 U4，U4 也是译码器 74154，作用是 LED 屏的行驱动。输入 4 位二进制数，译码输出 16 线，正好驱动 LED 屏的 16 行。

Y0～Y15 中，每个信号线驱动点阵的一行，几个汉字的同一行都接在同一个信号线上，即第一个汉字的 Y0 与第二个汉字的 Y0 以及第三个汉字的 Y0 是接在一起的，同时亮或同时灭。

实际工作电路要将这个信号加一个驱动电路，因为同一行所有亮的 LED 电流，都要流过这一点，电流很大。

参考文件：点阵 16×16×3. dsn。

如果计算机速度不是足够快，仿真时 CPU 使用达到 100％，显示效果不好，出现的字符不稳定。当然，实际的显示屏不会出现这种情况，只在仿真时出现。由此可见，超级计算机的出现对于仿真来说是个好消息。

任务 6.3 点阵式广告屏的程序设计

学习 LED 点阵图形的形成方法，了解字模及其提取方法和使用，编写点阵式广告屏的驱动程序。

6.3.1 图形和字模

通过技能训练 6-3 项目，我们知道一个字符或图形的显示是由很多的点组成的。要显示不同的图形，需要不同的点组合，这就要对每一个点进行控制。如果要对每一个点单独控制，电路会很复杂，于是就有了扫描式显示，电路相对简单一些。

要设计一幅图形或一个字符，需要确定点阵中哪一些点应该亮，哪些点不该亮。比如技能训练 6-7 中的“电”字，如图 6-13 所示，是 8×8 点阵中一部分 LED 亮起来组成的图形。8×8 点阵，就是每一行 8 个 LED，共有 8 行，总计有 64 个 LED。其中第一行只有一个 LED 亮，如果用 1 表示亮，0 表示灭，则第一行的 8 位二进制数是 00010000B＝10H，第二行的 8 位二进制数是 11111110B＝0FEH，依次类推，得到 8 个字节的数据是：

行号	二进制数	十六进制数
1	00010000	10
2	11111110	0FE
3	10010010	92
4	11111110	0FE
5	10010010	92
6	11111110	0FE
7	00010001	11
8	00011111	1F

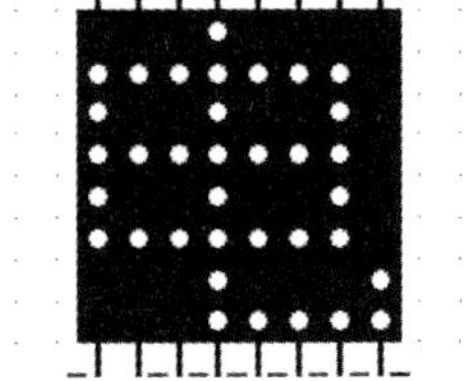

图 6-13 “电”字的点阵图

列成表格，写成汇编语言的形式，就是：

DB　10H,0FEH,92H,0FEH,92H,0FEH,11H,1FH　　;"电"字 8×8 点阵，高位在左

如果用一支笔画线将二进制数相邻的 1 连起来，"电"字就明显看出来了。

图 6-14 是"单"字的点阵图，是 16×16 点阵的图形，如果按照上述的方法列出其点阵数据，要先画出 16×16 的方格点阵图，再在图中把该亮的点找出来涂上颜色，如果字形不好还要修改，最终得到如图 6-14 所示的样子。然后按照这个图形写出 32 个字节的二进制数，再转换成十六进制数，就得到如下数据：(汇编语言格式)

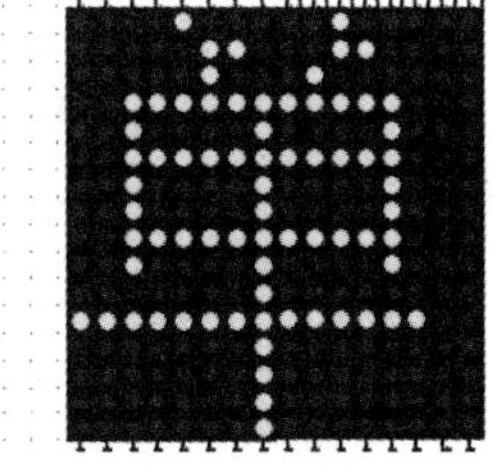

图 6-14　"单"字的点阵图

;-- 文字：单 --

;-- 宋体；此字体下对应的点阵为：宽×高＝16×16 --

DB　010H,004H,060H,00CH,020H,002H,0FCH,01FH,084H,010H,0FCH,01FH,084H,010H,084H,010H

DB　0FCH,01FH,084H,010H,080H,000H,0FFH,07FH,080H,000H,080H,000H,080H,000H,080H,000H

用这种方法，可以列出一幅任意图形的数据，用于 LED 点阵的显示。

这种工作比较麻烦，不过有一些字模提取软件可以利用，方便点阵设计。使用字模软件请注意：要按照电路的接线排列方法来设置数据生成参数，比如正序逆序、横排竖排、高电平亮还是低电平亮等。

6.3.2　扫描式显示程序设计

重点：扫描原理、扫描程序、扫描速度计算、仿真调试。

扫描式显示程序设计，首先要建立字模，把字模数据表加入程序中，如果要显示的数据很多，这些字模数据就要占很多存储器字节空间。按照 16×16 点阵计算，一个汉字占用 32 个字节，1 KB 可以容纳 32 个汉字。

编程首先要看懂电路，确定行信号由 P2(P2.0,P2.1,P2.2,P2.3)口控制，列数据由各个扩展的并行口控制。编程的基本思路是，先把第一行的各个汉字的数据送到对应的并行口，再把行信号送到 P2 端口，允许译码器译码，这样就亮了一行，维持几毫秒亮。禁止译码器译码，关闭显示。然后送第二行的数据，送行信号，译码、显示、延时和关闭显示。依次类推，直到显示最后一行。然后从头开始，重复显示。

【技能训练 6-5】　扫描式显示程序设计。

目的：练习扫描式显示程序设计。

内容：编写 16×16×3 点阵屏显示程序。利用字模提取程序提取要显示的汉字的字形码，形成字码表。

操作步骤：

(1)编辑并编译通过源程序。

(2)添加程序到 16×16×3 项目。

(3)仿真执行查看执行效果。

(4)单步执行，查看指令作用。

(5)将电路改成 4 个字。

(6)将程序改成显示 4 个字。

(7)运行,查看效果(如果 PC 机速度慢,仿真结果会出现闪烁)。

程序设计思路:

按照图 6-12 电路,每个汉字 16 行,每行 16 个 LED(2 个并行口),3 个汉字,每行 48 个 LED,6 个并行口,6 个字节,地址从 00H～05H。

在显示的时候,最先给 P2 端口送 FFH(实际上只要 P2.7 为 1 即可使 U4(74154)输出全 1),所有的行都不亮。开始送数,先取第一个汉字的第一个字节送给 U11(地址 00H),再取第一个汉字的第二个字节送给 U12(地址 01H),然后,取第二个汉字的第一个字节送给 U13(地址 02H),取第二个汉字的第二个字节送给 U14(地址 03H),最后,取第三个汉字的第一个字节送给 U15(地址 04H),取第三个汉字的第二个字节送给 U16(地址 05H),送完最上面的一行,再给 P2 端口送行号(00H)让最上边的一行亮起来(其余 15 行不亮),维持(延时)2 ms,然后让最上面的一行熄灭(所有行都熄灭),第一行结束。按照上述思路,显示第二行,第三行,……,第十五行,直到第十六行,完成一遍扫描显示,然后从头开始,不断重复上述过程。这种扫描一直持续下去,就显示出完整的汉字。

显示"单片机"三个字的程序清单:

```
;点阵 16×16×3.asm,本程序驱动 16×16 点阵三个,把不用的地址设为 0,并行口地址从 0 开始
        ORG   0000H            ;固定入口地址
        LJMP  MAIN
        ORG   0030H
MAIN:   MOV   R7,#16           ;循环 16 次,行扫描
        MOV   R2,#0H           ;最上一行亮,R2 确定显示的行
        MOV   DPTR,#ZIXING     ;字形表首
        MOV   R3,#0            ;第 0 行数据的地址
LOOP:   MOV   R0,#0            ;字节地址,就是扩展并行口第一个地址(U11 的地址)
        MOV   R6,#3            ;三个字,循环三次,每次写两个字节(一个汉字 16 行,每一行 2 个
                               字节,对应 16 个 LED)
        MOV   B,R3             ;取字形数据地址
LOOP1:  MOV   A,B              ;字形表偏移量,第一个字节的地址
        MOVC  A,@A+DPTR        ;查表
        MOVX  @R0,A            ;写外扩并行口,一个汉字的第一个字节数据写入第一个并行口
        INC   B                ;字形表中下一个字节数据的地址
        INC   R0               ;下一个并行口的地址
        MOV   A,B              ;字形表偏移量
        MOVC  A,@A+DPTR        ;查表
        MOVX  @R0,A            ;写外扩并行口,一个汉字第二个字节数据写入第二个并行口
        DEC   B                ;回到第一个字节的地址
        MOV   A,B              ;准备加
        ADD   A,#32            ;加 32,得到下一个汉字的开始字节。因为每个汉字都是 32 个字
                               节,加 32 得到下一个汉字的数据地址
        MOV   B,A              ;保存地址
        INC   R0               ;下一个并行口的地址
        DJNZ  R6,LOOP1         ;循环三次(几个汉字就循环几次)。循环完成,同一行的数据都送
```

```
                                完了,下面该打开行控制信号了
        MOV   P2,R2             ;打开显示,各个汉字的同一行都得到数据,显示这一行
        LCALL DELAY5MS          ;延时,保持一小段时间
        INC   R3                ;第一个汉字下一行数据的地址
        INC   R3                ;加 2 次,因为每一个汉字每一行都是 2 个字节
        INC   R2                ;下一行
        MOV   P2,#0FFH          ;关闭显示,每一行数据所有字节数据写入期间不要显示
        DJNZ  R7,LOOP           ;下一行
        JMP   MAIN              ;从第一行到第十六行都显示一遍了,接下来,重新开始
;以下是 16×16 点阵字符数据,逆序
ZIXING:
;-- 文字: 单 --
;-- 宋体 12;此字体下对应的点阵为:宽×高=16×16 --
以下字符数据,略
以下延时子程序,略
        END
```

程序的说明都写在程序的注释里面了,对照编程思路比较容易理解。

C 语言程序:

```
/*扩展 6 个并行输出接口(74LS374,还用了 74154 译码器),48 条输出线作为一行,另外一个 74154 译码器产生 16 条输出线用来扫描(列控)3 个 16×16 点阵,可以同时显示 3 个汉字*/
//=====================声明区=====================
#include <reg51.h>                 //定义 8051 寄存器头文件
unsigned char xdata *addr;
unsigned char code dpj[];          //单(0) 片(1) 机(2)
//===延时函数,延时约 x*1 ms=============================
void delay1ms(int x)
{
    int n,m;                       //声明整型变量 i
    for(n=0;n<x;n++)               //计数 x 次,延时约 x*1 ms
    for(m=0;m<100;m++);            //计数 120 次,延时约 1 ms
}
//=====================主程序=====================
main()                             //主程序开始
{
    unsigned char j,k;
    while(1)                       //无穷循环
    {
        for(j=0;j<16;j++)          //16 行,循环 16 次,行扫描
        {
            addr=0x0000;           //第 0 个汉字的第 0 字节输出地址
            for(k=0;k<3;k++)       //3 个字,循环 3 次,每次写 2 个字节(一个汉字 16 行,每一行 2 个
                                     字节,16 位二进制数)
            {
                *addr=dpj[j*2+k*32];   //汉字的前字节数据输出
```

```
                addr++;             //后字节地址
                *addr=dpj[j*2+k*32+1];   //汉字的后字节
                addr++;             //下一个汉字的地址
            }
            P2=j;                   //点亮当前行
            delay1ms(2);            //延时 2 ms
            P2=0x80;                //关闭显示
        }
    }
}                                   //主程序结束
unsigned char code dpj[]=           //单(0) 片(1) 机(2)
{
    0x10,0x04,0x60,0x0C,0x20,0x02,0xFC,0x1F,0x84,0x10,0xFC,0x1F,0x84,0x10,0x84,0x10,
    0xFC,0x1F,0x84,0x10,0x80,0x00,0xFF,0x7F,0x80,0x00,0x80,0x00,0x80,0x00,0x80,0x00,
    /*"单",0*/
    0x00,0x02,0x08,0x02,0x08,0x02,0x08,0x22,0xF8,0x7F,0x08,0x00,0x08,0x00,0x08,0x00,
    0xF8,0x0F,0x08,0x08,0x08,0x08,0x08,0x08,0x04,0x08,0x04,0x08,0x02,0x08,0x01,0x08,
    /*"片",1*/
    0x08,0x00,0x08,0x1F,0x08,0x11,0x7F,0x11,0x08,0x11,0x08,0x11,0x1C,0x11,0x2C,0x11,
    0x2A,0x11,0x0A,0x11,0x89,0x10,0x88,0x50,0x48,0x50,0x48,0x50,0x28,0x60,0x08,0x00
    /*"机",2*/
};
```

对照字形数据，可以看到，与汇编语言的数据是一致的(语法格式不同)。

任务 6.4　点阵式广告屏的制作调试和改进

制作、调试和改进，按照以前的过程进行即可。针对本项目给出一点提示。

6.4.1　制作和调试

实际制作，最好是四个汉字以上的屏幕，否则内容太少信息可能不完整。用 Proteus 或者 Protel 99 完成从原理图到 PCB 板的设计，亦可参照 PCB 图在万能板上制作。焊接、测量和电路功能验证。然后下载程序、调试，符合要求为止。

6.4.2　改进方向

1. 扩展外部存储器，增加显示内容、增加串行接口与 PC 机通信，随时改变显示内容等其他特色功能等。

2. 为了实现这些功能，需要将显示内容送给单片机系统，单片机系统需要有足够的存储空间来保存这些内容，而且这些内容要确保断电不会丢失，否则，每次开机都要重复送入同样内容，很不方便。

概括起来两条：一是要把新的显示内容送给 LED 屏控制器，在项目 5 中已经研究过；二是要有可以改写的并能掉电不丢的存储器，这个问题将在后续项目中讲述。

项目小结

1. 扩展大量 I/O 接口用于输出，在实际中应用很多，关键在于译码器的使用和计算接口地址的方法，其次是编程。

2. 电子文档中还有几个关于 LED 点阵的仿真项目，可供学习参考，限于篇幅，书中没有列出，需要时可以打开运行，帮助理解所学知识。

习题 6

一、填空题

1. 若不使用 MCS-51 片内 ROM 引脚$\overline{EA}$必须接______。

2. 在 MCS-51 系统中，当$\overline{PSEN}$信号有效时，表示 CPU 要从______存储器读取信息。

3. 用传送指令访问 MCS-51 的程序存储器，它的操作码助记符应为______。

4. 访问 MCS-51 片内 RAM 应该使用的传送指令的助记符是______。

5. 单片机的三总线有地址总线、控制总线和______总线。

6. MCS-51 系列单片机访问片外存储器时，利用______信号锁存来自______口的低 8 位地址信号。

7. 两根地址线可选______个存储单元，32 KB 存储单元需要______根地址空间。

8. 三态缓冲寄存器输出端的“三态”是指______态、______态和______态。

9. 74154 是具有四个输入的译码器芯片，其输出作为片选信号时，最多可以连接______块芯片。

10. MCS-51 在外扩 ROM、RAM 或 I/O 时，它的地址总线是由单片机的______口组成。

二、选择题

1. 要用传送指令访问 MCS-51 片外 RAM，它的指令操作码助记符应是(　　)。

A. MOV　　B. MOVX　　C. MOVC　　D. 以上都行

2. 下面哪条指令产生$\overline{WR}$信号？(　　)

A. MOVX A,@DPTR　　B. MOVC A,@A+PC

C. MOVC A,@A+DPTR　　D. MOVX @DPTR,A

3. 可以为访问程序存储器提供或构成地址的有(　　)。

A. 有程序计算器 PC　　B. 只有 PC 和累加器 A

C. 只有 PC、A 和数据指针 DPTR　　D. PC、A、DPTR 和堆栈指针 SP

4. 不属于单片机的集成电路芯片是(　　)。

A. 80C51　　B. 8052　　C. 8086　　D. 89C51

三、简答题

1. 三总线是利用单片机的哪几个端口构成的？

2. 译码器是对地址信号译码的，四根地址线可以译出几个地址？

3. 说明扫描式显示的工作过程。

四、设计题/编程题

设计能显示两个汉字的点阵屏，显示“您好”两个汉字。

项目7 LCD日历时钟

——人机接口

项目规划单

项目名称	LCD 日历时钟
功能要求	利用 LCD 模块。显示数字、字符或汉字，平时显示年月日时分秒。必要时可以对表
实施方案	利用单片机控制 LCD 模块，显示数字、字符或汉字。利用单片机定时器 0 产生时间，并在 LCD 上显示时间。单片机的并行口接按键，必要时通过按键执行对表功能
知识目标	1. 键盘扫描原理与编程，LED 数码管动态显示与编程 2. LCD 模块显示原理，驱动程序设计 3. 其他与人机接口有关元器件使用简介
能力目标	1. 使用软件设计电路图，编写并调试程序 2. 使用工具制作电路板并测试其正确性 3. 软、硬件联调，完成要求功能
素质目标	踏实、诚信、抗挫抗压能力、理解能力、主动学习能力、问题解决能力以及沟通协调能力等诸方面都有提高
工匠明星	钱三强为杰出核物理学家，中国科学院院士，中国原子能科学事业的创始人，荣获“两弹一星功勋奖章”，被誉为“中国原子弹之父”。其夫妇被西方称为“中国的居里夫妇”。钱三强说：“科学没有国界，科学家却有祖国！”
实施过程	1. 完成知识学习 2. 建立仿真文件，编写程序并调试，实现预定功能 3. 利用实训设备，完成实物制作，实现预定功能
完成时间	课内 8 学时，课外 6 学时
说明	涉及 1602 和 12864 等型号 LCD。字符或图形方式。不涉及视频和彩色显示
备注	参考样本：电子文档中仿真文件为 1602 日历时钟.dsn

1602 LCD 显示时钟如图 7-1 所示。

图 7-1　1602 LCD 显示时钟

人机接口是单片机应用系统不可缺少的组成部分，是指人与计算机系统进行信息交互的接口，包括信息的输入和输出。控制信息和原始数据需要通过输入设备输入计算机中，计算机的处理结果需要通过输出设备实现显示或打印。这里的输入设备与输出设备构成了人-机界面。人-机界面中的输入设备主要是键盘，常用的键盘设备包括独立式键盘和矩阵式键盘等；常用的输出设备包括发光二极管、七段数码管以及液晶显示器等。

任务 7.1　键盘接口

按键的组合就是键盘，学习按键的组合方法，解决按键抖动问题，编写键盘驱动程序。

7.1.1　按键与去抖

1. 按键的分类

键盘输入是单片机应用系统中使用最广泛的一种输入方式。键盘的主要元件是各种按键或开关。这些按键或开关可以独立使用，也可以组合成键阵使用。在单片机应用系统中，使用较多的按键或开关，有带自锁和非自锁的、常开或常闭的以及微动开关和 DIP 开关等。

2. 按键电路及按键抖动处理

对于图 7-2(a)所示的按键电路来说，按下和释放按键 K 的过程中，输出 Y 的电压波形如图 7-2(b)所示。图中的 t_1 和 t_3 分别为键的闭合和断开过程中的抖动期(分别称为前沿抖动和后沿抖动)，抖动时间的长短与开关的机械特性有关，一般为 10～20 ms；t_2 为稳定的闭合期，其时间的长短由按键的动作决定，一般为几百毫秒至几秒；t_0 和 t_4 为断开期。为了保证 CPU 对键闭合的正确性，必须去除抖动，在键的稳定闭合和断开期间读取键的状态。

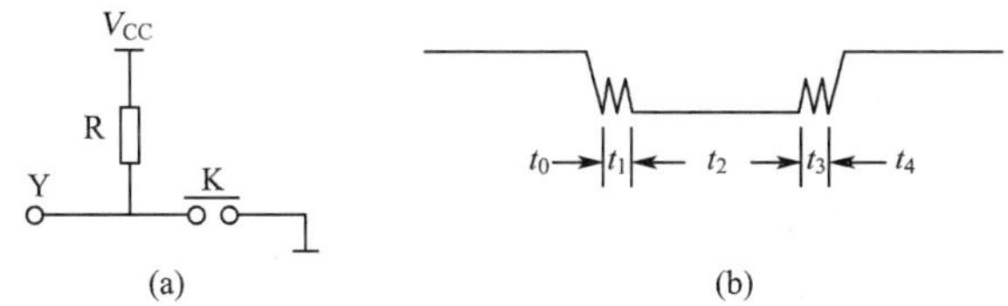

图 7-2　按键及其按下和释放时的输出电压波形

去除抖动可以采用硬件和软件两种方法。硬件方法就是在按键输入通道上增加硬件去抖动电路，从根本上避免电压抖动的产生。比如将按键输出信号经过单稳态触发器然后再送给单片机，就可以保证按一次键只发出一个脉冲，等等。软件方法则采用时间延时躲过抖动，待电压稳定之后，再进行状态输入。由于人的按键速度与单片机的运行速度相比要慢很多，所以软件延时的方法从技术上完全可行，而且经济实惠，因而越来越多地被采用。

7.1.2　键盘接口

键盘接口的主要功能是对键盘上所按下的键进行识别。使用专用的硬件进行识别的键盘称为编码键盘，使用软件进行识别的键盘称为非编码键盘。本节主要研究非编码键盘的工作原理、接口技术和接口设计，按键识别常用键盘扫描法。

单片机中常用的按键式键盘可以分为两类：独立连接式和矩阵式。

(1)独立连接式键盘

独立连接式键盘是一种最简单的键盘，每个键独立地接入一根数据输入线，如图 7-2 所示。可以根据需要使用几个这样的电路。

提示：这种形式的键盘不适合在键数要求较多的系统中使用。

(2)矩阵式键盘

矩阵式键盘是指由若干个按键组成的开关矩阵。具体方法见 7.1.3 节。

7.1.3 键盘输入程序设计举例

1. CPU 对键盘扫描的方式

CPU 对键盘扫描可以采取以下方式:

(1)程序控制的随机方式。CPU 空闲时扫描键盘。

(2)定时控制方式。每隔一段时间 CPU 对键盘扫描一次,CPU 可以定时响应键盘输入请求。

(3)中断方式。当键盘上有键闭合时,向 CPU 请求中断,CPU 响应键盘输入中断,对键盘扫描以识别哪一个键处于闭合状态,并对键输入的信息进行处理。

提示:自动防盗报警器仿真项目的电路,就是利用中断来处理按键,但是那里没有防抖动的延时。想一想为什么?

2. 键盘扫描程序处理过程

对于非编码键盘而言,仅有键盘的接口电路是不够的,还需要编制相应的键输入程序,实现对键盘输入内容的识别,键输入程序的功能包括以下五部分。

(1)判断键盘上是否有键闭合。

(2)去除键的机械抖动。

(3)确定闭合键的物理位置。

(4)得到闭合键的编号。

(5)确保 CPU 对键的一次闭合仅做一次处理。

为实现这一功能,可以采用等待闭合键释放以后再处理的方法。

提示:以上各功能部分可以在一个程序中完成,也可以通过子程序或中断子程序的方式由多个程序完成。

【技能训练 7-1】 矩阵式键盘。

目的:键盘扫描编程。

内容:4 行 8 列键盘的接口线路。

说明:电路连接如图 7-3 所示。P1.0 设定为输出口,称其为扫描线。P2.3~P2.0 设定为输入口,称其为回送线。

图 7-3 中的 2 个 LED 数码管是自带译码器的模块,目的是显示扫描得到的键号,十六进制数。仿真文件:KEY.dsn。

键值编码规律如下:

(1)回送线 P2.0 上的 8 个键的键号从左到右依次为 00H~07H。

(2)回送线 P2.1 上的 8 个键的键号从左到右依次为 08H~0FH。

(3)回送线 P2.2 上的 8 个键的键号从左到右依次为 10H~17H。

(4)回送线 P2.3 上的 8 个键的键号从左到右依次为 18H~1FH。

如果 P2.0 上有键闭合,其键值为 00H+(00H~07H);如果 P2.1 上有键闭合,其键值为 08H+(00H~07H);如果 P2.2 上有键闭合,其键值为 10H+(00H~07H);如果 P2.3 上有键

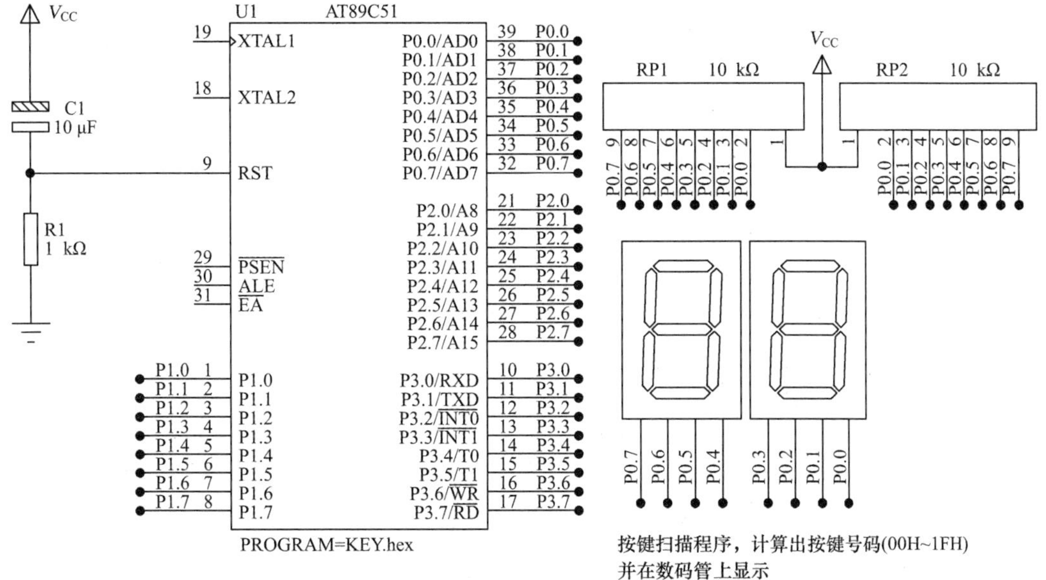

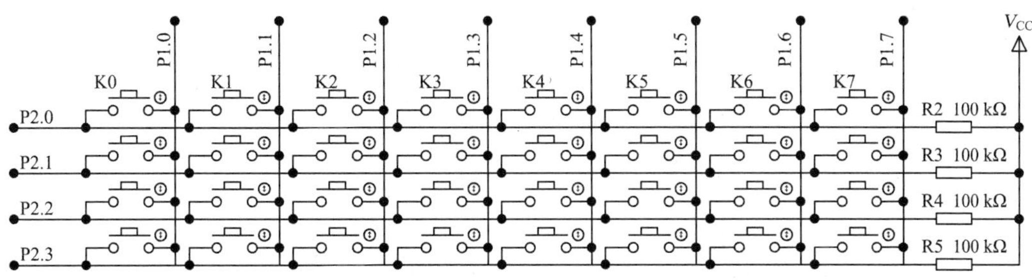

图 7-3　4 行 8 列键盘的接口电路连接

闭合，其键值为 18H＋(00H～07H)。其中的(00H～07H)的具体内容由扫描线决定，在程序中用 R4 存放，其流程图如图 7-4 所示。

键盘扫描程序清单：

```
;按键程序,计算出按键号码(00H～1FH)并在数码管上显示
;将 P1 端口作为扫描线、列线;P2 端口作为行线、回读线、回送线
            ORG     0000H
            LJMP    MAIN
            ORG     0035H
MAIN:       NOP                     ;主程序
LP:         NOP                     ;初始化,无内容
LP1:        LCALL   KEY             ;调用键盘扫描子程序
            CPL     A               ;扫描结果
            JZ      LP1             ;无按键
            CPL     A               ;有按键
            MOV     P0,A            ;从 P0 输出数据,驱动 LED 数码管
            SJMP    LP1             ;主循环
;-----------------------------------------------------------分隔线 1
;下面的 KS1 子程序用于判断键盘上是否有键闭合
```

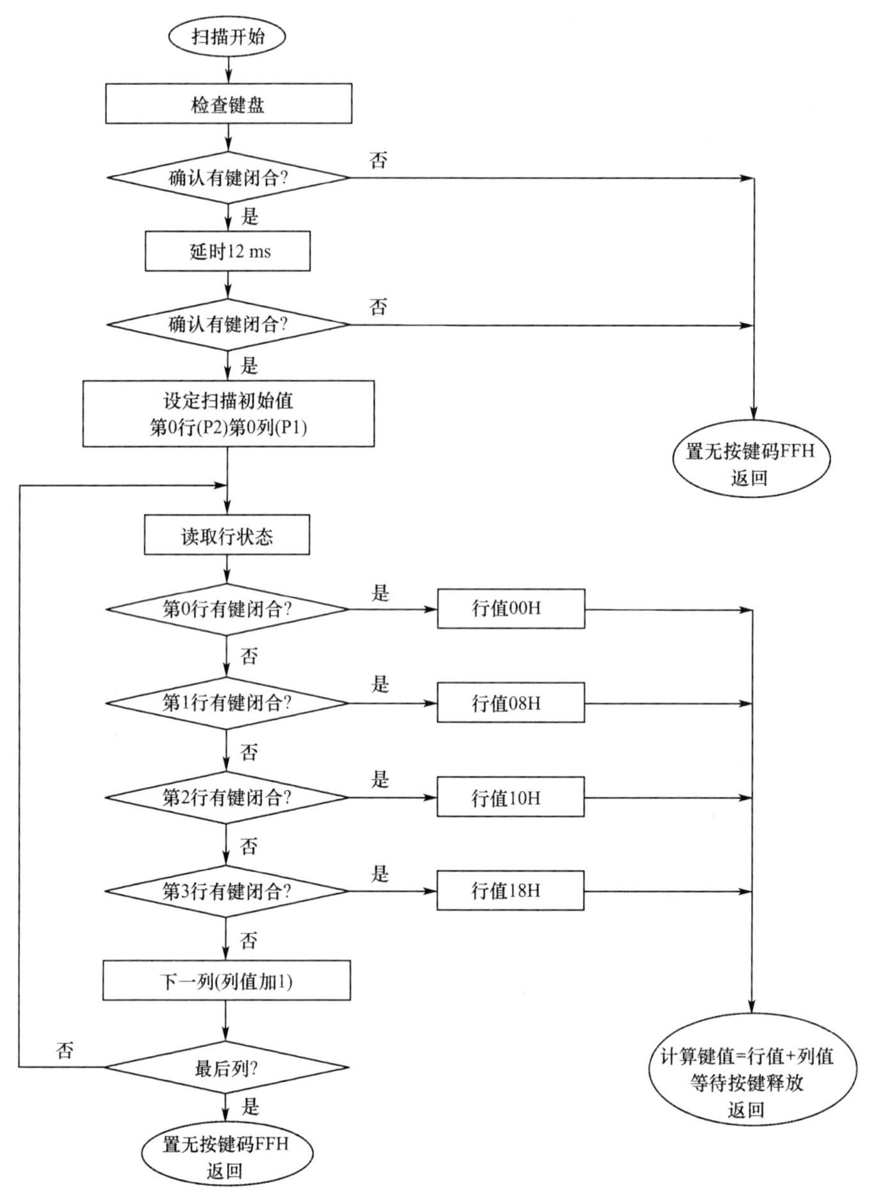

图 7-4 动态扫描法流程图

```
KS1:    MOV     P1,#00H     ;所有扫描线均为低电平,P1 端口向列线输出 00H
        MOV     A,P2        ;指向 P2 端口,取回送线状态
        CPL     A           ;行线状态取反
        ANL     A,#0FH      ;屏蔽 A 的高半字节,低半字节有按键信息
        RET                 ;返回
```

;返回之后,判断 A 的值,如果 A 的值是 00H,则无键按下,如果 A 的值不是 00H,说明有键按下,需要进行按键识别

;--分隔线 2

;下面的 KEY 子程序用于扫描键盘和识别按键的键码。该程序应该在按键抖动消除之后执行。如果有键按下,则返回键码在累加器 A 中,如果没有键按下,则累加器 A 中返回 FFH。程序中的 DIR 子程序是一个延时子程序

```
KEY:    ACALL  KS1          ;检查是否有键闭合
        JNZ    LK1          ;A非0,说明有键按下
        AJMP   KND          ;无按键返回
LK1:    ACALL  DIR          ;有键闭合,延时2×6 ms=12 ms,以去抖动
        ACALL  KS1          ;延时18 ms以后,再检查是否有键闭合
        JNZ    LK2          ;有键闭合,转LK2
        AJMP   KND          ;无按键返回
;------------------------------------------------分隔线3
LK2:    MOV    R2,#0FEH     ;扫描初值送R2,设定P1端口为当前扫描线
        MOV    R4,#00H      ;列号初值送R4
;------------------------------------------------分隔线4
LK4:    MOV    P1,R2        ;扫描初值送P1端口
        MOV    A,P2         ;取回送线状态
;------------------------------------------------分隔线5
        JB     ACC.0,LONE   ;ACC.0=1,第0行无键闭合,转LONE
        MOV    A,#00H       ;装第0行行值
        AJMP   LKP          ;转计算键码
LONE:   JB     ACC.1,LTWO   ;ACC.1=1,第1行无键闭合,转LTWO
        MOV    A,#08H       ;装第1行行值
        AJMP   LKP          ;转计算键码
LTWO:   JB     ACC.2,LTHR   ;ACC.2=1,第2行无键闭合,转LTHR
        MOV    A,#10H       ;装第2行行值
        AJMP   LKP
LTHR:   JB     ACC.3,NEXT   ;ACC.3=1,第3行无键闭合,转NEXT
        MOV    A,#18H       ;装第3行行值
;------------------------------------------------分隔线6
LKP:    ADD    A,R4         ;计算键码
        PUSH   ACC          ;保存键码
;------------------------------------------------分隔线7
LK3:    ACALL  DIR          ;延时6 ms,等待按键释放
        ACALL  KS1          ;检查按键
        JNZ    LK3          ;判断键是否继续闭合,若闭合再延时
        POP    ACC          ;若键起,则键码送累加器A
        RET
;------------------------------------------------分隔线8
NEXT:   INC    R4           ;列号加1
        MOV    A,R2
        JNB    ACC.7,KND    ;第7位为0,已扫描到最高列,转KND
        RL     A            ;循环左移一位
        MOV    R2,A
        AJMP   LK4          ;进行下一列扫描
KND:    MOV    A,#0FFH      ;无按键返回码
        RET                 ;返回
```

```
;键盘扫描程序的运行结果,是把被按键的键码放在累加器A中,再根据键码进行相应的处理
;-----------------------------------------------------------分隔线9
DIR:
DLY5M:   MOV    R5,#5          ;晶振频率=6 MHz时,延时5 ms
DLY5M1:  MOV    R6,#248
         DJNZ   R6,$
         DJNZ   R5,DLY5M1
         RET                   ;实际运行4996 μs=4.996 ms
         END
```

C语言程序:

/*按键扫描程序,计算出按键号码(00H~1FH)并在数码管上显示,调试用;将P1端口作为扫描线、列线;P2端口作为行线、回读线、回送线;P0端口接数码管,自译码*/

```
//=====================声明区=====================
#include <reg51.h>                  //定义8051寄存器头文件
#define uchar unsigned char
#define uint unsigned int
uchar scan_key();                   //按键扫描函数
bit key1();                         //按键检查函数
void delay(uint k);                 //延时函数
//=====================主程序=====================
main()                              //主程序开始
{
    while(1)
    {
        if(key1()==1)
        {
            P0=scan_key();
        }
    }
}                                   //主程序结束
//--------------按键扫描程序,返回键码--------------------
uchar scan_key()
{
    uchar i,k,r,key;
    if(key1())
    {
        delay(15);
        if(key1())
        {
            k=0xfe;                 //扫描初值,设定P1为当前扫描线
            r=0x00;                 //回送初值
            for(i=0;i<8;i++)
```

```
            {
                P1=k;                    //扫描线输出
                k=(k<<=1|1);             //进行下一列扫描
                switch(~P2&0x0f)         //取回送线状态
                {
                    case 1:r=0;key=r+i;return(key);     //计算键码
                    case 2:r=0x08;key=r+i;return(key);  //计算键码
                    case 4:r=0x10;key=r+i;return(key);  //计算键码
                    case 8:r=0x18;key=r+i;return(key);  //计算键码
                    default:break;
                }
            }
        }
    }
    return(key);
}
//----------判断是否有按键按下,返回 1=有,0=无-------------
bit key1()                               //判断按键是否压下
{
    P1=0x00;                             //所有扫描线均为低电平
    return(~P2&0x0f);                    //有键按下返回 1,无键按下返回 0
}
/**********延时 k*1 ms,12.000 MHz***********/
void delay(uint k)
{
    uint i,j;
    for(i=0;i<k;i++)
    {
        for(j=0;j<60;j++);
    }
}
```

任务 7.2　LED 显示接口

显示接口用于实现单片机应用系统中的数据输出和状态的反馈，常用的有 LED、LED 数码管以及 LCD 液晶显示接口等。

7.2.1　LED 显示与驱动

发光二极管简称 LED(Light Emitting Diode)。由 LED 组成的显示器，是单片机系统中常用的输出设备。LED 显示器件的种类很多，但均由单个的 LED 发光二极管组成。

1. LED 数码管显示器

如果要显示十进制或十六进制数字及某些简单字符，可选用数码管显示器。这种显示器能显示的字符较少，形状有些失真，但控制简单，使用方便。其结构图和用法见项目 2。

2. LED 点阵模块显示器

LED 点阵模块显示器是指由发光二极管排成一个 $n\times m$ 的点阵，每个发光二极管构成点阵中的一个点。该显示器显示的字形逼真，能显示的字符比较多，但控制比较复杂。相关内容在项目 6 中已经研究过。

3. LED 的驱动接口

提醒：关于单个 LED 驱动问题，在项目 1 中的 1.3.2 节中介绍过。

7.2.2 LED 数码管静态显示

LED 数码管显示器常用的工作方式有静态显示方式和动态显示方式两种。

静态显示是指当显示器显示某一个字符时，LED 的位选恒定地被选中。在这种显示方式下，每一个 LED 数码管显示器都需要一个 8 位的输出口进行控制。由于单片机本身提供的 I/O接口有限，在实际使用中通常通过扩展 I/O 接口的形式解决输出口数量不足的问题。

电子钟就是利用串行口扩展 6 个并行口实现静态显示。

静态显示：参看仿真文件 595. dsn，串行口扩展并行口静态显示 6 位计数器，也可以参考仿真文件 0809ADC＋. dsn，其中用到了串行口扩展并行口的静态数码管显示。

7.2.3 LED 数码管动态显示

动态显示方式，是指逐位轮流点亮每位数码管(称为扫描)，即每个数码管的位选被轮流选中，多个数码管共用一组段选，段选数据仅对位选选中的数码管有效。对于每一位显示器来说，每隔一段时间点亮一次。显示器的亮度既与导通电流有关，也与点亮时间和间隔时间的比例有关，通过调整电流和时间参数，可以既保证亮度又保证显示连续。若显示器的位数不大于 8 位，则显示器的公共端只需一个 8 位 I/O 接口进行动态扫描(称为扫描口)，控制每位显示器所显示的字形也需一个 8 位口(称为段码输出)。为了节约 I/O 接口线，常采用动态显示方式。

提示：动态扫描式显示可以节省 I/O 接口线，但是驱动电路和编程相对麻烦。

注意：显示位数太多时，亮度明显不足。

【技能训练 7-2】 8 位数码管动态显示。

目的：动态显示编程。

内容：设计 8 位共阴极数码管动态显示电路，并写出与之对应的动态扫描显示子程序。要求在这 8 只显示器上显示片内 RAM 70H～77H 单元的内容(均为分离的 BCD 码)。

说明：

8 位动态显示器接口电路如图 7-5 所示。

共阴极数码管就是公共极(位信号)低电平有效，那么段信号就是高电平有效。

在此系统中，使用了单片机的 P1 端口和 P2 端口，其中 P2 端口作为位扫描口，P1 端口作为段码输出口。在进行扫描时，P2 端口的 8 位依次置 1，经过 ULN2803 反相后，依次选中了从左至右的显示器。段码输出驱动采用了 74HCT245，它是 8 位同相驱动器。

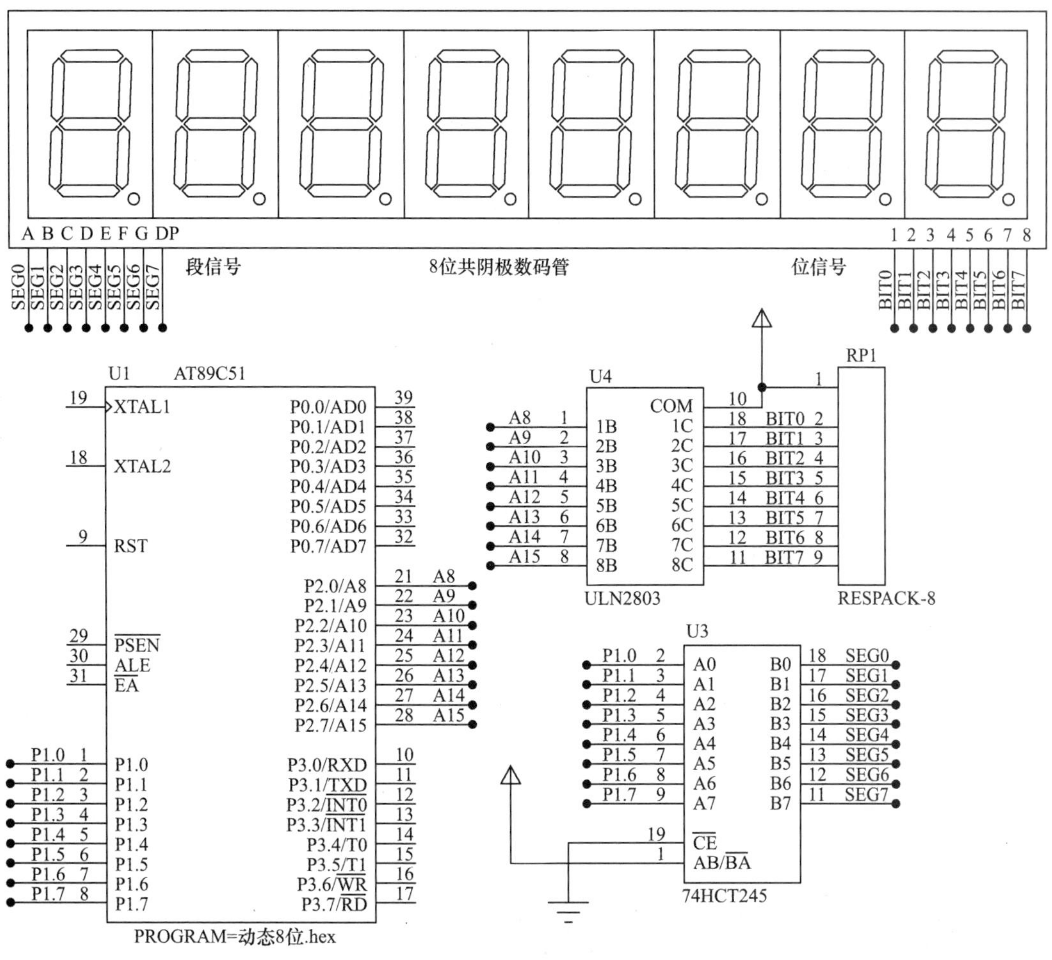

图 7-5　8 位动态显示器接口电路

汇编语言动态扫描子程序清单如下：

```
;先将要显示的内容装入显示缓冲区 70H～77H，内容为分离 BCD 码
DISP1:   MOV    R0,#70H     ;指向缓冲区末地址
         MOV    R2,#01H     ;开始选择最低位所接数码管
DISP2:   MOV    A,@R0       ;取要显示的数据
         LCALL  SEG7        ;查表取得字形码，即段码
         MOV    P1,A        ;输出段码
         MOV    P2,R2       ;输出位选信号
         LCALL  D1MS        ;延时 1 ms
         MOV    P2,#0       ;关闭显示
         INC    R0          ;调整指针
         MOV    A,R2        ;读回扫描字即位选信号
         CLR    C           ;清进位标志
         RLC    A           ;扫描字右移选择下一位
         MOV    R2,A        ;保存扫描字
         JC     PASS        ;一次显示结束
         AJMP   DISP2       ;没结束则继续显示
```

```
PASS:      AJMP   DISP1              ;从头开始
;------------延时子程序
D1MS:      MOV    R7,#02H            ;延时 1 ms 子程序
DMS:       MOV    R6,#0FFH
           DJNZ   R6,$
           DJNZ   R7,DMS
           RET
;---------查表获取字形码----------------------
SEG7:      INC    A
           MOVC   A,@A+PC
           RET
;--------------显示子程序用的字形表--------------------------------
;-----高电平有效,字形笔画 a 连接最低位--------------------------------
TABLE:     DB     3fH,06H,5bH,4fH    ;"0","1","2","3"
           DB     66H,6dH,7dH,07H    ;"4","5","6","7"
           DB     7fH,6fH,77H,7cH    ;"8","9","A","B"
           DB     39H,5eH,79H,71H    ;"C","D","E","F"
           END
```

C 语言程序:

```
//在集成式数码管上显示多个不同字符
#include <reg51.h>
#define uchar unsigned char
#define uint unsigned int
uchar code SMG_TAB[]={0xc0,0xf9,0xa4,0xb0,0x99,0x92,0x82,0xf8};
/************************延时****************/
void DelayMS(uint x)
{
    uchar i;
    while(x--)
        for(i=0;i<120;i++);
}
/*********************主程序*******************/
void main()
{
    uchar i,k=0x01;
    while(1)
    {
        for(i=0;i<8;i++)
        {
            P2=0x00;                //关闭显示
            P1=~SMG_TAB[i];         //发送数字段码
            P2=k;                   //发送数码管位码
            DelayMS(2);
```

```
            k<<=1;
        }
        k=0x01;
    }
}
```

上面的程序中，虽然每个数码管每次点亮时间仅为 1 ms，但是只要主程序在指定时间间隔内循环调用显示程序，从视觉角度来看 8 只显示器就处于同时点亮状态。

仿真时利用单步执行，即可看到数码管轮流亮。

参看仿真文件：动态 8 位.dsn。

提示：这个子程序可以用在很多地方。比如电子钟，可自行尝试。

任务 7.3　LCD 显示

本任务介绍 LCD 液晶显示模块工作原理、驱动方法以及常见 LCD 模块 1602 的使用。

7.3.1　LCD 液晶显示器简介

液晶显示器简称 LCD(Liquid Crystal Display)。这类显示器具有体积小、重量轻、功耗极低以及显示内容丰富等特点，在单片机应用系统中有着日益广泛的应用。

1. LCD 的结构和工作原理

液晶显示器的结构如图 7-6 所示。

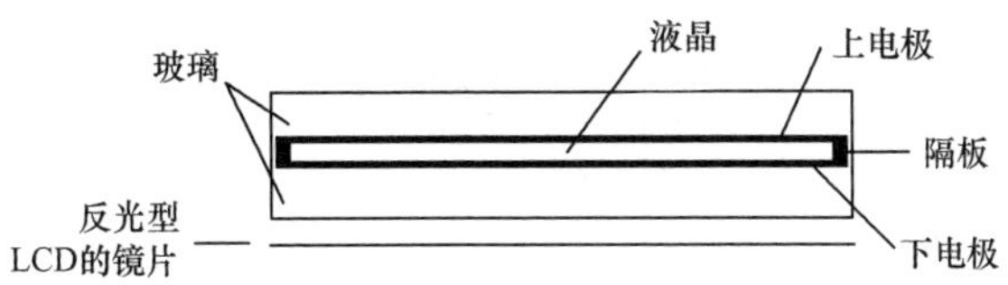

图 7-6　液晶显示器的结构

LCD 是通过在上、下玻璃电极之间封入液晶材料，利用晶体分子排列和光学上的偏振原理产生显示效果的。同时，上、下电极的电平状态将决定 LCD 的显示内容，根据需要，将电极做成各种文字、数字或图形后，就可以获得各种状态显示。通常情况下，图中的上电极又称为段电极，下电极又称为背电极。

注意：LCD 显示器本身不发光，需要其他光源照射，才能被人眼观察到图形。

2. LCD 的分类及特点

LCD 显示器有段式和点阵式两种，点阵式又可分为字符型和图像型。

段式 LCD 显示器类似于 LED 数码管显示器。每个显示器的段电极包括 a、b、c、d、e、f 和 g 七个笔画(笔段)和一个小数点 dp。可以显示数字和简单的字符，每个数字和字符与其字形码(段码)对应。

点阵式 LCD 显示器的段电极与背电极呈正交带状分布(如图 7-7 所示)，液晶位于正交的带状电极间。点阵式 LCD 的控制一般采用行扫描方式，如图 7-8 所示为显示字符“A”的情况，通过两个移位寄存器控制所扫描的点，图 7-8 中的移位寄存器 1 控制扫描的行位置，同一时刻只有一个数据位为“1”，相对应的行处于被扫描状态，这时，移位寄存器 2 可以将相应的列数据送入点阵中，这样逐行循环扫描，可以得到显示的结果为字符“A”。

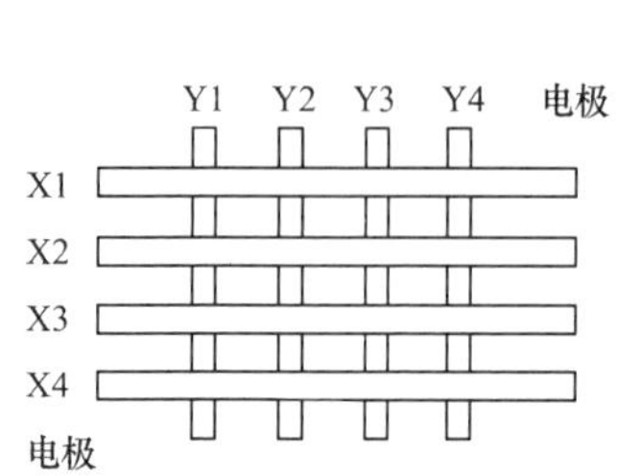

图 7-7 点阵式 LCD 显示器的正交带状分布

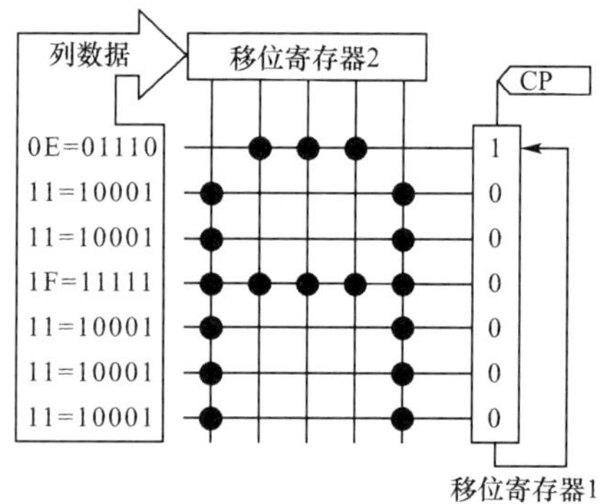

图 7-8 点阵式 LCD 显示字符"A"的情况

由于液晶显示器比较复杂，需要的接口比较多，除了特别简单的段码数字式之外，一般不用单片机直接驱动，而使用专用的驱动芯片电路。

3. LCD 显示模块

LCD 显示模块(Liquid Crystal Display Module，简称 LCM)是把 LCD 显示屏、背景光源、电路板和驱动集成电路等部件构造成一个整体，作为一个独立部件使用，其内部结构如图 7-9 所示。LCD 显示模块只留一个接口与外部通信。显示模块通过这个接口接收显示的命令和数据，并按指令和数据的要求进行显示；外部电路通过这个接口读出显示模块的工作状态和显示数据。LCD 显示模块一般带有内部显示 RAM 和字符发生器，只要输入 ASCII 码就可以进行显示。

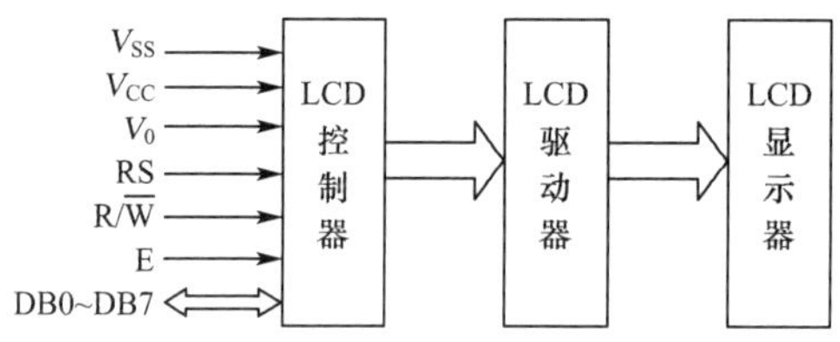

图 7-9 LCD 显示模块的内部结构

7.3.2 常见 LCD 显示模块 FM1602 的介绍

1. 基本特性

FM1602 是常见的字符型点阵液晶显示器模块，它可以显示 2 行，每行 16 个字符，每个字符 8 点×5 点。一般是黄绿色背景，黑色字符(也有其他颜色，但都是单色显示)。一般字符尺寸为 3 mm×5 mm。

FM1602 一般是 14 到 16 引脚，如图 7-10 所示。

FM1602 采用标准的 16 脚接口，其中：

第 1 脚：V_{SS} 为电源地。

第 2 脚：V_{DD} 接+5 V 电源。

第 3 脚：V_{EE} 为液晶显示器对比度调整端，接正电源时对比度最弱，接地电源时对比度最高，对比度过高时会产生"鬼影"，使用时可以通过一个 10 kΩ 的电位器调整对比度。

第 4 脚：RS 为寄存器选择，高电平时选择数据寄存器，低电平时选择指令寄存器。

第 5 脚：RW 为读写信号线，高电平时进行读操作，低电平时进行写操作。当 RS 和 RW 共同为低电平时可以写入指令或者显示地址，当 RS 为低电平 RW 为高电平时可以读忙信号，当 RS 为高电平 RW 为低电平时可以写入数据。

第 6 脚：E 端为使能端，高电平数据传送，低电平不传送数据。如果是写入命令，当 E 端由高电平跳变成低电平时，液晶模块开始执行命令。

第 7～14 脚：D0～D7 为 8 位双向数据线。

第 15～16 脚：空脚，有的产品 15 脚为 BLA，背光电源正极，一般需要一个限流电阻再接 +5 V；16 脚为 BLK，背光电源地。

液晶模块 FM1602 与单片机的连接很简单，如图 7-11 所示。

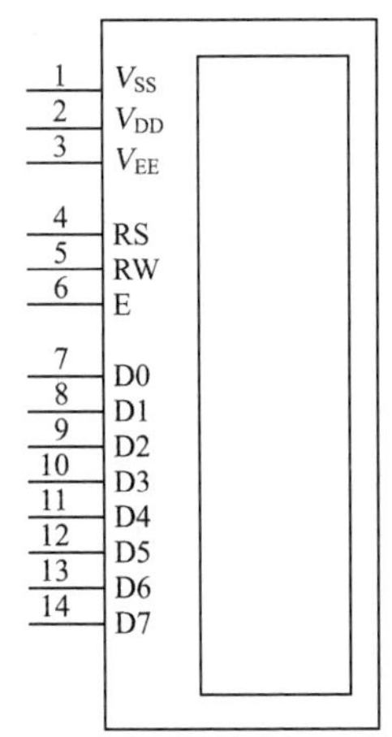

图 7-10　FM1602 引脚排列图

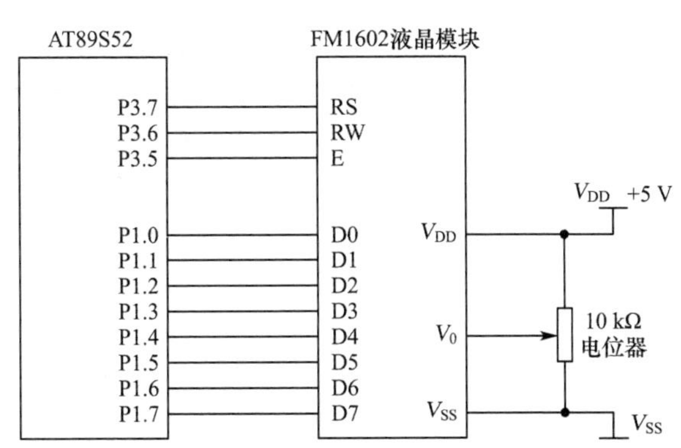

图 7-11　一种单片机与 LCD FM1602 的接口电路

液晶模块 FM1602 内部的字符发生存储器(CGROM)已经存储了 160 个不同的点阵字符图形，称为字符库，见表 7-1，这些字符有：阿拉伯数字、英文字母的大小写、常用的符号和日文假名等，每一个字符都有一个固定的代码，比如大写的英文字母“A”的代码是 01000001B (41H)，显示时模块根据代码 41H 将存储的点阵字符图形显示出来，我们就能看到字母“A”了。

表 7-1　　LCD FM1602 标准字符库

低 4 位 \ 高 4 位		2	3	4	5	6	7	8	A	B	C	D	E	F
0	(1)		0	@	P	`	p			ー	タ	ミ	α	p
1	(2)	!	1	A	Q	a	q		。	ア	チ	ム	ä	q
2	(3)	“	2	B	R	b	r		「	イ	ツ	メ	β	θ
3	(4)	#	3	C	S	c	s		」	ウ	テ	モ	ε	∞
4	(5)	$	4	D	T	d	t		、	エ	ト	ヤ	μ	Ω
5	(6)	%	5	E	U	e	u		.	オ	ナ	ユ	σ	ü
6	(7)	&	6	F	V	f	v		ヲ	カ	ニ	ヨ	ρ	Σ
7	(8)	’	7	G	W	g	w		ァ	キ	ヌ	ラ	g	π
8	(1)	(	8	H	X	h	x		ィ	ク	ネ	リ	√	$\bar{x}$
9	(2)	)	9	I	Y	i	y		ゥ	ケ	ノ	ル	¨	y
A	(3)	*	:	J	Z	j	z		ェ	コ	ハ	レ	j	千
B	(4)	+	;	K	[	k	{		ォ	サ	ヒ	ロ	⁙	万

（续表）

高4位 低4位		2	3	4	5	6	7	8	A	B	C	D	E	F
C	(5)	,	<°	L	¥	l	|		ャ	シ	フ	ヮ	φ	円
D	(6)	—	=	M	]	m	}		ュ	ス	ヘ	ン	キ	÷
E	(7)	.	>°	N	ˆ	n	→		ョ	セ	ホ	゛	$\bar{n}$	
F	(8)	/	?	O	_	o	←		ッ	ソ	マ	°	Ö	█

2. 控制命令

FM1602 液晶模块内部的控制器共有 11 条控制指令，见表 7-2。

表 7-2　　　　FM1602 指令表

指　令	指令码										说明	指令周期 f_{osc} =250 kHz
	RS	R/W	DB7	DB6	DB5	DB4	DB3	DB2	DB1	DB0		
清屏	0	0	0	0	0	0	0	0	0	1	清除屏幕，置 AC 为 0，光标回位	1.64 ms
光标返回	0	0	0	0	0	0	0	0	1	*	DDRAM 地址为 0，显示回原位，DDRAM 内容不变	1.64 ms
设置输入方式	0	0	0	0	0	0	0	1	I/D	S	设置光标移动，方向由 I/D 指定，是否移动由 S 指定	40 μs
显示开关	0	0	0	0	0	0	1	D	C	B	D 设置显示开关，C 设置光标开关，B 设置光标闪烁	40 μs
移位	0	0	0	0	0	1	S/C	R/L	*	*	移动光标及整体显示 S/C，不改变 DDRAM 内容	40 μs
功能设置	0	0	0	0	1	DL	N	F	*	*	设置接口数据位数 DL、显示行数 N、字符字体 F	40 μs
CGRAM 地址设置	0	0	0	1	ACG						设置 CGRAM 地址。设置后发送接收数据	40 μs
DDRAM 地址设置	0	0	1	ADD							设置 DDRAM 地址。设置后发送接收数据	40 μs
忙标志/读地址计数器	0	1	BF	AC							读忙标志 BF 和地址计数器 AC 的值	0 μs
CGRAM/DDRAM 数据写	1	0	写数据								向 CGRAM 或 DDRAM 写数据	40 μs
CGRAM/DDRAM 数据读	1	1	读数据								从 CGRAM 或 DDRAM 读数据	40 μs

表格说明：

(1)符号

DDRAM：显示数据 RAM。

CGRAM：字符发生器 RAM。

ACG：CGRAM 地址。

ADD：DDRAM 地址及光标地址。

AC：地址计数器，用于 DDRAM 和 CGRAM。

(2)控制位

I/D=1:增量方式;I/D=0:减量方式。

S=1:移位。

S/C=1:显示移位;S/C=0:光标移位。

R/L=1:右移;R/L=0:左移。

DL=1:8 位;DL=0:4 位。

N=1:2 行;N=0:1 行。

F=1:5×10 字体;F=0:5×7 字体。

BF=1:执行内部操作;BF=0:可接收指令。

它的读写操作、屏幕和光标的操作都是通过指令编程来实现的。(说明:1 为高电平,0 为低电平,* 为任意)

液晶显示模块是一个慢显示器件,所以在执行每条指令之前一定要确认模块的忙标志为低电平,表示不忙,否则此指令失效。显示字符时要先输入显示字符地址,也就是告诉模块在哪里显示字符,显示位与 DDRAM 地址的对应关系见表 7-3。

表 7-3　显示位与 DDRAM 地址的对应关系

显示位序号		1	2	3	4	5	……	40
DDRAM 地址(HEX)	第一行	00	01	02	03	04	……	27
	第二行	40	41	42	43	44	……	67

比如第二行第一个字符的地址是 40H,那么是否直接写入 40H 就可以将光标定位在第二行第一个字符的位置呢?这样是不可行的,因为写入显示地址时要求最高位 D7 恒定为高电平 1,所以实际写入的数据应该是 01000000B(40H)+10000000B(80H)=11000000B(C0H)。

注意:FM1602 每行只能显示 16 个字符,故其显示位置每一行只能用 0~15,而不能用到 40。

【技能训练 7-3】 LCD1602 测试程序。

目的:LCD1602 显示编程。

内容:单片机连接 FM1602,编程驱动 LCD 显示。首先在指定位置显示字符,然后在整个屏幕显示同一个字符一秒,下一秒换下一个字符,测试所有可显示字符。

操作步骤:

(1)用 Proteus 软件绘制电路图。

(2)编辑测试程序,编译通过。

(3)仿真运行,查看显示结果。

(4)单步运行,查看显示过程,理解 LCD 工作特点和编程方法。

(5)其他实训收尾工作。

测试电路如图 7-12 所示。

汇编语言测试 LCD1602 显示程序:

```
;1602 显示.asm
;====================================
;单片机采用 AT89C51;晶振采用 6 MHz,机器周期=2 μs
;------------------内存分配-----------------------------------
            XPOS    EQU 28H          ;列方向,地址指针(其值为 0~15)(用于 LCDPOS 子程序)
```

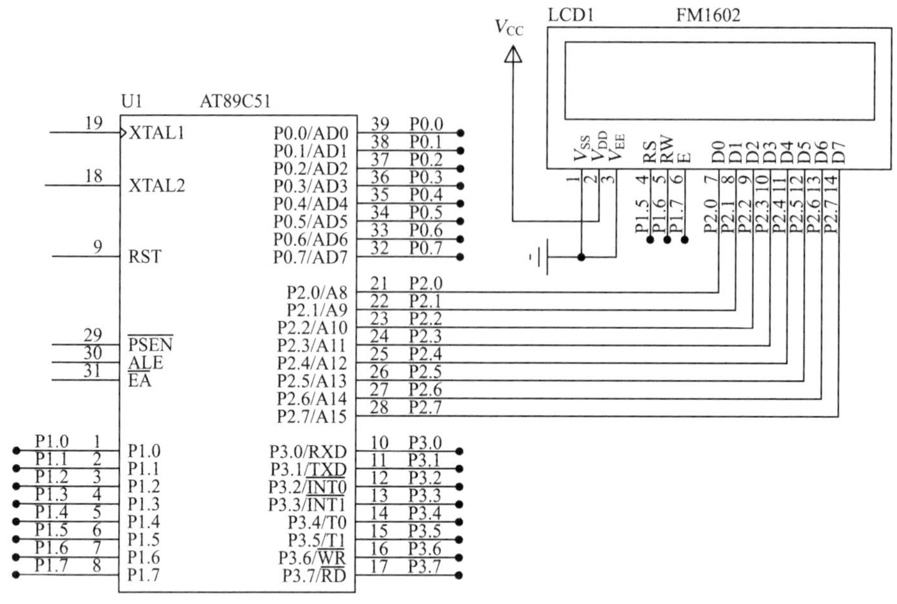

图 7-12 LCD1602 与 AT89C51 的接线测试电路

```
            YPOS     EQU 29H        ;行方向,地址指针(其值为 0～1)(用于 LCDPOS 子程序)
            DAT      EQU 22H        ;数据
            COM      EQU 23H        ;指令
;-------------LCD1602 接口
            RSPIN    EQU P1.5       ;FM1602 的 RS 端,0=指令寄存器;1=数据存储器
            RWPIN    EQU P1.6       ;FM1602 的 RW 端,0=写;1=读
            EPIN     EQU P1.7       ;FM1602 的 E 端,下降沿执行指令
            DATABUS EQU P2          ;数据线 8 位,LCD1602 的数据线
;====================程序开始====================
            ORG      0000H          ;固定入口
            JMP      START
            ORG      0030H          ;主程序入口
START:      MOV      SP,#5FH        ;堆栈底------初始化------主程序开始
            CALL     LCDRESET       ;FM1602 初始化
            CLR      EPIN
;-----------主循环开始-----------------------------
MAIN:       LCALL    SL1            ;示例 1------调用一个示例程序
            LCALL    TEST           ;满屏测试------调用一个测试程序
            JMP      MAIN           ;主循环
;------------主循环结束-----------------------------
;-----------------------------------------示例 1 开始
;在第一行第 5 个字符位置开始,写入“MCS-51”字样
SL1:        LCALL    LCDRESET       ;初始化
            MOV      XPOS,#5        ;指定写字符的开始地址
            MOV      YPOS,#0        ;包括行和列,连续写入,地址就自动加 1
            LCALL    LCDPOS         ;初始定位,连续写入,以后不需要再定位
            MOV      DPTR,#TAB1     ;准备数据,字符在表格中
```

```
            MOV    R7,#6          ;6 个字符,循环 6 次
            MOV    R6,#0          ;字符在表中的偏移量
SL1A:       MOV    A,R6           ;准备查表
            MOVC   A,@A+DPTR      ;查表得到字符
            LCALL  LCDWD          ;向 FM1602 写入数据
            INC    R6             ;下一个字符偏移量
            DJNZ   R7,SL1A        ;循环控制
            LCALL  DELAY400MS     ;其实延时只有 300 ms 左右
            RET
TAB1:       DB     'MCS-51'       ;要显示的字符表,在程序存储器中建立表格
;----------------------------------------示例 1 结束
;------------------测试程序开始----------------------
;ASCII 码从 20H 开始,到 7FH 结束的所有字符,均满屏显示一遍
TEST:       MOV    A,#20H         ;要写屏的数据送给 DAT,测试主程序
MN_PA:      CALL   LCDFILL        ;写整屏子程序
            CALL   DELAY400MS     ;其实延时只有 300 ms 左右
            INC    A
            CJNE   A,#07FH,MN_PA  ;80H、90H 是空白,之后是假名等
            MOV    A,#' '
            CALL   LCDFILL        ;写整屏子程序
            CALL   DELAY400MS     ;调用延时子程序
            RET
;----------------------------------------测试程序结束
;以下是各种功能子程序,在以上的显示程序中使用
;================屏幕填满同一个字符子程序,使用的字符在 A 中
LCDFILL:    MOV    B,A
            MOV    YPOS,#0        ;从头开始:第一行
LFL_PB:     MOV    XPOS,#0        ;第一列整屏显示 A 中所代表字符
LFL_PA:     MOV    A,B
            CALL   LCDWRITE       ;定位写字符
            INC    XPOS           ;下一列
            MOV    A,XPOS
            CJNE   A,#16,LFL_PA   ;判断到头
            INC    YPOS           ;下一行
            MOV    A,YPOS
            CJNE   A,#2,LFL_PB    ;判断到底
            MOV    A,B
            RET
;===============确定显示位置的地址;设置第(XPOS,YPOS)个字符的 DDRAM 地址
LCDPOS:     PUSH   ACC            ;保护累加器
            ANL    XPOS,#0FH      ;X 位置范围(0 到 15)
            ANL    YPOS,#01H      ;Y 位置范围(0 到 1)
            MOV    A,YPOS         ;(XPOS,YPOS)对应 DDRAM 地址
            CJNE   A,#00,LPS_LAY
            MOV    A,XPOS         ;(第一行)X: 第 0~15 个字符,DDRAM:0H~0FH
```

```
            JMP     LPS_LAX
LPS_LAY:    MOV     A,XPOS          ;(第二行)X:第 0~15 个字符
            ADD     A,#40H          ;DDRAM:40H~4FH
LPS_LAX:    ORL     A,#80H          ;设置 DDRAM 地址
            CALL    LCDWC           ;写指令
            POP     ACC
            RET
;===================定位写字符子程序
LCDWRITE:                           ;定位写字符子程序
            CALL    LCDPOS          ;定位显示地址
            CALL    LCDWD           ;写字符
            RET
;=================================LCD 初始化程序
LCDRESET:   MOV     A,#38H          ;显示模式设置(以后均检测忙信号)
            CALL    LCDWC           ;LCD 写指令子程序,不忙时将 A 中指令值写入
            MOV     A,#01H          ;显示清屏光标归(0,0)
            CALL    LCDWC
            MOV     A,#06H          ;显示光标右移文字不动
            CALL    LCDWC
            MOV     A,#0CH          ;显示开及光标无,不闪烁设置
            CALL    LCDWC
            RET
;===========================写指令子程序
;-------送控制字子程序(检测忙信号)命令字在 ACC
LCDWC:      CALL    WAITIDLE        ;等待空闲
            JC      LCDWCZ          ;一直忙则不写
LCDWCN:     SETB    EPIN            ;E=1,送控制字子程序(不检测忙信号)
            CLR     RSPIN           ;RS=0 指令
            CLR     RWPIN           ;RW=0 写
            SETB    EPIN            ;E=1
            MOV     DATABUS,A       ;指令值送到数据线
            NOP
            CLR     EPIN            ;E=0 下降沿,LCD 执行指令
LCDWCZ:     RET
;===========================写数据子程序
;写字符子程序,欲写字符在 ACC
LCDWD:      CALL    WAITIDLE        ;等待空闲
            JC      LCDWDZ          ;一直忙则不写
            SETB    RSPIN           ;RS=1 数据
            CLR     RWPIN           ;RW=0 写
            SETB    EPIN            ;E=1
            MOV     DATABUS,A       ;数据值送到数据线
            NOP
            CLR     EPIN            ;E=0
LCDWDZ:     RET
;============================等待空闲子程序
```

```
WAITIDLE:                          ;等待空闲子程序
            PUSH   ACC             ;正常读写操作之前必须检测 LCD 控制器状态
            MOV    A,#100          ;超过 100 次循环就不再等待
WTD_PA:     MOV    DATABUS,#0FFH   ;单片机口准备输入
            CLR    RSPIN           ;RS=0 访问指令寄存器
            SETB   RWPIN           ;RW=1 为读出状态寄存器
            CLR    EPIN            ;E=0,产生一个下降沿
            SETB   EPIN            ;E=1
            JNB    DATABUS.7,WTD_PB   ;DB7=0,LCD 控制器不忙
            DJNZ   ACC,WTD_PA
            SETB   C               ;超过 100 次循环就是不再等待,置 CY=1
            SJMP   WTD_PC
WTD_PB:     CLR    C               ;CY=0 不忙标志
WTD_PC:     POP    ACC             ;DB7=0,LCD 控制器空闲
            RET
;================延时 400 ms
DELAY400MS: 略
            END
```

C 语言程序:fm1602.c,略。这部分内容篇幅较长,已移入电子文档中。

此程序是一个简单的 LCD1602 测试程序,参看仿真文件:1602 显示.dsn。电子文档中还有几个和 LCD1602 有关的项目和程序,有兴趣可以参考。

任务 7.4　LCD 显示的日历时钟设计

按照项目要求完成 LCD 日历时钟的设计,包括硬件和软件,完成调试。

7.4.1　LCD 日历时钟的电路设计

电路设计很简单,按照前面的介绍,单片机与 LCD1602 连接很容易,再加四个按键,用来对表,加了一个蜂鸣器(BUZ1),按键的时候响一下,如图 7-13 所示。

这个电路图是在图 7-12 的基础上增加了按键,是自动打铃器的一部分,如果增加一些元件,就是自动打铃器。

7.4.2　LCD 日历时钟的程序设计

FM1602 的显示格式:

第一行:年-月-日 星期,如 2017-06-10 7。

第二行:时:分:秒,如 18:18:18。

由于 FM1602 只能显示英文字符和数字,如果要显示汉字,还是用 12864 比较合适。

年月日时分秒的产生由定时器 T0 实现。利用数码管来显示时间已经熟悉,剩下的问题在于利用 LCD1602 来显示时间。

比较麻烦的是对表,要检测按键,要根据按键的动作来修改时间,对表子程序框图如图 7-14 所示。程序比较长,为了节约篇幅,移入电子文档,请看 Proteus 项目文件:1602 日历时钟.dsn,有关说明可见程序注释。C 语言程序:程序很长,请自行在电子文档里查找:LCD 日历时钟.c,此处略。

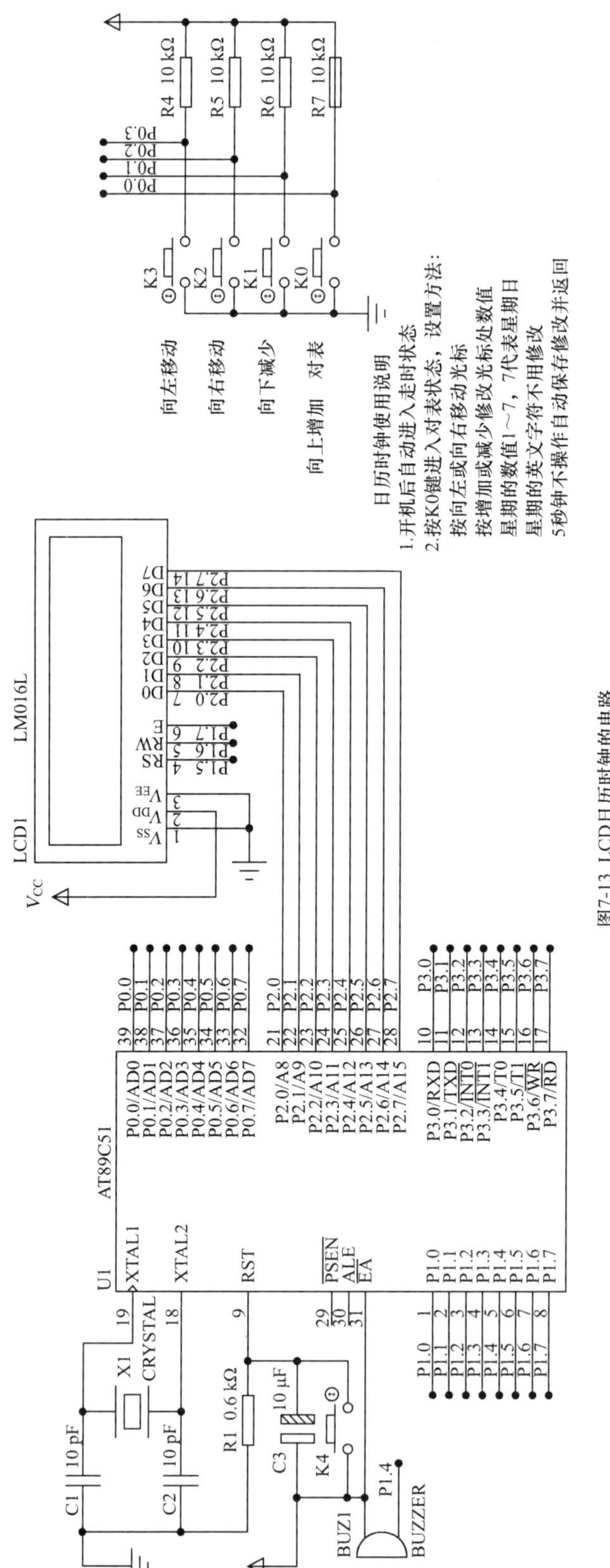

图7-13 LCD日历时钟的电路

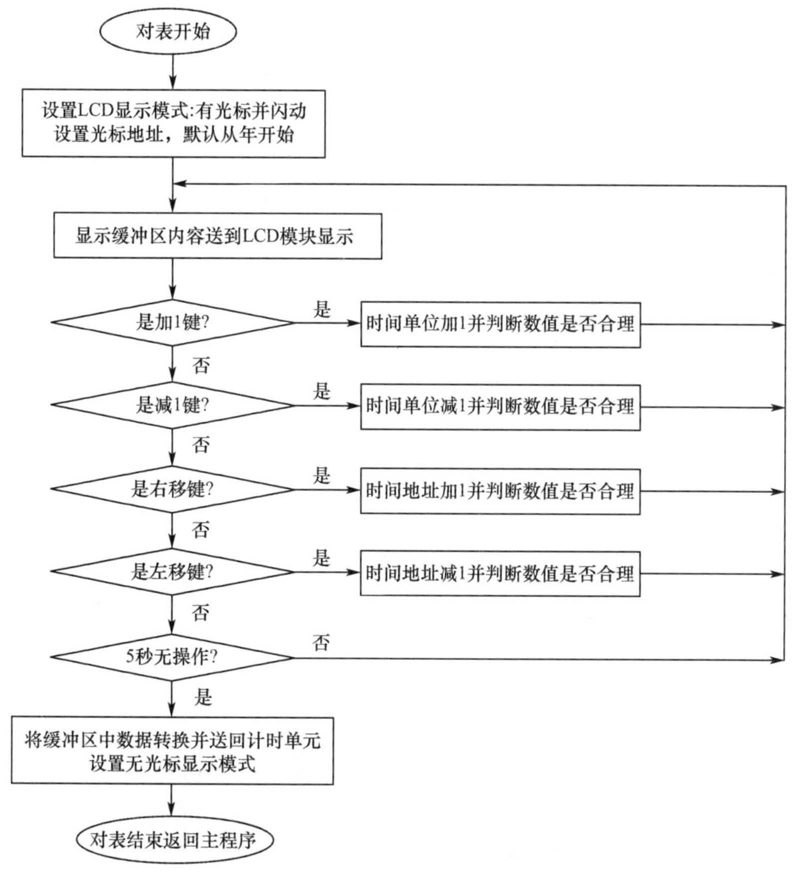

图 7-14　对表子程序框图

【技能训练 7-4】 LCD 日历时钟的仿真调试。

目的:调试日历时钟的程序。

内容:运行日历时钟的项目,查看显示效果,理解程序。

操作:全速运行,观察效果,单步和断点结合,理解程序,修改程序局部,观察结果。注意,修改时做好标记,以便恢复。

参考文件:1602 日历时钟. dsn,C 语言项目:LCD 日历时钟. c。

按照以上仿真通过的设计方案,用 Proteus 或者 Protel 99 完成从原理图到 PCB 板的设计;亦可参照 PCB 图在万能板上制作;或者在最小系统的基础上,增加接口电路后,完成焊接、测量和电路功能验证。

使用下载工具、调试,直至符合要求。

任务 7.5　日历时钟的完善

改进方向:闹钟功能、音乐播放或改用 12864 显示等。最后的自动打铃器项目,是日历时钟的改进版。

项目小结

键盘接口及驱动程序,LED 数码管接口及驱动程序,LCD 接口及驱动程序。

习题 7

一、填空题

1. 人机接口是指人与计算机系统进行______。

2. 独立连接式键盘就是每一个按键占用一个______。

3. 矩阵式键盘的优点是节省______。

4. 静态 LED 显示的优点是______。

5. 动态 LED 显示的优点是______。

6. 单个 LED 的工作电压一般在______之间。

二、单项选择题

1. 不属于人机接口的是(　　)。

A. 独立式按键　　B. LED 显示器　　C. 可编程接口电路　　D. 打印机

2. 不属于输入接口的是(　　)。

A. 可编程接口电路　　B. LED 显示器　　C. 矩阵式键盘　　D. BCD 编码拨码盘

3. 不属于输出接口的是(　　)。

A. 可编程接口电路　　B. 打印机接口　　C. LED 显示器　　D. BCD 编码拨码盘

4. 不属于显示器的是(　　)。

A. LCD 显示器　　B. LED 数码管

C. 高亮度发光二极管　　D. 高灵敏光敏三极管

三、判断题

1. 单个 LED 的工作电流都在 1 mA 之下。(　　)

2. 一般读 BCD 拨码盘时不需要消除抖动的延时。(　　)

3. LED 数码管显示器的工作方式有静态显示方式和动态显示方式两种。(　　)

4. LED 数码管显示器的译码方式有硬件译码方式和软件译码方式两种。(　　)

5. LED 数码管显示器只能显示 0～9 这十个数字。(　　)

6. LCD 显示比 LED 显示省电。(　　)

7. 矩阵式键盘在识别时可选用扫描法。(　　)

8. 独立式按键的电路简单,但是识别按键的程序复杂。(　　)

四、简答题

1. 说明利用延时方法消除按键抖动的原理。

2. 说明动态扫描显示能看到稳定字符的原因和实现的要点。

3. 说明 LED 数码动态扫描显示的驱动电路中,对位驱动器和段驱动器的驱动能力要求。

五、编程与设计题(仿真)

1. 使用 MCS-51 的 P1 端口设计一个由 16 个键组成的键阵接口电路,并编写与之对应的扫描法键盘识别程序。

2. 按照图 7-12 的电路接法编写程序,使 FM1602 满屏显示同一个字符,延时 1 s 换下一个字符。字符从大写字母 A 开始,到 Z 结束,然后再从 A 开始。

3. 设计制作一个 8 路抢答器。参考仿真文件:抢答器. dsn。在此基础上增加显示选手的号码。

项目8 数字温度控制器

——I/O 过程通道

项目规划单

项目名称	数字温度控制器
功能要求	利用单片机、传感器和 ADC 器件(或有此功能的器件)组成测量系统,利用 DAC 器件(或有此功能的器件)组成控制器,对某些目标实行自动控制。可以是温度、流量、压力、电流和电压等
实施方案	利用单片机控制 ADC 和显示器,测量并显示模拟量的值,根据需要对目标实行控制。设计一个适合大棚种植养殖的温度控制器或洗浴热水温度控制器,加热采用电能加热,冷却利用自然冷却的方法。控制范围 0～99 ℃
知识目标	1. 开关量的输入/输出以及驱动和隔离 2. 模拟量的输入,ADC 作用和指标,并行接口和串行接口器件的特性 3. 模拟量的输出,DAC 的作用与指标并行和串行接口 DAC 器件的应用 4. 单总线接口的 ADC 器件的编程 5. PWM 原理与编程
能力目标	1. 使用软件设计电路图,编写并调试程序 2. 使用工具制作电路板并测试其正确性 3. 软、硬件联调,完成要求功能
素质目标	踏实、抗挫抗压能力、理解能力、主动学习能力、问题解决能力以及沟通协调能力等诸方面都有提高
工匠明星	黄旭华被誉为“中国核潜艇之父”,被授予“共和国勋章”,荣获“国家最高科学技术奖”等奖项。他几乎捐献出所有奖金,用于国家的教育、科研及科普事业。为了保密,整整 30 年没有回家。正像他所说“誓干惊天动地事,甘做隐姓埋名人,我和我的同志们,此生属于祖国,此生无怨无悔。”
实施过程	1. 完成知识学习 2. 建立仿真文件,编写程序并调试,实现预定功能 3. 利用实训设备,完成实物制作,实现预定功能
完成时间	课内 18 学时,课外 8 学时
说明	涉及某些传感器、控制器、被控设备和大功率器件,以及某些复杂算法等,这些都可以简化
备注	参考样本:电子文档中的仿真文件为温度控制器. dsn、数字电压表. dsn、波形发生器. dsn、洗衣机. dsn 等

实际单片机应用系统,一般都有两大组成部分:一部分是人与单片机交互部分,另一部分是单片机与被控制对象之间的交互部分。人与单片机之间的接口,在项目 7 中已经研究过了,现在开始研究单片机与控制对象之间的接口,也称为过程 I/O 通道。如图 8-1 所示,过程 I/O 通道可以分为开关量通道和模拟量通道。本项目就研究过程 I/O 通道,在了解基本知识的过程中设计一个温度控制器。

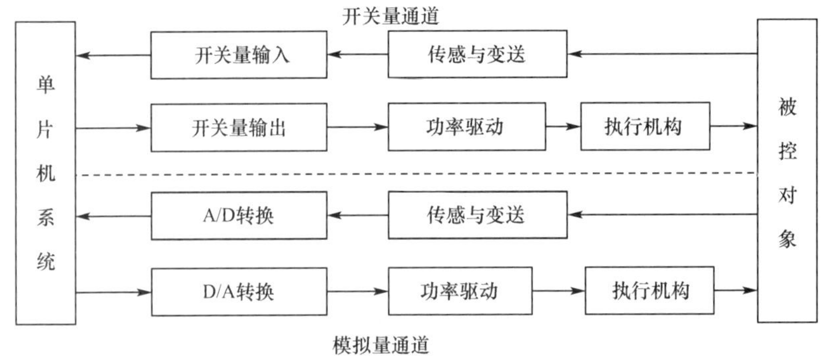

图 8-1　过程 I/O 通道的一般结构

任务 8.1　温度控制器电路设计

给出一个温度控制器的例子，理解控制要求，涉及人机接口和 I/O 通道知识。

8.1.1　设计要求

设计一个简易温度控制器，功能：0～99 ℃控制，通电加热，断电自然降温，如有必要，可以加风扇降温。设置一个温度点，低于此值自动通电加热，高于此值自动断电。显示：两个带译码器的数码管。设置控制温度值的时候，显示控制值。设置完成后自动显示当前测量的温度值。

可以应用在大棚温度控制，洗浴水温控制等场合，只要把温度传感器放在需要测温的介质里就可以了。

操作：打开电源，自动开始测温并控制加热器工作，按设置键，进入设置功能，显示设置温度，并闪烁，按增加键，设定温度加 1℃，按减少键，设定温度减 1℃。8 秒不操作，转为自动控制状态。

8.1.2　温度控制器电路

一种温度控制器电路如图 8-2 所示（温度控制器. dsn）。

为了仿真方便，有的部件使用代替品。

这个电路中包含了人机接口部分：按键、数码显示；开关量输出：光电隔离、继电器；模拟量输入和 AD 转换：单总线的温度传感器和 AD 转换器集成的 DS18B20；被控对象：加热器。

如果要求更高级的控制功能，还可以使用可控硅、IGBT 等器件，加装 DAC 器件，实现精准控制。还可以加装控制对象其他状态的采样、显示，控制动作直观详尽。

任务 8.2　开关量的输入/输出

掌握开关量的输入输出电路设计要求和典型电路，理解隔离的作用和方法，熟悉常用器件。

8.2.1　开关量输入

被控对象的一些开关状态可以经开关量输入通道输入单片机系统，如电器的启动和停止、电磁铁的吸合和断开以及光路的通和断等。但是，工作现场这些开关状态一般都不能直接接

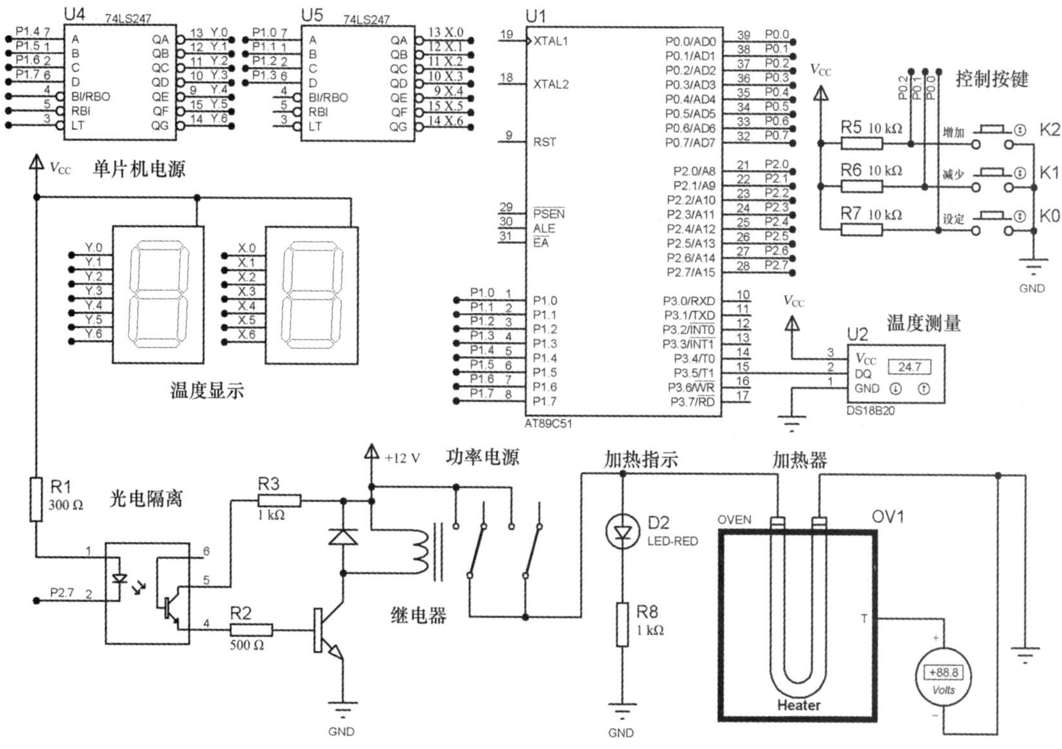

图 8-2 一种温度控制器电路图

入单片机。原因有两点：一方面，现场开关量一般不是 TTL 电平，需要将不同的电平转化成单片机所需的 TTL 电平，该过程称为电平匹配；另一方面，即使现场开关量符合 TTL 电平需要，由于来自现场的干扰严重，一般也需要将单片机与外界进行电气隔离，避免对单片机产生干扰。经过电平匹配和电气隔离后的开关信号才能够通过单片机接口，接入单片机系统。

单片机接口可以是单片机端口线。如果单片机的端口线不足，开关量输入信号就只能经系统扩展输入缓冲芯片，通过数据总线进入单片机。

1. 直接利用单片机端口线

要将一个现场开关状态输入单片机，经常使用的方法如图 8-3 所示。图中的 S1 是现场开关，U1 是光耦。图中 R1、C1 的大小由 V_{DD} 和滤波频率而定。

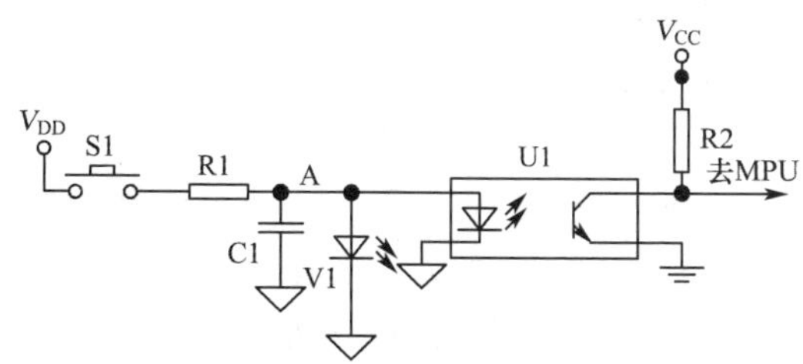

图 8-3 含状态指示的开关量输入电路

光耦的作用是实现电气隔离，其发光侧与受光侧之间一般可以承受数百甚至上千伏的电压而不被击穿。发光侧使用现场电源 V_{DD} 与现场地，受光侧使用数字电源 V_{CC} 与数字地，二者通过光联系在一起，既实现了电气隔离，又实现了电平匹配，解决了将非 TTL 电平转化为 TTL 电平问题。

在很多应用场合中,往往在发光侧增加一个发光二极管 V1,指示现场开关的状态。

思考:此时 R1、C1 应如何求取?

思考:如果将指示用的发光二极管与光耦的发光侧串联,会有哪些优缺点?

2. 利用扩展的 I/O 接口电路

当单片机的端口线全部被占用,只好另外扩展 I/O 接口电路了。扩展 I/O 接口方法有下列几种:

(1)利用 74 系列门电路。

(2)利用可编程并行 I/O 芯片。

(3)利用串行口。

8.2.2 开关量输出

在单片机应用系统中,现场电器的通/断是通过开关量输出通道进行控制的。如电机的启/停、继电器的通/断以及电磁阀的吸合释放,甚至步进电机的步进脉冲等,这些都是以开关量的形式表现出来的,都可以用数字 1 或 0 表示。开关量输出通道一般是一条端口线控制一路电器。

1. 开关量输出常见的受控对象

开关量输出常见的受控对象有电磁阀、继电器、晶闸管以及各种电机等,只有对这些受控对象有深入的了解,才能更好地使用它们,发挥它们的最大效能。

2. 开关量输出的电气隔离

由于现场电器通/断时会产生强烈的干扰,所以从单片机端口线输出的开关量都需要电气隔离,此外数字量 0 和 1 的 TTL 电平不足以驱动电器,隔离后还要经驱动才能控制电器。开关量输出的基本结构如图 8-4 所示。图中,输出线是来自单片机的输出信号,低电平有效。

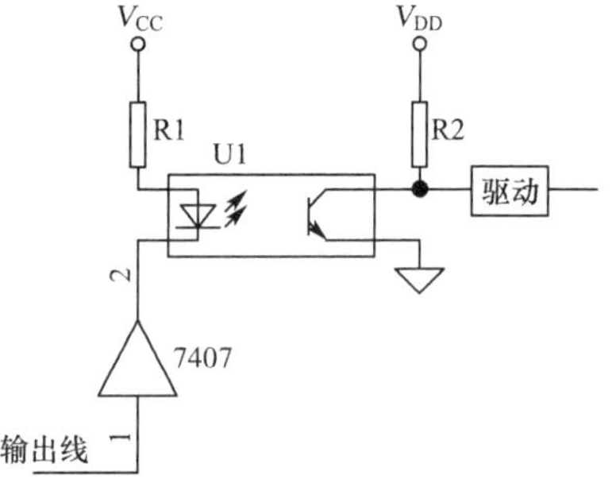

图 8-4 开关量输出的基本结构

思考:输出线给定低电平,驱动电路得到什么电平?

思考:在实际应用中,常需要在受光侧添加一个 LED,用于指示输出状态,如何添加?

限流电阻 R1 和 R2 的计算方法与开关量输入相似。参看仿真文件:“光耦输出 A. dsn”。

3. 开关量输出的驱动

开关量输出往往直接驱动现场的电器或作用于大功率电器的控制回路,需要有一定的功率驱动能力。光电耦合器件在受光侧由于光敏三极管的驱动能力为毫安级,一般不足以驱动执行机构,所以经常需要使用驱动电路。常见的功率驱动有下面四种方式:集成电路、可控硅、晶体管和继电器。

(1)集成电路

集成电路的驱动能力一般不是很强,往往在几十至几百毫安,在一些驱动电流要求不大的应用场合,由于集成电路具有占用空间小、易于焊接、使用方便等优点,常用来驱动如 LED 显示等小功率的电器。常见的驱动集成电路有 74 系列、75 系列、ULN200 系列或 28 系列等。此外还有许多专用的驱动集成电路。

(2)可控硅

可控硅(SCR)又称晶闸管,具有体积小、效率高、寿命长和驱动能力大等优点。

可控硅虽然也像开关量一样控制其导通或断开,但是 SCR 的导通角可控,其输出经滤波后的电压因而可控,所以经常用于模拟量的输出驱动。

(3)晶体管

晶体管在驱动中一般使用它的开关特性。如 9013 NPN 型三极管。当 $U_{be}>0.7$ V(正偏电压)时,三极管饱和导通,最大允许导通电流 I_C 可达 300 mA,故称其有 300 mA 驱动能力。

三极管由于具有价格低、电路简单等特点被广泛地应用于中、小电流驱动的场合,如继电器驱动、LED 或 LED 数码管的驱动等。如图 8-5 所示为直流继电器接口原理。

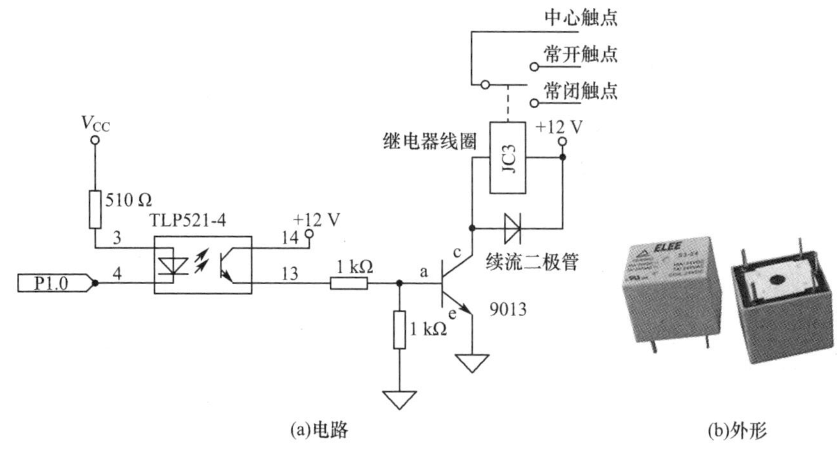

图 8-5 直流继电器的接口原理

在大功率负载的驱动中常用 IGBT。IGBT 是绝缘栅双极型晶体管的缩写。它的输入部分采用 MOS 结构,输出部分为双极型的功率晶体管。适合于高电压和大电流,它可以在低驱动下实现高功率。应用于交流电机、变频器、开关电源、照明电路、牵引传动以及逆变焊机等领域。如图 8-6 所示为两种 IGBT 的外形。

图 8-6 两种 IGBT 的外形图

(4)继电器

可控硅虽然驱动能力很强,但需要检测电路和触发电路配合使用,结构比较复杂,在实际开关量的控制场合中,常常需要几百毫安到几十安的驱动能力,此时使用继电器更为简单和方便。

继电器有多种不同的类型,在实际应用中常用的是超小型电磁继电器和固态继电器。

①电磁继电器

该类继电器具有体积小、重量轻、易于焊在电路板上等优点。线圈电压几伏到几十伏;触点负荷范围为 2～10 A，属于机械有触点式开关。通常有 5 个引脚，其中 2 个引脚接线圈，1 个引脚为中心触点，1 个引脚为常开触点，1 个引脚为常闭触点。

注意：在使用继电器时一定要在线圈两端安装“续流二极管”。因为在继电器释放时，线圈上的电感在线圈两端会产生较高的感应电压，很容易将驱动继电器的三极管击穿（当采用 MCl413P 等内部含有二极管的集成芯片驱动时，不增加续流二极管也是可以的）。

②固态继电器（SSR）

继电器一般都需要采用隔离和驱动，而且属于机械触点接触型电器，可靠性和寿命均不是很好。固态继电器 SSR 是一种无触点电子开关器件，而且内含光电隔离和驱动，具有工作可靠、驱动功率大、无触点、无噪声、抗干扰以及寿命长等特点，被广泛应用于机电控制，尤其是防爆等应用场合。

提示：电磁继电器的触点动作会产生火花，而 SSR 不会。

SSR 的工作原理如图 8-7 所示，由图可见，SSR 为四端器件，两两一组，分别接控制信号和负载输出。控制信号可以直接与 TTL 和 CMOS 集成电路相连，无须专门驱动。选择不同型号的 SSR，主要应考虑负载特性要求，如使用场合（直流/交流）和电流大小等。

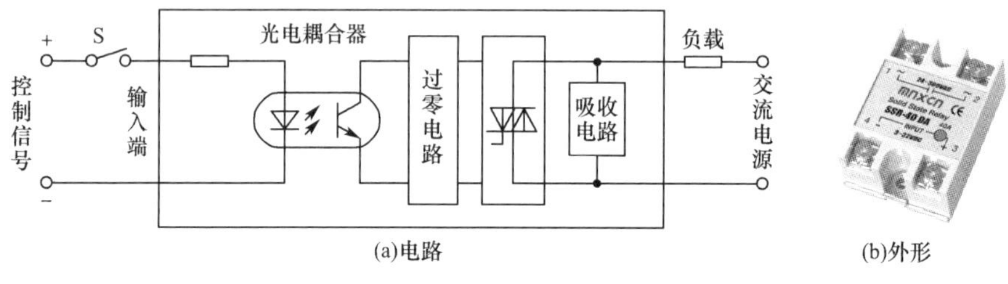

(a)电路　　(b)外形

图 8-7　SSR 的工作原理

任务 8.3　并行接口的模拟量输入通道

熟悉并行接口的模拟量输入接口电路及常用元件。一个简易直流电压表实例。

控制系统中模拟量输入通道的设计非常重要，因为现场的诸如温度、压力以及流量等连续变化的非电物理量经传感器转换成模拟电量（电压或电流等），通过变送单元转换成为一定形式的模拟电量之后，需要使用 A/D 转换器件，将模拟量转换成数字量，最后经由接口电路，将数字量送入单片机处理。这些现场状态（包括开关量输入）是单片机系统控制决策的依据。

模拟量输入通道中主要涉及传感器、变送器、A/D 转换器以及接口电路四个方面的问题，其中传感器和变送器已经超出本课程的内容范围，不予介绍，需要时可以参考其他资料。

A/D 转换器（Analog To Digit Converter）是一种将模拟量（Analog）转换为与其成比例的数字量（Digit）的器件，常用 ADC 表示。

8.3.1　并行接口 A/D 转换器的分类与技术指标

1. A/D 转换器的分类及特点

A/D 转换器又称为 ADC。A/D 转换器按转换输出数据的方式，可分为串行和并行两种，根据转换分辨率可分为 8 位、12 位、14 位和 16 位等；按输出数据类型可分为 BCD 码输出和二进制输出；按转换原理可分为逐次逼近型（SAR）和积分型（Integrating A/D），此外，还有纯硬件编码型 A/D 转换器，其速度快，价格也高，用于超高速场合，比如视频信号的采集等。

串行与并行 ADC 各有优势。并行 ADC 具有占用较多的数据线和输出速度快的特点，在转换位数较少时，有较高的性价比；串行 ADC 输出占用的数据线少，转换后的数据逐位输出，输出速度较慢，但它具有两大优势：其一，便于信号隔离，在数据输出时，只需少数几路光电隔离器件，就可以很简单地实现与 MPU 间的电气隔离；其二，在转换精度要求日益提高的前提下，使用串行 ADC 的性价比较高，且芯片小，引脚少，便于电路板制作。

BCD 码输出采用分时输出千、百、十和个位的方法（以三位半为例），由于它可以很方便地驱动 LCD 显示，故常用于诸如数字万用表等应用场合；二进制输出一般要将转换数据送单片机处理后使用。

提示：逐次逼近型 A/D 转换器具有很快的转换速度，一般是 μs 级；双积分型 A/D 转换器转换速度较慢，一般是 ms 级。

2. A/D 转换器的主要指标

（1）分辨率与分辨精度

分辨率习惯用转换后的数据的位数来表示。

例如，对于二进制输出型 ADC，分辨率为 12 位的 A/D 转换器是指能将模拟信号转换成 0000H～0FFFH 数字量的芯片。对于 BCD 码输出型 ADC，其分辨率是 BCD 数的个数，如分辨率为 3 位半的 A/D 转换器有 4 位 BCD 码输出，其中最低 3 位均可为 0～9，最高位只能是 0 或者 1，算半位。

分辨精度是指转换数据位数的倒数，用百分比表示。例如 14 位的 A/D 转换器的精度为

$1/2^{14}\times100\%=1/16384\times100\%\approx0.0061\%$

（2）量化误差

量化误差是指将模拟量转换成数字量（量化）过程中引起的误差，理论上为“单位数字量”的一半，即：0.5 lsb。

（3）转换时间和转换速度

转换时间是指从启动转换开始，到完成一次转换所需的时间；转换速度是转换时间的倒数。

（4）量程

量程是指能够转换的电压范围，如 0～5 V、－10～＋10 V 等。

（5）其他指标

包括内部/外部基准、温度系数以及抑制比等。

提示：一个实际的转换电路，其转换精度受到环境以及芯片本身的精确程度等的影响。

8.3.2 并行接口 A/D 转换器 ADC0809

逐次逼近型 A/D 转换器 SAR（Successive Approximation Register）也称为逐次比较法 A/D 转换器，由结果寄存器、比较器和控制逻辑等部件组成。采用对分搜索逐位比较的方法逐步逼近，是一个采用数字量试探地 D/A 转换和比较判断的转换过程。

N 位逐次逼近型 A/D 转换器最多只需 *N* 次 D/A 转换和比较判断，就可以完成 A/D 转换。因此，逐次逼近型 A/D 转换速度很快。由于 SAR 型 ADC 性能价格均比较适中，目前应用广泛。

提示：逐次逼近型转换速度比较快，一般用在变化较快的物理量检测中。

1. ADC0809 介绍

ADC0809 是 NS(National Semiconductor,美国国家半导体)公司生产的逐次逼近型 A/D 转换器。ADC0809 具有以下特点:

(1)分辨率为 8 位。

(2)误差为±1 lsb,无漏码。

(3)转换时间为 100 μs(当外部时钟输入频率 f_c=640 kHz 时)。

(4)很容易与微处理器连接。

(5)单一电源+5 V,采用单一电源+5 V 供电时量程为 0~5 V。

(6)无须零位或满量程调整。

(7)带有锁存控制逻辑的 8 通道多路转换开关,便于选择 8 路中的任一路进行转换。

(8)DIP28 封装。

(9)带锁存器的三态数据输出。

提示:各种不同的 A/D 转换器其控制引脚大同小异,学习此芯片,对于了解其他逐次逼近型 A/D 转换器很有帮助。

ADC0809 为 DIP28 封装,芯片引脚排列如图 8-8 所示,引脚的功能及含义如下:

(1)与电源及基准相关的引脚(共 4 脚)。

① V_{CC}:工作电源输入。典型值为+5 V,极限值为 6.5 V。

② $V_{REF}(+)$:参考电压(+)输入,一般与 V_{CC} 相连。

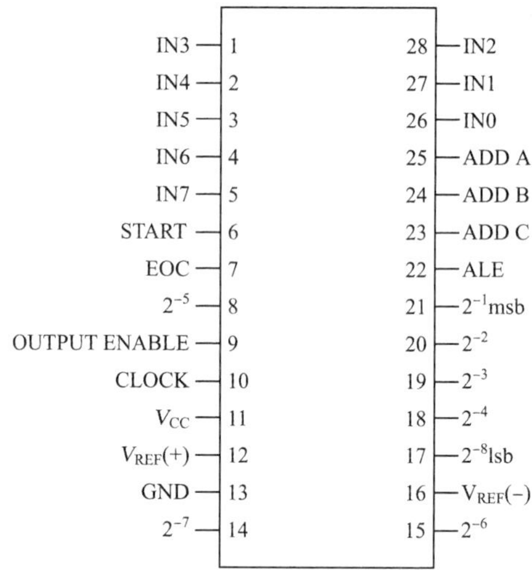

图 8-8 ADC0809 芯片引脚排列

③ $V_{REF}(-)$:参考电压(-)输入,一般与 GND 相连。

④GND:地。

(2)与控制及状态相关的引脚(共 8 脚)。

①START:A/D 转换启动输入信号,正脉冲有效。脉冲上升沿清除逐次逼近型寄存器,下降沿启动 A/D 转换。

②ALE:地址锁存输入信号,上升沿锁存 ADD C、ADD B 以及 ADD A 引脚上的信号,并据此选通转换 IN7~IN0 中的一路。

③EOC：转换结束输出。启动转换后自动变低电平，约 100 μs 后，跳变为高电平，表示转换结束，供 MCS-51 查询。如果采用中断法，该引脚一定要经反相后接 MCS-51 的 INT0 或 INT1 引脚。

④OUTPUT ENABLE：输出允许。输入高电平有效。输入高电平时，转换结果才从 A/D 转换器的三态输出锁存器送上数据总线。

⑤CLOCK：时钟输入，时钟频率允许范围为 10～1200 kHz，典型值为 640 kHz，当时钟频率为典型值时，转换时间为 100 μs(90～116 μs)。

⑥ADD C、ADD B 以及 ADD A：选通输入，选通 IN7～IN0 中的一路模拟量。其中 ADD C 为高位。

(3)与数据输出相关的引脚(共 8 脚)。

2^{-8}～2^{-1}：8 位数据输出。其中 2^{-1} 为数据高位，2^{-8} 为数据低位。

(4)与模拟输入相关的引脚(共 8 脚)。

IN7～IN0：8 路模拟量输入；ADC0809 一次只能选通 IN7～IN0 中的某一路进行转换，选通由 ALE 上升沿时送入的 ADD C、ADD B、ADD A 引脚信号决定。

2. 与单片机接口(仿真文件：ADC0809.dsn)

ADC0809 典型应用如图 8-9 所示。因 Proteus 软件中的元件 ADC0809 不能仿真，故使用了与其功能相同的元件 ADC0808。ADC0809 数据输出直接连接 MCS-51 的 P0 端口(数据总线)，由于 ADC0809 输出含三态锁存，所以可以直接连接数据总线。

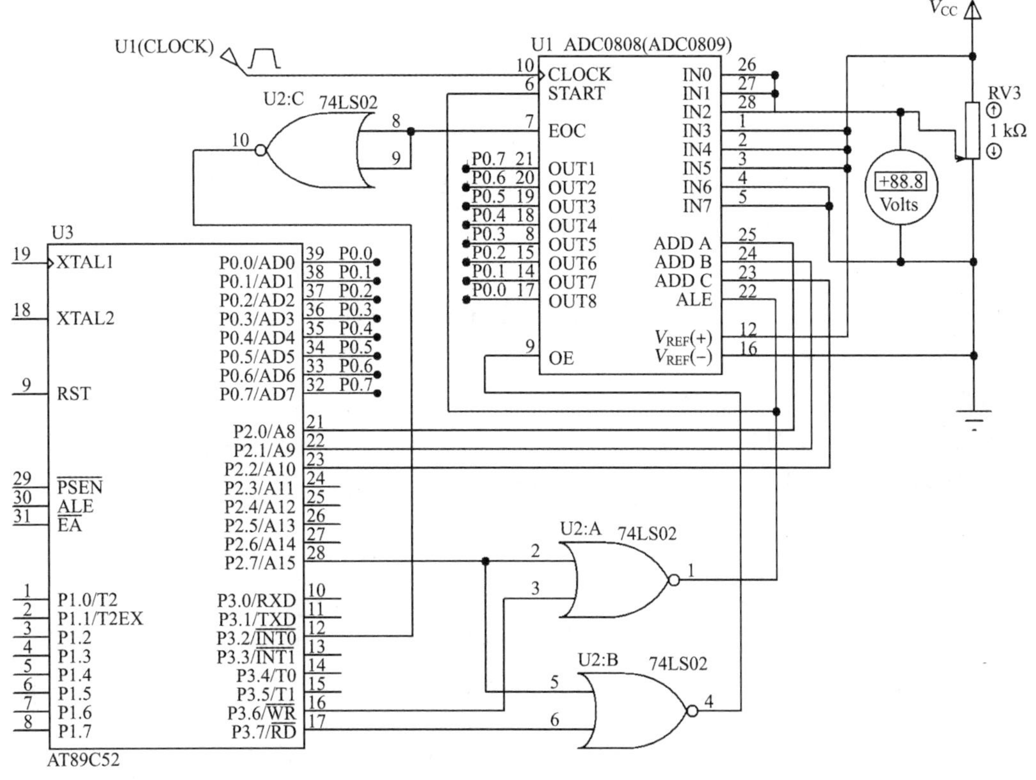

图 8-9　ADC0809 典型应用

提示：无三态锁存的芯片是绝对不允许直接连接数据总线的。

转换结束，EOC 信号的使用可以有两种选择：通过外部中断或查询方式读取 A/D 转换结果。如果采用中断方式，EOC 输出信号必须经反相后送 INT0/INT1，因为 EOC 信号在转换结束时电平由低变高，与外部中断请求的下降沿需求相反。

写 P2.7 端口有两个作用：其一，写 P2.7 端口脉冲的上升沿作用于 ALE 引脚，将送入 ADD C、ADD B、ADD A 的低 3 位地址 A2、A1、A0 锁存，并由此选通 IN0～IN7 中的一路进行转换，确保了在一次 A/D 转换过程中转换通道的确定性，除非再次写 P2.7 端口。ADD C、ADD B、ADD A 锁存的低 3 位地址与选通的通道间的关系见表 8-1；其二，写 P2.7 端口脉冲的下降沿清除逐次逼近寄存器，启动 A/D 转换。

表 8-1 ADC0809 选通通道间的关系

ADD C	ADD B	ADD A	被选通的通道
0	0	0	IN0
0	0	1	IN1
0	1	0	IN2
0	1	1	IN3
1	0	0	IN4
1	0	1	IN5
1	1	0	IN6
1	1	1	IN7

读 P2.7 端口时（ADD C、ADD B、ADD A 低 3 位地址已无任何意义），保存 A/D 转换结果的三态锁存器的“门”打开，将数据送数据总线。

注意：只有在 EOC 信号有效后，读 P2.7 端口才有意义。

CLK 时钟输入信号频率的典型值为 640 kHz。鉴于 640 kHz 频率的获取比较复杂，在实际工程中多采用在 ALE 信号的基础上分频的方法。例如，当单片机的 $f_{osc}=6$ MHz 时，ALE 引脚上的频率大约为 1 MHz，经 2 分频之后为 500 kHz，使用该频率信号作为 ADC0809 的时钟，基本上可以满足要求。该处理方法与使用精确的 640 kHz 时钟输入相比，仅仅是转换时间比典型的 100 μs 略长一些（ADC0809 转换需要 64 个时钟周期）。

3. 程序设计

假设 ADC0809 与 MCS-51 的硬件连接中，要求采用中断方式进行 8 路 A/D 转换，将 IN0～IN7 转换结果分别存入 30H～37H 地址单元。

程序清单如下：

```
        ORG     0000H
        LJMP    MAIN            ;转主程序
        ORG     0003H           ;INT0 中断服务入口地址
        LJMP    INT0F           ;INT0 中断服务
        ORG     0030H
MAIN:   MOV     R0,#30H         ;内部数据指针指向 30H 单元
        MOV     DPTR,#7000H     ;指向 P2.7 端口且选通 IN0(低 3 位地址为 000)
        SETB    IT0             ;设置 INT0 下降沿触发
        SETB    EX0             ;允许 INT0 中断
```

```
         SETB    EA                  ;开中断总允许
         MOVX    @DPTR,A             ;启动 A/D 转换,A 的值无作用,只有地址信号有意义
         LJMP    $                   ;等待转换结束中断
INT0F:   MOVX    A,@DPTR             ;INT0 中断服务程序,取 A/D 转换结果
         MOV     @R0,A               ;存结果
         INC     R0                  ;内部指针下移
         INC     DPH                 ;外部指针下移,指向下一路
         CJNE    R0,#39H,NEXT        ;未转换完 8 路,继续转换
         CLR     EX0                 ;关 INT0 中断允许
         RETI                        ;中断返回
NEXT:    MOVX    @DPTR,A             ;启动下一路 A/D 转换
         RETI                        ;中断返回,继续等待下一次
         END
```

C 语言程序:

```
/*****AD控制*****/
#include <reg51.h>                    //51系列单片机定义文件
#include <ABSACC.H>
#define uchar unsigned char           //无符号字符(8位)
#define uint unsigned int             //无符号整数(16位)
uchar xdata *START;                   //锁存地址控制与启动转换位
void ad_test();                       //0809AD启动函数
/***************主函数*****************/
main()
{
    IT0=1;                            //外中断允许
    EX0=1;
    EA=1;
    START=0x7e00;                     //0809地址
    ad_test();                        //启动0809AD
    while(1)
    { }
}
/*******0809AD启动函数***********/
void ad_test()
{
    *START=0X00;                      //启动一次转换
}
/***************0809AD中断函数*****************/
void ad_int() interrupt 0
{
    P1=*START;                        //显示转换结果
    ad_test();                        //启动0809AD
}
```

参考项目文件:ADC0809.dsn。还有几个类似的仿真文件可供参考。

8.3.3 AD574A 逐次比较型 12 位 A/D 转换器

在单片机应用系统中，8 位 A/D 转换器的精度往往是不够的，其精度很低，甚至达不到 4‰。10～14 位的 A/D 转换器在实际应用中使用较多，尤其是 12 位 A/D 转换器具有较高的性价比，使用更为普遍。在使用并行接口的 A/D 转换器中，主要需要解决如何将大于 8 位的转换结果送回到 8 位单片机内部这一问题。

AD574A 是 Analog Devices 公司(ADI)生产的具有并行接口的快速 12 位 A/D 转换器，具有 12 位的分辨率，有 12 条数据线(图 8-10)。这个芯片有一个引脚(2 号)叫作 12/8，数据输出格式选择输入信号，接+5 V 时选择 12 位(双字节)输出；接 GND 时，选择单字节(8 位)输出。在与 MCS-51 连接时，该引脚必须接地，分两次读出 12 位数据。

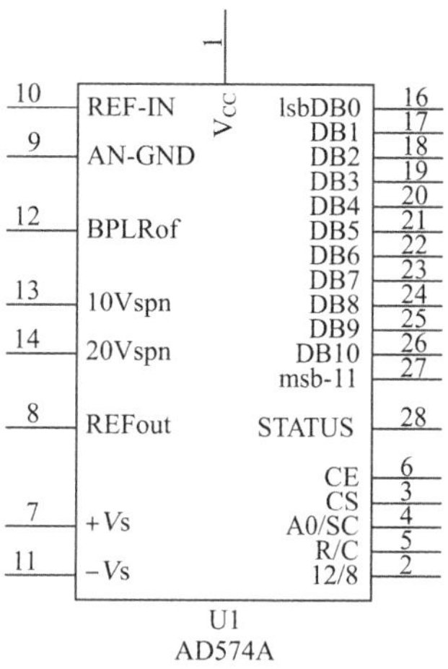

图 8-10　AD574A 芯片逻辑功能

【技能训练 8-1】 ADC0809 电压表。

目的：ADC0809 的使用和编程。

内容：利用 ADC0809 和数码管设计一个数字电压表。先看一个仿真项目 0808ADC. dsn，需要看懂。然后依次看仿真项目 0809ADC. dsn、0809ADC+. dsn、0809 电压表. dsn。

ADC0809 参考电压表如图 8-11 所示。

这个电路与图 8-9 基本一致，只是多出来数码管显示。电路还有一个变化是 ADC0809 的时钟信号来源，以前的仿真是利用虚拟脉冲发生器，现在的实际工作中必须解决脉冲来源。该处的一个方案是，采用单片机定时器 T0 中断控制 P1.6 产生脉冲。

如果前面几个仿真项目都能理解，这个就是改变了显示的数值，变成了实际电压值。

此处用到的串行显示程序、字形转换程序，都是比较熟悉的。其中一个计算程序比较生疏，下面将简单介绍一下。

```
;---------------数据计算子程序------
;将 AD 转换出来的 8 位二进制数 0～0FFH，在变量 DAC 中，转换成实际电压值 0～5.00，2 位小数。使用累加器 A，结果保存在 R6 和 R7 中。
SHUJU:   MOV   A,DAC
         CLR   C
         RLC   A
         MOV   R7,A
         CLR   A
         MOV   ACC.0,C
         MOV   R6,A
         RET
```

说明：

子程序 SHUJU 的计算方法是：测量数据 X=0～255；实际电压 Y，测量范围即实际电压为 0～5 V。Y=5×X/255=X×5/255≈X×0.0196，即 X 值乘以 0.0196 就是实际电压。为了简化计算，我们把 0.0196 近似看成 0.0200。为了避免小数计算，我们将 0.0200 扩大 100 倍，就是 2，再缩小到 2 的 1%，就是最后 2 位是小数。也就是，把测量结果(AD 转换结果)乘以 2，

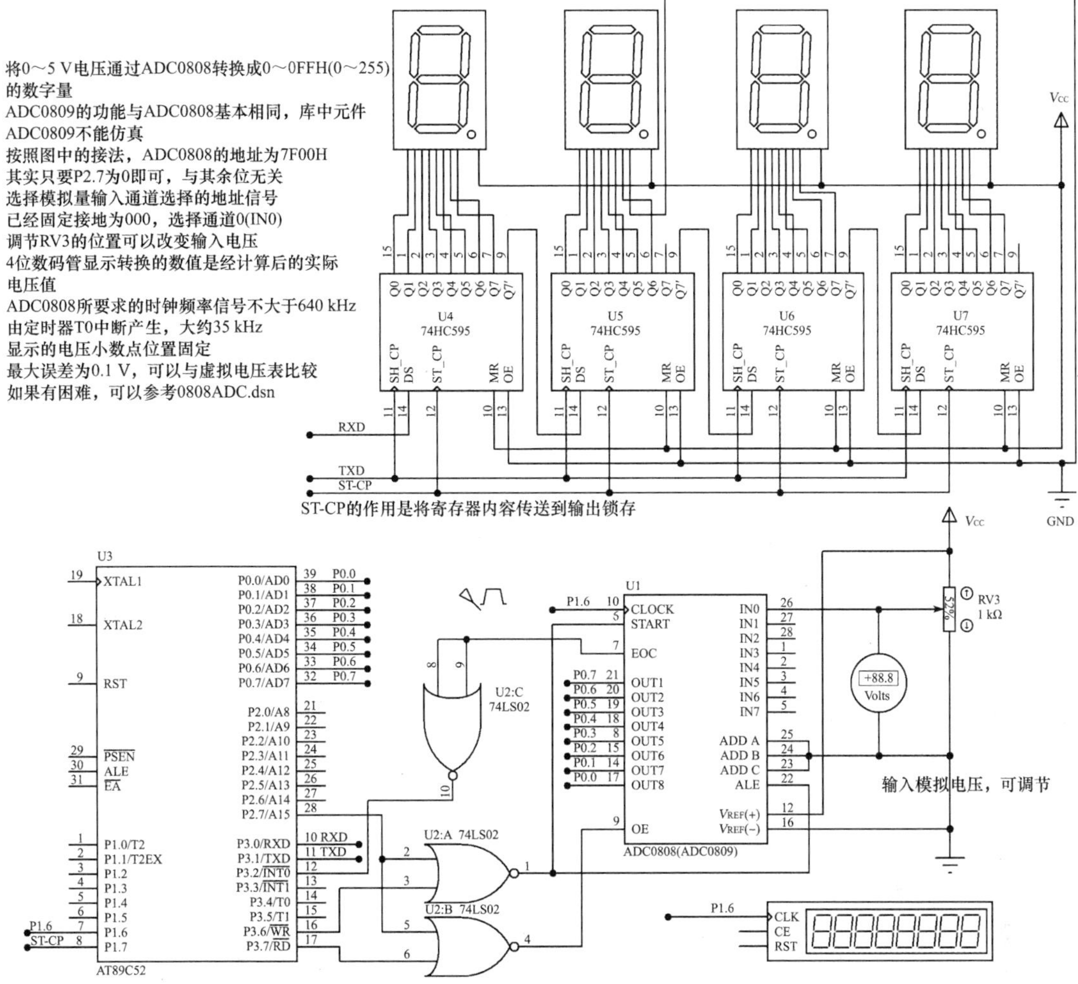

将0～5 V电压通过ADC0808转换成0～0FFH(0～255)的数字量
ADC0809的功能与ADC0808基本相同，库中元件ADC0809不能仿真
按照图中的接法，ADC0808的地址为7F00H
其实只要P2.7为0即可，与其余位无关
选择模拟量输入通道选择的地址信号
已经固定接地为000，选择通道0(IN0)
调节RV3的位置可以改变输入电压
4位数码管显示转换的数值是经计算后的实际电压值
ADC0808所要求的时钟频率信号不大于640 kHz
由定时器T0中断产生，大约35 kHz
显示的电压小数点位置固定
最大误差为0.1 V，可以与虚拟电压表比较
如果有困难，可以参考0808ADC.dsn
U4
74HC595
U5
74HC595
U6
74HC595
U7
74HC595
RXD
TXD
ST-CP
ST-CP的作用是将寄存器内容传送到输出锁存
Vcc
GND
U3
AT89C52
U2:C
74LS02
U2:A 74LS02
U2:B 74LS02
U1
ADC0808(ADC0809)
RV3
1 kΩ
+88.8
Volts
输入模拟电压，可调节
CLK
CE
RST

图 8-11 ADC0809 参考电压表

得到一个 2 字节的数，这个数转换成十进制数，最后 2 位是小数。这样近似的结果误差不大，最终测量误差最大在 0.1 V。仿真时可以与虚拟电压表比较。如果使用 C 语言编程，使用浮点数计算，误差会大大减少。

C 语言程序：

```
/* ADC0809 电压表，单通道，4 位 10 进制数码显示(通过串行口实现)，经计算显示实际电压值，
ADC0808 所要求的时钟频率信号不大于 640 kHz；由定时器 T0 中断产生，频率约 33 kHz */
/*************** 声明区 ************************/
#include <reg51.h>                    //51 系列单片机定义文件
#include <ABSACC.H>
#include <INTRINS.H>
#define uchar unsigned char           //无符号字符(8 位)
#define uint unsigned int             //无符号整数(16 位)
uchar code SEG_Code[]={0x03,0x9F,0x25,0x0D,0x99,0x49,0x41,0x1F,0x01,0x09};  //共阴极字符码
uchar Dis_Buff[4];                    //显示缓存
uchar xdata *START;                   //锁存地址控制与启动转换位
bit flag_ad;                          //ad 转换结束标志
```

```
sbit ST_CP=P1^7;                    //595 刷新输出
sbit clock=P1^6;                    //定时器 T0 产生 ADC0809 所需要的时钟信号从此输出
void ad_test();                     //0809AD 启动函数
void disp();                        //显示函数
void delay(uint k);                 //延时函数
/****************主函数**************************/
main()
{
    TMOD=0x02;                      //T0 方式 2 定时
    TH0=0xFA;                       //T0 方式 2 定时初值
    TL0=0xFA;                       //T0 方式 2 定时初值
    SCON=0x00;                      //选择串行口工作方式 0
    IT0=1;                          //外中断下降沿触发
    EX0=1;                          //外中断允许
    ET0=1;                          //T0 中断允许
    PT0=1;                          //T0 中断高优先
    EA=1;                           //总允许
    TR0=1;                          //启动 T0
    while(1)
    {
        START=0x7ff8;               //选通 IN0(低 3 位地址为 000)地址
        *START=0x00;                //启动一次转换
        disp();                     //显示相应通道转换值
        delay(100);
    }
}
/****************0809AD 中断函数*******************/
void ad_int() interrupt 0
{
    flag_ad=1;                      //ad 转换结束标志
}
/****************T0 中断函数**********************/
void t0_int() interrupt 1
{
    clock=!clock;                   //T0 中断,输出脉冲
}
/*******************显示函数*********************/
void disp()                         //i 是通道号,不用了
{
    uchar k,j;
    uint m;
    k=*START;                       //取 ad 转换结果,0~255
    m=k*196;                        //计算实际电压值(扩大 10000 倍)
    j=m%100;                        //取余数
```

```
    m=m/100;                          //计算实际电压值(扩大 100 倍)
    if(j>=50)m++;                     //四舍五入(余数大于等于 50 则加 1)
    Dis_Buff[3]=m/1000;               //千位数(十位)
    Dis_Buff[2]=m/100%10;             //百位(个位,小数点在此后边)
    Dis_Buff[1]=m/10%10;              //十分之一位
    Dis_Buff[0]=m%10;                 //百分之一位
    ST_CP=0;
    for(j=0;j<4;j++)
    {
        SBUF=SEG_Code[Dis_Buff[j]];
        while(!TI);
        TI=0;
    }
    ST_CP=1;
    _nop_();
    _nop_();
    ST_CP=0;
    _nop_();
    _nop_();
}
/**********延时 k*1 ms,12.00 MHz**********/
void delay(uint k)
{
    uint i,j;
    for(i=0;i<k;i++)
        for(j=0;j<60;j++);
}
```

任务 8.4　串行接口的模拟量输入通道

串行接口的模拟量输入通道常见器件及其使用方法,重点是 DS18B20。

模拟量输入通道的作用就是将现场的模拟信号转换成数字量并送给计算机,其核心器件就是 A/D 转换器。

对大于 8 位的并行接口器件,与 8 位单片机相连很麻烦。而串行接口器件可以节省单片机的 I/O 接口线,同时还可以节省印刷电路板的面积,因为这种芯片外部引脚往往比较少。串行 ADC 还有一个好处是信号隔离比较方便,使用的光耦数量少。缺点是速度比并行接口慢,但是在大多数场合完全够用。

串行接口是对于并行接口而言的,具体的串行接口比较多,常见的用于芯片级的接口有 SPI、I^2C 和单总线等,见相关内容。

8.4.1　串行 A/D 转换器的介绍

1. ADC0832

ADC0832 是美国国家半导体公司 ADC0831/2/4/8 系列产品中的一种。兼容 SPI 的三线串行接口的 8 位逐次逼近模数转换器。采用在外部时钟控制下边转换边输出。输入/输出电平与 TTL 和 CMOS 兼容。模拟输入双通道或单通道差分，5 V 单电源供电，兼做基准电源，工作频率为 250 kHz，转换时间为 32 μs，8P、14P-DIP（双列直插）、PICC 多种封装，一般功耗仅为 15 mW，商用级芯片温宽为 0～70℃，工业级芯片温宽为 −40～85℃，是出现比较早的产品。ADC0832 的引脚排列如图 8-12 所示。参看仿真文件 ADC0832. dsn。

2. LTC1864

LTC1864 是小封装的 16 位 A/D 转换器，是 1860（12 位）的升级版。其引脚排列如图 8-13 所示，其中灰色一边是芯片管脚识别标识。三线式串行 I/O 接口，采用单 5 V 工作电源。在 250 ksps（ksps 是 kilo-samples per second 的缩写，即千次采样每秒）采样速率条件下，电源电流仅为 850 μA。

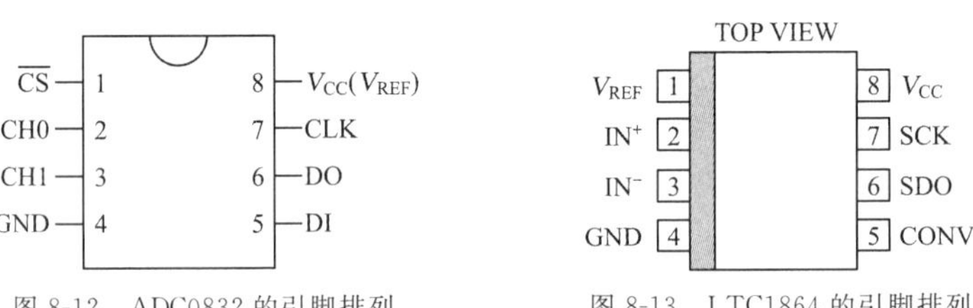

图 8-12 ADC0832 的引脚排列　　图 8-13 LTC1864 的引脚排列

3. LTC2440

LTC2440 是一款具有高速 24 位无延时增量累加 ADC。其分辨率高，往往用于高精度测量使用。灵活的三线式或四线式数字串行接口通信，并采用窄体 16 引线 SSOP 封装，其引脚排列如图 8-14 所示。

4. TLC2543

TLC2543 是 12 位串行 A/D 转换器，使用开关电容逐次逼近技术完成 A/D 转换过程。片内自带时钟信号发生器，也可以使用外部时钟信号。11 个模拟输入通道，在工作温度范围内，具有 10 μs 的转换时间，采样率为 66 kbps。具有单、双极性输出，有转换结束（EOC）输出，可编程的 MSB 或 LSB 前导，可编程的输出数据长度。

采用 SPI 兼容三线或四线接口，能够节省 51 系列单片机 I/O 资源，且价格适中。TLC2543 的引脚排列如图 8-15 所示。

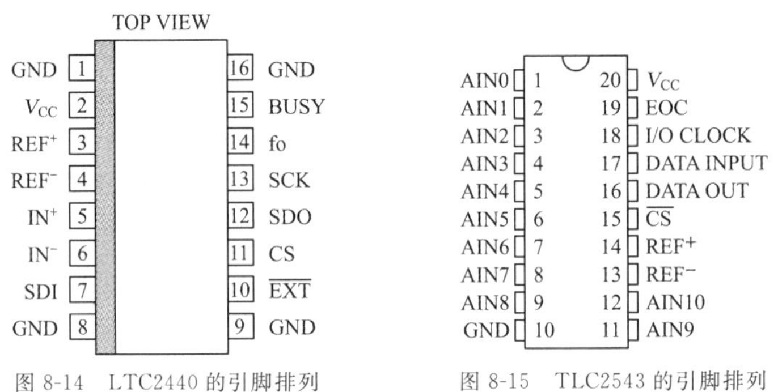

图 8-14 LTC2440 的引脚排列　　图 8-15 TLC2543 的引脚排列

5. PCF8591

PCF8591 是最早出现的具有 I^2C 总线接口的 8 位 A/D 及 D/A 转换器。有 4 路 A/D 转换输入，1 路 D/A 模拟输出。也就是说，它既可以做 A/D 转换，也可以做 D/A 转换。A/D 转换为逐次比较型。其引脚排列如图 8-16 所示。电源电压典型值为 5 V。

6. DS18B20

DS18B20 是单总线温度传感器。内部包含了温度传感器，12 位的 A/D 转换器，单总线通信接口和电源电路等。DS18B20 的引脚排列如图 8-17 所示，其底视图如图 8-18 所示。

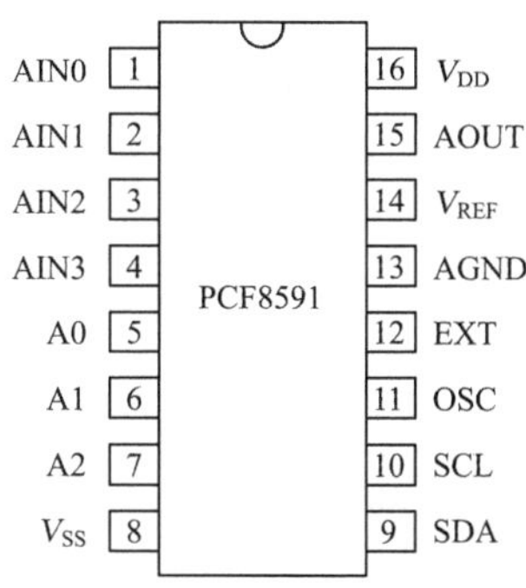

图 8-16　PCF8591 的引脚排列

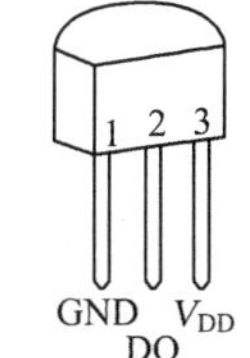

图 8-17　DS18B20 的引脚排列

图 8-18　DS18B20 底视图

DS18B20 产品的特点：

(1)只要求一个端口即可实现通信。

(2)在 DS18B20 中的每个器件上都有独一无二的序列号。

(3)实际应用中不需要外部任何元器件即可实现测温。

(4)测量温度范围为－55～125℃。

(5)关于数字温度计的分辨率，用户可以从 9 位到 12 位选择。

(6)内部有温度上、下限告警设置。

(7)3～5 V 电源供电。

8.4.2　串行 A/D 转换器 LTC1864 的应用

LTC1864 是 16 位串行总线的 ADC，能够保证在－40～125℃的温度范围内工作。这里介绍其与 51 系列单片机的接线和编程。

LTC1864 是 8 条引脚，除了电源(8)和地(4)外，其他引脚说明如下：

(1) V_{REF} 参考电源输入，1～5 V 均可。

(2) V_{IN}^{-} 模拟电压输入－。

(3) V_{IN}^{+} 模拟电压输入＋，器件对此两个输入信号的差值进行转换(真正的模拟信号差分输入)。

(4)CONV 控制逻辑输入，高电平允许并开始转换，完成后自动进入睡眠状态；低电平允许数据输出。

(5)SCK 串行时钟输入，控制数据的输出过程。

(6)SDO 串行数据输出，在 SCK 的控制下，输出转换完的数据。在 CONV 低电平的情况下，在每个时钟信号的下降沿，SDO 的数据改变；在 SCK 的上升沿之后就可以读取数据。

LTC1864 有三个引脚与单片机有联系：SCK(7 脚)是串行时钟输入端；SDO(6 脚)是串行数据输出端；CONV(5 脚)是转换控制输入端，高电平开始转换，完成后自动省电；此脚低电平时允许输出，可在时钟信号作用下，由 SDO 输出转换后的数据。

由于单片机的串行口传送是低位在先，而 LTC1864 的输出是高位在先，所以不能直接使用 51 系列单片机的串行口方式 0，此处采用软件模拟 SPI 方式，接口电路如图 8-19 所示。

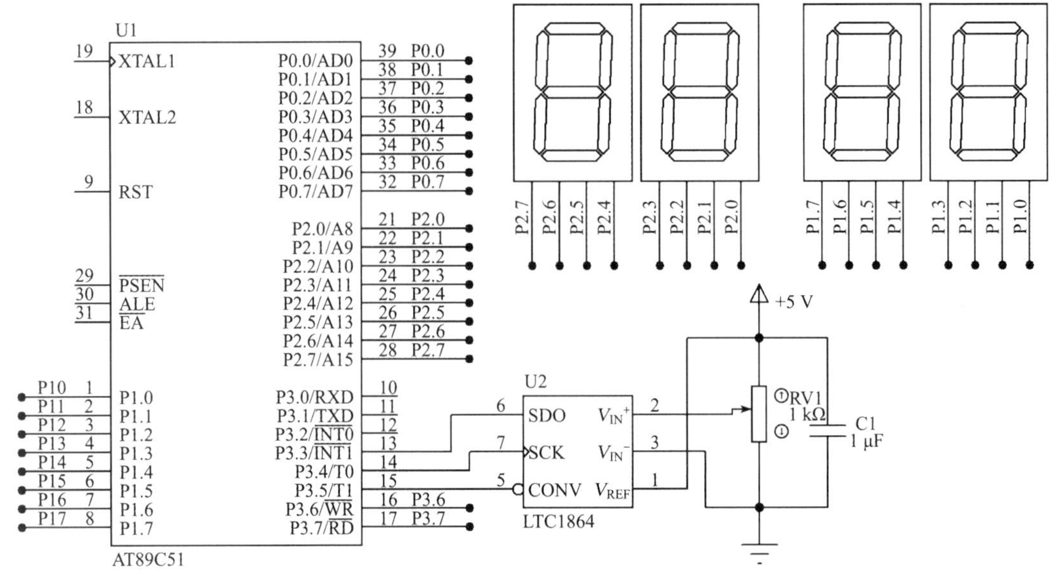

图 8-19 AT89C51 连接 LTC1864 的测试电路

图中的 4 个数码管是自带译码器的十六进制显示器，A/D 转换得到的 15 位数据在此显示。RV1 是可操作电位器，由此产生一个 0～5 V 的模拟电压，送给 LTC1864 进行模数转换。C1 是滤波电容。单片机利用 P3.3～P3.5 连接 LTC1864 的 SPI 接口。单片机利用软件模拟 SPI 的特性，控制 LTC1864 工作。

根据以上的硬件特性和电路连接，编写测试程序如下：

```
;LTC1864.asm，用于 LTC1864 串行 ADC 测试程序，16 位串行 ADC，3 线 SPI 接口，程序模拟 SPI 时序。读出的转换数据在 P1、P2 端口所接的数码管上显示
;输入 0～5 V 直流电压，参考电压选择与电源电压相同
;接口定义，如果改变单片机与 LTC1864 的接线，要修改此处
        SDO     BIT P3.3    ;数据串行输出
        SCK     BIT P3.4    ;同步时钟，上升沿数据输出，下降沿数据变化
        CONV    BIT P3.5    ;转换控制，高电平允许转换，低电平允许数据输出
        ORG     0000H
        LJMP    MAIN
        ORG     0030H
MAIN:   CLR     CONV        ;控制低
        SETB    CONV        ;控制高，开始转换
ML1:    MOV     R4,#8
        DJNZ    R4,$        ;等待转换完成
        CLR     CONV        ;控制低，可以读取转换的数据
ML2:    MOV     R6,#2       ;读 2 字节
ML3:    MOV     R5,#8       ;一个字节 8 位
ML4:    CLR     SCK         ;时钟低，数据开始输出
        SETB    SCK         ;时钟上升沿，可以读数据
        MOV     C,SDO       ;读数据，最高位进入 C，字节开始传送
        RLC     A           ;左移，C 进入 A
```

```
        DJNZ   R5,ML4          ;下一位,循环 8 次
        CJNE   R6,#2,ML5       ;判断高低字节
        MOV    DPH,A           ;高字节
        DJNZ   R6,ML3          ;下一字节,循环两次
ML5:    MOV    DPL,A           ;低字节
        SETB   CONV            ;控制高,开始转换,转转完成自动进入休眠状态
        MOV    P1,DPL          ;要转换的数据在此显示
        MOV    P2,DPH          ;P1 和 P2 上接有数码管
ML6:    LJMP   ML1
        END
```

C 语言程序:

```
/*;用于 LTC1864 串行 ADC 测试程序,16 位串行 ADC 3 线 SPI 接口,程序模拟 SPI 时序。开始调试,输入 0~5 V 直流电压,参考电压选择与电源电压相同。读出的转换数据在 P1 和 P2 端口所接的数码管上显示*/
//=====================声明区========================
#include <reg51.h>                    //定义 8051 寄存器头文件
#include <intrins.h>
sbit SDO=P3^3;                        //数据串行输出
sbit SCK=P3^4;                        //同步时钟,上升沿数据输出,下降沿数据变化
sbit CONV=P3^5;                       //转换控制,高电平允许转换,低电平允许数据输出
#define uchar unsigned char
#define uint unsigned int
uchar ad_data[2];                     //ad 转换数据
void delay(uint k);                   //延时
uchar RcvByte();                      //字节数据接收函数
//=====================主程序=====================
main()                                //主程序开始
{
    uchar i;
    CONV=0;                           //控制低
    _nop_();
    _nop_();
    CONV=1;                           //控制高,开始转换
    while(1)
    {
        delay(10);
        CONV=0;                       //控制低,可以读取转换的数据
        for(i=0;i<2;i++)
            ad_data[i]=RcvByte();     //读数据
        CONV=1;                       //控制高,开始转换
        P2=ad_data[0];                //显示转换数据
        P1=ad_data[1];
    }
}                                     //主程序结束
```

```
/********************************************
字节数据接收函数
函数原型：uchar RcvByte()；
功能：用来接收从器件传来的数据
********************************************/
uchar RcvByte()
{
    uchar retc;
    uchar BitCnt;
    retc=0;
    SDO=1;                          /*置数据线为输入方式*/
    for(BitCnt=0;BitCnt<8;BitCnt++)
    {
        SCK=0;                      //时钟低,数据开始输出
        _nop_();
        _nop_();
        _nop_();
        SCK=1;                      //时钟上升沿,可以读数据了
        _nop_();
        _nop_();
        _nop_();
        _nop_();
        retc=retc<<1;
        if(SDO==1)retc=retc+1;/*读数据位,接收的数据位放入 retc 中 */
        _nop_();
        _nop_();
    }
    return(retc);
}
/**********延时 k*1 ms,12.00 MHz**********/
void delay(uint k)
{
    uint i,j;
    for(i=0;i<k;i++)
    {
        for(j=0;j<60;j++);
    }
}
```

8.4.3 DS18B20 和单总线的原理与应用

1. DS18B20 和单总线的原理

DS18B20 由于电路简单，测量精度比较高，在环境温度测量中应用广泛。关于 DS18B20 的工作原理，限于篇幅不做详细说明，有兴趣的读者可以自行查找资料。本书只针对常见的应

用介绍相关内容,DS18B20 引脚功能描述见表 8-2。

表 8-2　**DS18B20 引脚功能描述**

序　号	名　称	引脚功能描述
1	GND	地信号
2	DQ	数据输入/输出引脚。当使用寄生电源时,也可以向器件提供电源
3	V_{DD}	可选择的 V_{DD} 引脚。当工作于寄生电源时,此引脚必须接地

DS18B20 内部有 64 位的 ROM,内容是单总线器件全球唯一编号,利用这一点,可以在一条单总线上连接多个器件。

DS18B20 内部还有 9 个字节的随机存储器 RAM,也称为暂存存储器,见表 8-3。

表 8-3　**随机存储器 RAM**

寄存器内容	字节地址
温度值低位(LS Byte)	0
温度值高位(MS Byte)	1
高温限值(TH)	2
低温限值(TL)	3
配置寄存器	4
保留	5
保留	6
保留	7
CRC 校验值	8

表中字节地址 0、1 的内容是对温度进行转换后的数值。地址 2、3 的内容是报警设定值,地址 4 的内容是器件设定值,可以用指令把这三个字节转存到内部的 EEPROM 中。

DS18B20 有五条 ROM 操作指令,六条 RAM 操作指令。

ROM 操作指令:方括号内是指令的代码

- 读 ROM [33H]
- 匹配 ROM [55H]
- 跳过 ROM [0CCH]
- 搜索 ROM [0F0H]
- 告警搜索 [0ECH]

RAM 操作指令:

- 写暂存存储器 [4EH]
- 读暂存存储器 [0BEH]
- 复制暂存存储器 [48H]
- 温度变换 [44H]
- 重新调出 [0B8H]
- 读电源 [0B4H]

主机对 DS18B20 的操作应该按照下面的步骤进行:

第一步:初始化,就是复位操作,要等待其返回存在信号。

第二步:发出 ROM 操作命令。

第三步:其他命令。

按照 51 系列单片机连接一个 DS18B20 来组成温度测量系统的情况,介绍其软、硬件接口方法。

AT89C51 单片机与 DS18B20 的连接,如图 8-20 所示。

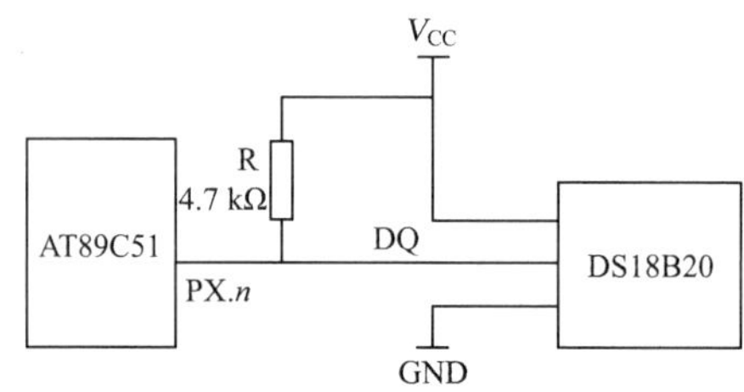

图 8-20 AT89C51 单片机与 DS18B20 的连接

AT89C51 单片机在硬件上并不支持单总线协议,需采用软件的方法来模拟单总线的协议时序来完成对 DS18B20 芯片的访问。硬件连接采用单片机的一个 I/O 引脚与 DS18B20 连接,图中 PX. n 代表 P0～P3 端口的任意一根线。

由于 DS18B20 是在一根 I/O 线上读写数据,因此,对读写的数据位有着严格的时序要求。DS18B20 有严格的通信协议来保证各位数据传输的正确性和完整性。该协议定义了几种信号的时序:初始化时序(复位时序)、读时序以及写时序。所有时序都是将主机作为主设备,单总线器件作为从设备。而每一次命令和数据的传输都是从主机主动启动写时序开始,如果要求单总线器件回送数据,在进行写命令后,主机需启动读时序来完成数据接收。数据和命令的传输都是低位在先。

DS18B20 的复位时序如图 8-21 所示。

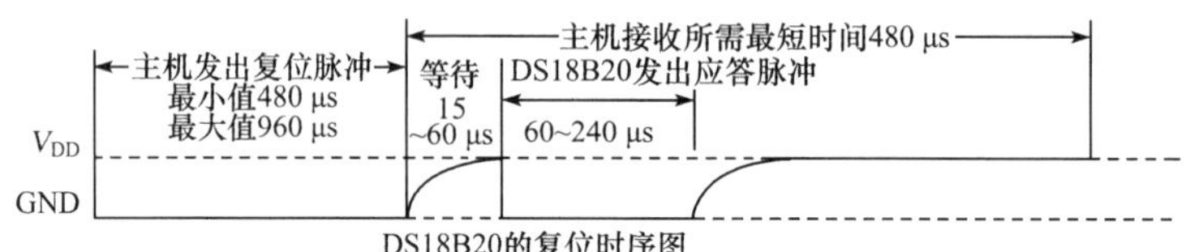

图 8-21 DS18B20 的复位时序图

图中,主机将数据线 DQ 拉低并保持 480～960 μs,DS18B20 就会复位。在主机释放(拉高)DQ 之后,等待 15～60 μs,DS18B20 会发出应答脉冲,就是 DS18B20 将 DQ 拉低并保持 60～240 μs。主机读到这个脉冲就知道 DS18B20 存在。从主机释放 DQ 到 DS18B20 应答完毕,需要 480 μs。

DS18B20 的读时序如图 8-22 所示。

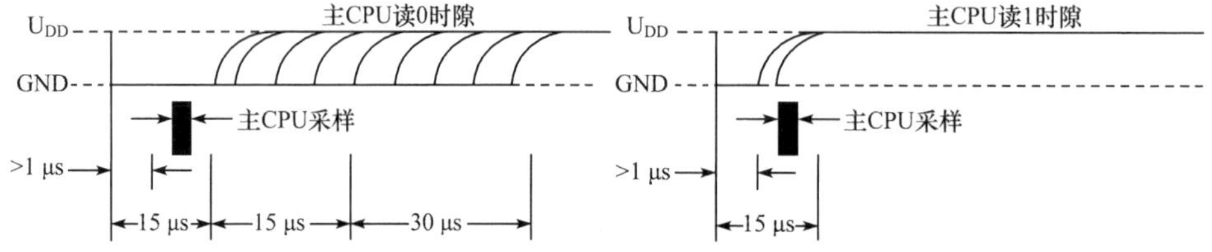

图 8-22 DS18B20 的读时序图

对于 DS18B20 的读时序分为读 0 时序和读 1 时序两个过程。

对于 DS18B20 的读时序要求，从主机把单总线拉低之后，在 15 μs 之内就得释放单总线，以让 DS18B20 把数据传输到单总线上，这时主机就可以开始对 DQ 进行采样，以读取 DS18B20 送出的数据。DS18B20 在完成一个读时序过程，至少需要 60 μs 才能完成。

读取数据时，主机把 DQ 拉低并释放之后，开始采样。

DS18B20 的写时序如图 8-23 所示。

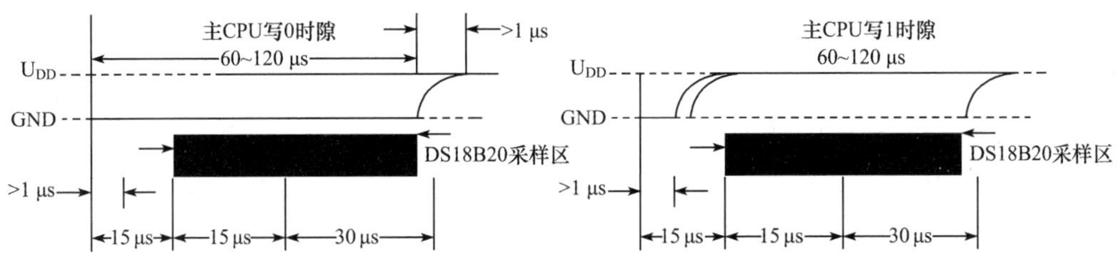

图 8-23　DS18B20 的写时序图

对于 DS18B20 的写时序仍然分为写 0 时序和写 1 时序两个过程。

对于 DS18B20 的写 0 时序和写 1 时序的要求不同，当要写 0 时序时，单总线要被拉低至少 60 μs，保证 DS18B20 能够在 15 μs 到 45 μs 之间能够正确地采样 IO 总线上的"0"电平，当要写 1 时序时，单总线被拉低之后，在 15 μs 之内就得释放单总线，也就是把 DQ 拉高，以便 DS18B20 采样高电平。

2. DS18B20 的编程应用举例

DS18B20 功能很强，电路连接却很简单。在总线上只有一个 DS18B20 的情况下，如果要启动一次温度转换，并读出转换的结果，需要如下几个步骤：

(1)初始化。

(2)发出跳过 ROM 命令，因为只有一个从器件，不必寻址。

(3)发出转换命令。

(4)等待转换完成，出厂默认进行 12 位转换，需要 750 ms。

(5)初始化。

(6)发出跳过 ROM 命令。

(7)发出读 RAM 命令。

读 RAM 内容，一般读出前 2 个字节就可以了。读出的字节地址 0、1 的数据格式如图 8-24 所示。

2^3	2^2	2^1	2^0	2^{-1}	2^{-2}	2^{-3}	2^{-4}	低字节
高位			(单位为℃)				低位	
S	S	S	S	S	2^6	2^5	2^4	高字节

图 8-24　读出的数据格式

从图中可以看出，总共有 16 位二进制数，补码形式，最高位的几个 S 是符号位的扩展，0 代表正，1 代表负，然后有 7 位整数，小数点在 2^0 位的后面，单位为摄氏度，如果利用小数部分，可以达到的分辨率是 1/16 摄氏度，其实它的测量精度只能达到 1/2 摄氏度，再高的分辨率也只有相对意义。

读出 DS18B20 的转换结果之后，就要对数据进行处理，可以根据需要编写适当的处理子程序。

按照图 8-20 的接线，编写启动一次温度转换，并读出转换结果的程序如下：

先对程序中使用的单片机资源进行分配和定义，包括子程序中用到的。

```
            TEMPER_L     EQU 36H          ;温度值低字节
            TEMPER_H     EQU 35H          ;温度值高字节
            TEMPER_NUM   EQU 60H          ;计算后温度值
            FLAG1        BIT 00H          ;DS18B20 存在时置 1,不存在时置 0
            DQ           BIT P3.3         ;DS18B20 的数据线接在 P3.3
GET_TEMPER:
            SETB         DQ               ;空闲状态
BCD:        LCALL        INIT_1820        ;DS18B20 初始化
            JB           FLAG1,S22        ;存在标志,就进行下一步
            LJMP         DEF              ;若 DS18B20 不存在则返回
S22:        LCALL        DELAY1           ;延时 70 μs
            MOV          A,#0CCH          ;跳过 ROM 匹配的命令——0CCH
            LCALL        WRITE_1820       ;将命令写入 DS18B20
            MOV          A,#44H           ;温度转换命令——044H
            LCALL        WRITE_1820       ;写入
            LCALL        DELAY            ;延时 132 ms,等待 DS18B20 转换温度完成
            LCALL        DELAY            ;延时 132 ms
CBA:        LCALL        INIT_1820        ;DS18B20 初始化
            JB           FLAG1,ABC        ;存在标志,就进行下一步
            LJMP         CBA              ;若 DS18B20 不存在则返回
ABC:        LCALL        DELAY1           ;延时 70 μs
            MOV          A,#0CCH          ;跳过 ROM 匹配
            LCALL        WRITE_1820       ;写入
            MOV          A,#0BEH          ;发出读温度命令
            LCALL        WRITE_1820       ;写入
            LCALL        READ_18202       ;读出 2 字节,放在 TEMPER_L 和 TEMPER_H 两个单元
DEF:        RET
;====================================
```

以上程序中使用了大量的子程序，目的是节省存储器，也使程序结构清晰，这段程序就是按照前面的步骤写出来的。各个不同的子程序完成各自的功能，多个子程序互相配合，完成题目的要求。几个重要子程序如下：

INIT_1820：DS18B20 初始化程序。

WRITE_1820：写 DS18B20 的程序。

READ_1820：读 DS18B20 的程序，从 DS18B20 中读出一个字节的数据。

READ_18202：读 DS18B20 的温度值程序。

其他还有延时子程序，比较简单。

C 语言程序：

有关 DS18B20 的 C 语言程序，请见仿真项目：DS18B20_LCD.dsn，此处略。

关于 A/D 转换，还要特别提一下基准源。基准源的精度和温度稳定性是测量精度的重要保证。基准的关键指标是温漂，一般用 ppm/K 来表示。假设某基准 30 ppm/K，系统在 20～70℃

工作，温度跨度50℃，那么，会引起基准电压30＊50＝1500 ppm的漂移，从而带来0.15％的误差。温漂越小的基准源价格越贵。

提示：模数转换器(ADC)是模拟量输入计算机的必用器件，可根据需求选择满足要求的A/D转换芯片。

任务8.5 并行接口的模拟量输出通道

单片机控制系统的输出，一部分(与开关量有关)经开关量输出通道，作用于执行机构；另一部分(与模拟量有关)则经模拟量输出通道，通过隔离、D/A转换和驱动，作用于执行机构。模拟量输出通道中主要涉及D/A转换器。

D/A转换器(Digit to Analog Converter)是将数字量(Digit)转换成模拟量(Analog)的器件，通常用DAC表示，它将数字量转换成与之成正比的模拟量，广泛地应用于过程控制中。

8.5.1 D/A转换器分类与指标

1. D/A转换器分类及特点

D/A转换器按待转换数字量的位数分，可以分为8位、10位和12位等；按数据传送形式分，可以分为并行和串行两种；按转换输出的模拟量类型分，可以分为电流输出型和电压输出型。

与A/D转换器类似，并行DAC具有占用较多的数据线、输出速度快的特点，在转换位数较少时，有较高的性价比；串行DAC具有占用的数据线少的优点，待转换的数据逐位输入影响转换速度，在转换位数较多时，有较高的性价比，串行DAC还具有便于信号隔离和芯片小、引脚少、便于电路板制作等优点。

2. D/A转换器的主要指标

(1)分辨率：输出模拟量的最小变化量。

(2)满刻度误差：数字量输入为满刻度(全1时)，实际输出模拟量与理论值的偏差。

(3)输出模拟量的类型与范围。

(4)转换时间：完成一次D/A转换所需的时间。

(5)与CPU的接口方式：分为串行和并行两种。

8.5.2 并行D/A转换器及应用介绍

1. 8位D/A转换器DAC0832及其应用

由于其具有和MCS-51同等的数据宽度，接口简单，且8位D/A转换器与大于8位的D/A转换器的控制引脚具有共同的特性。

(1)DAC0832芯片介绍

DAC0832是NS公司生产的DAC0830系列(DAC0830/32)产品中的一种，该系列芯片具有以下特点：

- 8位并行D/A转换。
- 片内二级数据锁存，提供数据输入双缓冲、单缓冲、直通三种工作方式。
- 电流输出型的芯片，通过外接一个运算放大器，可以很方便地提供电压输出。

- DIP20 封装，单电源（5～15 V，典型值为 5 V）。
- μP 兼容，可以很方便地与 MCS-51 连接。
- 建立时间 1 μs。

DAC0830 系列均为 DIP20 封装，且管脚完全兼容。DAC0832 芯片如图 8-25 所示。

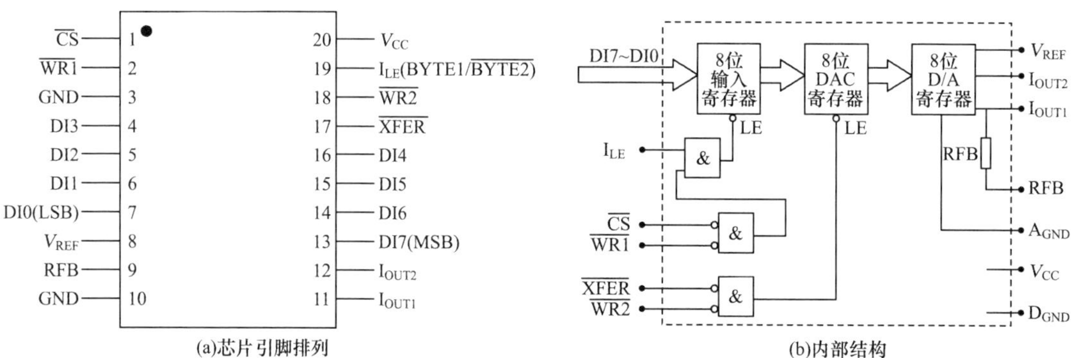

图 8-25 DAC0832 芯片

①芯片性能及引脚说明

与电源相关的引脚（共 4 脚）：

- V_{CC}：数字电源输入（5～15 V），典型值为＋5 V。
- V_{REF}：基准电压输入（－10～10 V），典型值为－5 V（当输出要求为 0～5V 电压时）。
- A_{GND}：模拟地，在 NS 提供的数据手册中，3 和 10 脚均为 GND，未予区分。
- D_{GND}：数字地，通常 A_{GND} 和 D_{GND} 一点接地（第 10 脚，图 8-25 中该引脚隐含）。

与控制和输出相关的引脚（共 8 脚）：

- $\overline{CS}$：片选输入，低电平选中。
- I_{LE}：数据锁存允许输入，高电平有效。
- $\overline{WR1}$：写 1 信号输入，低电平有效。当 $\overline{CS}$、I_{LE} 以及 $\overline{WR1}$ 为 010 时，数据写入 DAC0832 的第一级锁存。
- $\overline{WR2}$：写 2 信号输入，低电平有效。
- $\overline{XFER}$：数据传输信号输入，当 $\overline{WR2}$ 和 $\overline{XFER}$ 为 00 时，数据由第一级锁存进入第二级锁存，并开始进行 D/A 转换。

I_{OUT1}：电流输出 1 端。

I_{OUT2}：电流输出 2 端。

RFB：反馈信号输入。当需要电压输出时，I_{OUT1} 接外接运算放大器“－”端，I_{OUT2} 接运算放大器“＋”端，RFB 接运算放大器输出端。

与数据相关的引脚（共 8 脚）：

DI7～DI0：并行数据输入，其中 DI7 为高位，DI0 为低位。

②电压输出

DAC0832 需要电压输出时，可以简单地使用一个运算放大器连接成单极性输出形式（如图 8-26 所示），输出电压 $V_{OUT}=\frac{D_{IN}}{2^8}\times(-V_{REF})$，当 $V_{REF}=-5$ V 时，V_{OUT} 输出范围为 0～5 V；采用二级运算放大器可以连接成双极性输出（如图 8-27 所示），当 $V_{REF}=-5$ V 时，V_A 取值为 0～5 V，V_{OUT} 输出范围为－5～5 V。（参看仿真文件 DAC0832.dsn）

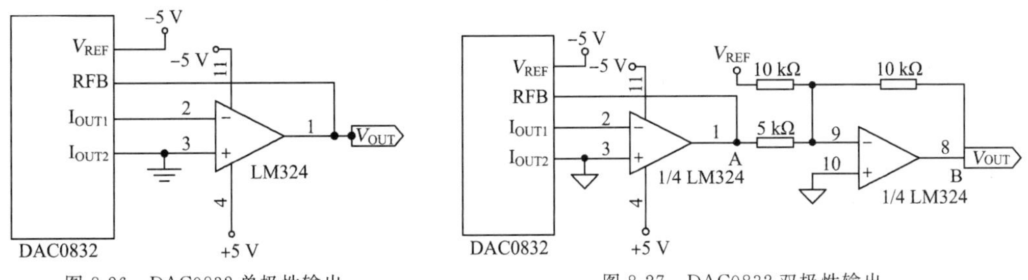

图 8-26　DAC0832 单极性输出　　　　图 8-27　DAC0832 双极性输出

【技能训练 8-2】 DAC0832 输出。

目的：DAC0832 特性和编程。

内容：仿真波形发生器，观察波形与程序的关系。

操作：按照参考电路连接 DAC0832 和单片机，按照参考程序编辑并编译通过，执行仿真，查看结果。

参考电路：如图 8-28 所示。

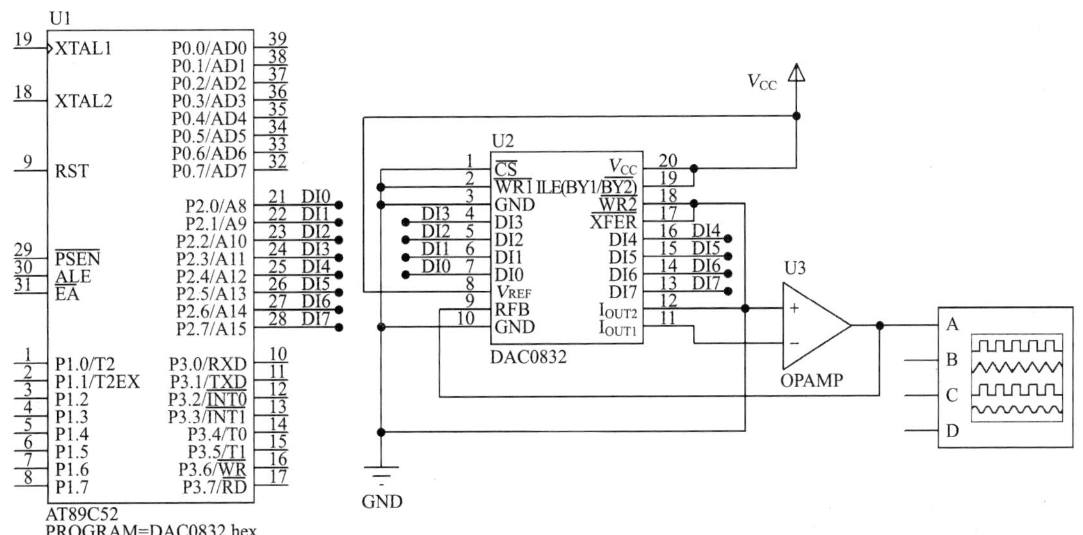

图 8-28　DAC0832 与单片机连接电路

电路很简单，按照 DAC0832 的要求连接成直通形式，只要有数据，立即转换输出。经过运算放大器转换成电压输出。虚拟示波器用来观看输出波形。

参考程序：

```
;---------- 2.三角波程序
          ORG     0000H
START_3:  MOV     A,#00H        ;置数字量初值
LOOP1:    MOV     P2,A          ;给 DAC0832 送数并转换
          INC     A             ;为下次送数准备,增加
          JNZ     LOOP1         ;判断是否为 0,不为 0 继续
          MOV     A,#0FFH       ;为 0 则从最大值开始
LOOP2:    MOV     P2,A          ;给 DAC0832 送数
          DEC     A             ;减,为下次准备
          JNZ     LOOP2         ;判断是否到 0,不到 0 继续
```

```
        AJMP    START_3             ;到0,从头开始
        END
```

这个程序比较简单，开始给 DAC0832 送最小的数 0，然后依次增加，这期间 DAC0832 的输出也在逐步增加；到达最大值，开始逐步减少，直到最小值，输出就从大到小，合起来就是三角波。

仿真参考文件：DAC0832. dsn，其中有几个波形程序，可以参考。

C 语言程序：

```
//利用 DAC0832 将数字量转换成模拟量输出，DAC0832 输出的是电流，最后转换成电压
#include <reg51.h>                          //51 系列单片机定义文件
#include <ABSACC.H>
#include <INTRINS.H>
#define uchar unsigned char                 //无符号字符(8 位)
#define uint unsigned int                   //无符号整数(16 位)
void DelayMS(uint ms);                      //延时函数
void W_1();                                 //锯齿波
void W_2();                                 //三角波
void W_3();                                 //梯形波
void W_4();                                 //方波
void W_5();                                 //正弦波
uchar code WAVE_Code[]={
    0x80,0x83,0x86,0x89,0x8D,0x90,0x93,0x96,0x99,0x9C,0x9F,0xA2,0xA5,0xA8,0xAB,0xAE,
    //部分数据略
    0x51,0x55,0x57,0x5A,0x5D,0x60,0x63,0x66,0x69,0x6C,0x6F,0x72,0x76,0x79,0x7C,0x80
};                                          //正弦表格
/****************主函数*******************/
void main()
{
    uchar k,t,Key_State;
    P1=0xff;
    while(1)
    {
        t=P1;
    }
    DelayMS(10);
    if(t !=P1)
        continue;
    Key_State=~t >> 3;
    k=0;
    while(Key_State !=0)
    {
        k++;
        Key_State >>=1;
    }
```

```
    switch(k)
    {
        case 1: W_1();break;              //锯齿波
        case 2: W_2();break;              //三角波
        case 3: W_3();break;              //梯形波
        case 4: W_4();break;              //方波
        case 5: W_5();                    //正弦波
    }
}
/************延时函数****************************/
void DelayMS(uint ms)                     //略
/*************** 锯齿波 ***********************/
void W_1()
{
    char a;
    a=255;
    while(1)
    {
        P2=a;
        a--;
        DelayMS(1);
    }
}
/*************** 三角波 ***********************/
void W_2()
{
    //略
}
/*************** 梯形波 ***********************/
void W_3()
{
    //略
}
/*************** 方波 ***********************/
void W_4()
{
    //略
}
/*************** 正弦波 ***********************/
void W_5()
{
    uchar a=0;
    while(1)
```

```
    {
        P2=WAVE_Code[a++];
        DelayMS(1);
    }
}
```

完整程序请参见仿真项目:DAC0832.c。

另外还有一个仿真文件:DAC0832 波形.dsn,电路对比图 8-28 有两个改变,一个是参考电压可调了,二是多了一个按钮,实现多种波形切换。

任务 8.6 串行接口的模拟量输出通道

为了实现模拟量的输出,还可以使用串行 D/A 转换器。其中 AD5320 就是一个代表。它的特点是高速、微功耗以及满幅度电压输出。

8.6.1 串行 D/A 转换器 AD5320 原理与应用

1. AD5320 特性

AD5320 是单片 12 位电压输出 D/A 转换器(如图 8-29 所示)。单电源工作,电压范围为+2.7~+5.5 V,电源同时也是参考电源。片内高精度输出放大器提供满电源幅度输出,AD5320 利用一个三线串行接口,时钟频率可高达 30 MHz,能与标准的 SPI、QSPI、Microwire 和 DSP 接口兼容。AD5320 的基准来自电源输入端,因此提供了最宽的动态输出范围。该器件含有一个上电复位电路,保证 D/A 转换器的输出稳定在 0 V,直到接收到一个有效的写输入信号。

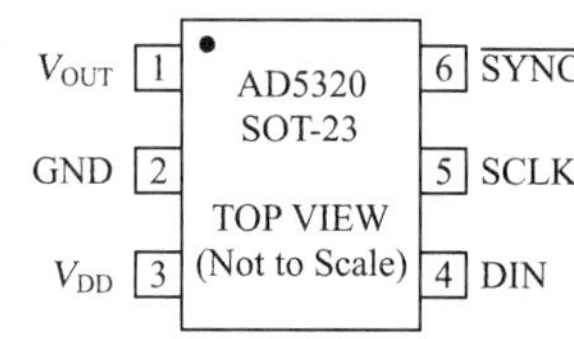

图 8-29 AD5320 引脚图

引脚功能说明:

(1) V_{OUT}:DAC 的模拟输出电压。输出放大器工作时输出可达满电源幅度。

(2)GND 器件中所有电路的地基准点。

(3) V_{DD}:电源输入。器件用+2.7 V 至+5.5 V 电源工作并去耦。

(4)DIN:串行数字输入。器件具有一个 16 位移位寄存器。数据在串行时钟输入的下降沿随时钟移入寄存器。

(5)SCLK:串行时钟输入。数据在串行时钟输入的下降沿随时钟移入输入移位寄存器。数据的传送速率高达 30 MHz。

(6)$\overline{SYNC}$:电平触发控制输入(低电平有效)。这是输入数据的帧同步信号。当$\overline{SYNC}$变为低电平时,它会使输入移位寄存器进入工作状态,数据在后续时钟的下降沿被移入。DAC 在第 16 个时钟周期后被更新,除非在此时钟边沿之前$\overline{SYNC}$变为高电平。在这种情况下,$\overline{SYNC}$的下降沿用作一次中断,而写信号则被 DAC 忽略。

操作时序说明:

AD5320 的输入移位寄存器是 16 位的,如图 8-30 所示,最高 2 位无用,依次两位 D13 和 D12 是控制器件处于哪一种工作方式(正常方式或任意一种掉电方式)。有关三种不同的掉电工作方式,在表 8-4 中有详细的说明。最后 12 位是数据位,它们在 SCLK 的第 16 个下降沿被传送给 DAC 寄存器。必须指出：串行传送时高位在先。

×	×	D13	D12	D11	D10	D9	D8	D7	D6	D5	D4	D3	D2	D1	D0

图 8-30 AD5320 的输入移位寄存器

表 8-4 AD5320 的功能控制位

D13	D12	工作方式	
0	0	正常工作方式	
0	1	1 kΩ 至地	掉电方式
1	0	100 kΩ 至地	
1	1	三态	

2. AD5320 与 51 系列单片机的接口与编程

由于单片机的串行口传送是低位在先，而 AD5320 要求是高位在先，所以不能直接使用 51 系列单片机的串行口方式 0，这里采用软件模拟 SPI 方式，接口电路如图 8-31 所示。

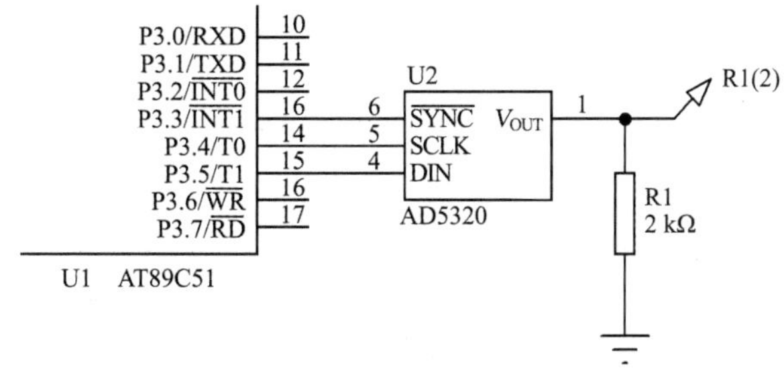

图 8-31 AD5320 与 51 系列单片机的接口电路

对应的测试程序如下：

```
;AD5320.asm
;用于 AD5320 12 位串行 DAC，三线 SPI 接口
;串行 DAC 测试程序，程序模拟 SPI 时序
            SYNC    BIT P3.3            ;片选、同步
            SCLK    BIT P3.4
            DIN     BIT P3.5
            ORG     0000H
            LJMP    MAIN
            ORG     0030H
MAIN:       NOP
ML1:        MOV     DPTR,#0FFEH
            SETB    SYNC                ;片选高，一个正脉冲
            CLR     SYNC                ;片选低，准备开始转换
ML2:        MOV     R6,#2               ;一个数据两个字节
            MOV     P1,DPL              ;要转换的数据在此显示
            MOV     P2,DPH              ;P1 和 P2 上接有数码管
            CLR     SCLK                ;时钟低
            MOV     A,DPH               ;高字节
ML3:        CLR     C                   ;一个字节开始传送
```

```
        RLC     A               ;最高位进入 C
        MOV     R5,#8           ;一个字节 8 位
ML4:    MOV     DIN,C           ;数据位送上数据线
        SETB    SCLK            ;时钟高,数据进入 DAC
        CLR     SCLK            ;时钟低
        RLC     A               ;左移一位
        DJNZ    R5,ML4          ;下一位,循环 8 次
        MOV     A,DPL           ;第二字节
        DJNZ    R6,ML3          ;下一字节,循环 2 次
        SETB    SYNC            ;片选高,2 字节完成,一个正脉冲
        CLR     SYNC            ;片选低
        INC     DPTR            ;准备下一个数据
        MOV     A,DPH
        CJNE    A,#10H,$+3      ;比较
        JC      ML5
        MOV     DPTR,#0         ;数据大于 0FFFH 要从 0 开始
ML5:    LJMP    ML2
```

以上测试程序可以使 AD5320 输出端产生锯齿波(如图 8-32 所示)。(见 Proteus 仿真项目:AD5320 锯齿波.dsn)

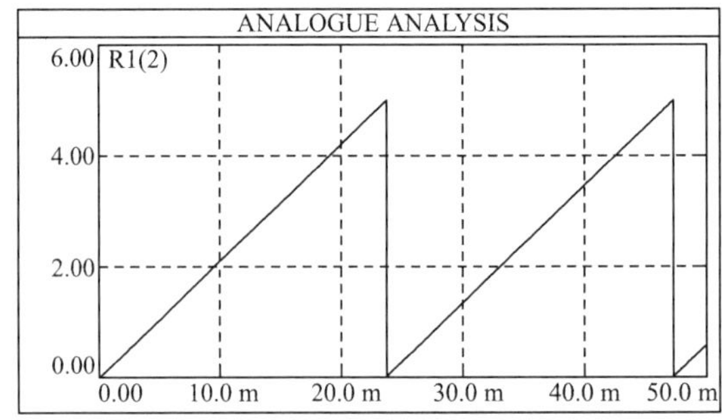

图 8-32 AD5320 产生的锯齿波(仿真截图)

C 语言程序(节选,全文请见 AD5320 锯齿波 C.c):

```
//=====================声明区=====================
#include <reg51.h>                    //定义 8051 寄存器头文件
#define u8 unsigned char              //定义无符号字节数据
#define u16 unsigned int              //定义无符号 2 字节数据
//-----------模拟串行端口-----------
sbit SYNC=P3^3;                       //BIT P3.3;片选、同步
sbit SCLK=P3^4;                       //BIT P3.4;串行时钟
sbit DIN=P3^5;                        //BIT P3.5;串行数据
//=====================主程序=====================
main()                                //主程序开始
{
    u8 i;
    u16 DATA12=0;
    u16 DATA16=0;                     //DAC 输出数据,12 位,初始值 0
```

```
    P2=0X00;                            //调试用的数码管显示高字节,单步可见稳定数据
    P1=0X00;                            //调试用的数码管显示低字节
    while(1)                            //无穷循环,程序一直运行
    {
        P1=DATA12&0xff;                 //取数据低8位
        P2=(DATA12>>8)&0xff;            //取数据高8位
        SYNC=1;                         //片选高
        SYNC=0;                         //片选低
        SCLK=0;                         //时钟低
        for(i=16;i>0;i--)               //循环16次,发送16位数据
        {
            DIN=DATA12&0x8000;          //取16位数的最高位
            SCLK=1;                     //时钟脉冲上升沿
            SCLK=0;                     //时钟脉冲下降沿
            DATA12<<=1;                 //数据左移一位
        }
        DATA16+=0x0080;                 //数据增加,为下一次发送准备,增量大则波形,上升快
        if(DATA16>0x0fff)DATA16=0;      //数据最大12位
        DATA12=DATA16;
    }
}                                       //主程序结束
```

8.6.2　其他串行DAC简介

除了以上介绍的AD5320,还有许多串行DAC,以下简单介绍几种,可根据实际情况选择应用。

1. MAX538/539

MAX538/539具有以下特点:

(1)SPI串行接口。

(2)12位电压输出型。

(3)单+5 V工作电源。

(4)输出电压值:MAX538为0~2.6 V,MAX539为0~ V_{DD}。

2. TLV5616

TLV5616是一个12位电压输出数模转换器(DAC),带有灵活的四线串行接口,可以无缝连接TMS320、SPI、QSPI和Microwire串行口。数字电源和模拟电源分别供电,电压范围2.7~5.5 V。输出缓冲是两倍增益rail-to-rail输出放大器,输出放大器是AB类,以提高稳定性和减少建立时间。rail-to-rail输出和关电方式非常适宜单电源和电池供电应用。通过控制字可以优化建立时间和功耗比。

3. MAX5820

MAX5820是双路、8位电压输出的数模转换器(DAC),具有I^2C兼容的2线接口,工作时钟频率可达400 kHz。如图8-33所示是MAX5820的引脚排列图。

该器件采用 2.7 V 至 5.5 V 单电源供电($V_{DD}=3.6$ V 时，电源电流为 115 μA)。关断模式下将电源电流降至 1 μA 以内。MAX5820 具有三种软件可选的关断输出阻抗：100 kΩ、1 kΩ 和高阻。

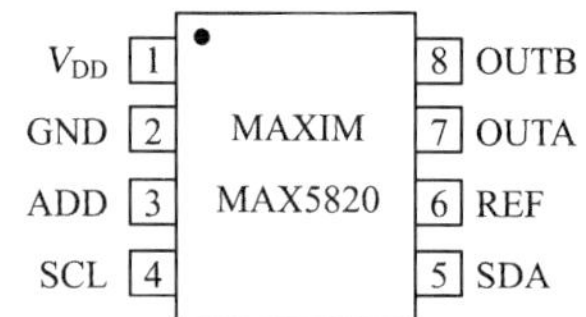

图 8-33 MAX5820 的引脚排列图

MAX5820 工作在扩展工业级温度范围(−40～85℃)，提供小型 8 引脚 μMAX 封装。如需 12 位产品，请参考 MAX5822 数据资料，10 位产品请参考 MAX5821 数据资料。

4. PCF8591

既有 ADC 功能，又有 DAC 功能的 8 位 I^2C 接口。前面已经介绍了 PCF8591 ADC 功能，至于 PCF8591 DAC 功能，请自行查找资料。

任务 8.7 PWM 脉宽调制

有一种实现数字量转换成模拟量的方法叫作脉宽调制(PWM)。PWM 是英文“Pulse Width Modulation”的缩写，简称脉宽调制。它是利用微处理器的数字输出来对模拟电路进行控制的一种非常有效的技术，广泛应用于测量、通信、功率控制与变换等许多领域。

PWM 的实质就是利用一系列等幅(往往不等宽)的脉冲信号来代替一个模拟信号。理论基础是冲量相等而形状不同的窄脉冲加在具有惯性的环节上时，其效果基本相同。如图 8-34 所示。冲量指窄脉冲的面积。效果基本相同，是指惯性环节的输出响应波形基本相同。低频段非常接近，仅在高频段略有差异。

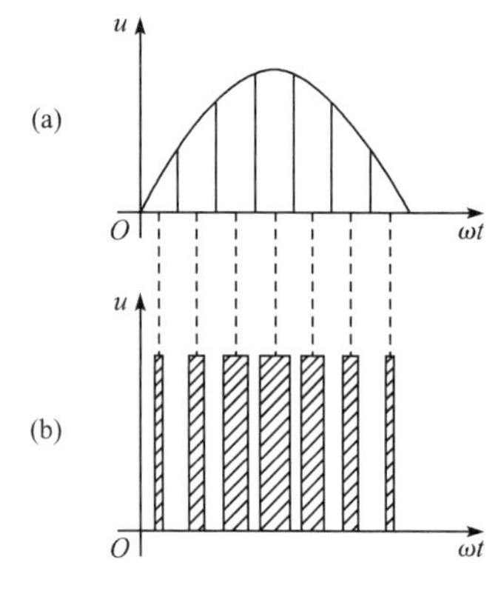

图 8-34 用一系列脉冲来代替一个正弦波

图 8-34 中，(a)将正弦半波 N 等分，看成 N 个相连的脉冲序列，宽度相等，但幅值不等；(b)用 N 个矩形脉冲代替，脉冲等幅、不等宽。

脉宽调制可以在周期不变的情况下，改变脉冲的宽度，也可以在脉冲宽度不变的情况下改变周期，也可以两者都改变。

单片机利用 PWM 技术进行 D/A 转换，往往是在周期固定的情况下改变脉冲的宽度。一般是利用两个定时器，一个定时器产生固定的周期，另一个定时器根据数据来控制在一个周期内高电平的时间。

【技能训练 8-3】 PWM 输出。

目的：PWM 特点和编程。

内容：单片机 P2 端口输出 PWM 波，控制接口上所接的各种灯亮度变化。

操作：按照参考电路画图，编写 P2 端口输出 PWM 波的程序，仿真，观察效果。

此处以单片机用 PWM 方式控制 LED 灯亮度为例，介绍 PWM 的应用

硬件电路：如图 8-35 所示。

软件：程序清单(此部分内容移入了电子文档：PWM 应用举例. doc)。

C 语言程序：参看文件：PWM12_C. c，此处略。

以上内容请参看仿真文件：PWM12A. dsn。

还有一些单片机内部具有 PWM 功能，也有一些专用的 PWM 器件可供选用。限于篇幅不再介绍，需要时可自行查找资料。

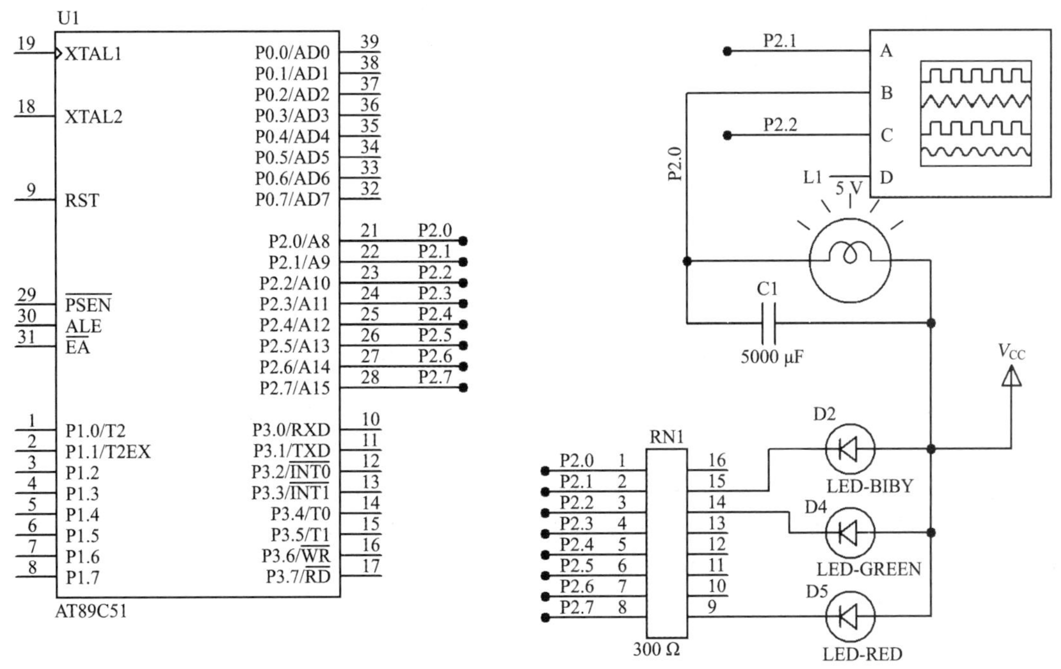

图 8-35　PWM 控制 LED 灯亮度

任务 8.8　温度控制器程序设计与仿真调试

温度控制器综合使用了开关量输入输出和模拟量输入输出，现在给它配上程序，完成项目功能。

8.8.1　温度控制器程序设计

现在开始给图 8-2 的温度控制器编程，实现温度控制功能。（参看仿真项目：温度控制器＋.dsn）

这个程序是在 DS18B20T 的基础上增加控制功能实现的。程序增加的不多，主要增加了温度控制和温度设定两部分。

先看主程序：

```
        ORG 0000H
AAA:    MOV     SP,#2FH            ;堆栈——主程序
        MOV     TEMPER_K,#25       ;默认控制温度
BBB:    LCALL   GET_TEMPER         ;测量温度
        LCALL   TEMPER_COV         ;转换温度格式
        MOV     P1,TEMPER_NUM10    ;显示温度
        LCALL   WDKZ               ;调用温度控制子程序
        LCALL   WDSD               ;调用温度设定子程序
        LJMP    BBB                ;无限循环,主程序结束
```

与 DS18B20T.asm 相比，多了带阴影的三行，其中默认控制温度是 25℃，保存在 TEMPER_K 单元。然后调用两个子程序。下面先看温度控制子程序。

```
;---------温度控制子程序-------------------------
WDKZ:  MOV   A,TEMPER_NUM        ;取当前温度值
       CJNE  A,TEMPER_K,$+3     ;比较控制温度值
       JNC   WDKZ1               ;当前温度值大于等于控制温度,转移
       CLR   DR                  ;加热,当前温度小于控制温度
       SJMP  WDKZZ               ;转移到结束
WDKZ1: SETB DR                   ;断电,不加热
WDKZZ: RET
```

这个子程序涉及DR,它是单片机的P2.7端口,输出、控制加热器。从电路可以看出,当DR=0时接通加热器电源,开始加热;当DR=1时,停止加热。程序将当前测量的温度与控制温度进行比较,当测量温度小于控制温度时,接通加热器;当测量温度大于等于控制温度值时,停止加热。

关于设定控制温度的子程序,主要就是检测按键,对控制温度值加减而已。

按键检测要防抖动,要等待按键释放才实际操作,以保证每次按键只改一次数值。每次加(减)后,还要判断数值合理性,限制数值范围。

```
;---------温度设定子程序-------------------------
WDSD:  JB    K0,WDSDZ            ;K0=1,无按键设定
       MOV   R7,#20              ;延时10毫秒参数
       LCALL YS500               ;延时,以去抖动
       JB    K0,WDSDZ            ;延时后无按键是干扰,返回
       JNB   K0,$                ;有按键等待按键释放
       MOV   A,TEMPER_K          ;读取原来设定值
       LCALL B2BCD               ;转换成十进制
       MOV   P1,A                ;送P1端口显示
       MOV   R5,#50              ;延时8秒参数,无操作时间重置
WDSD0: JB    K1,WDSD1            ;K1=1,无按键K1,转去下一个-------判断K1,减1键
       MOV   R7,#20              ;延时10毫秒参数
       LCALL YS500               ;延时,以去抖动
       JB    K1,WDSD9            ;延时后无按键是干扰,准备返回
       JNB   K1,$                ;有按键等待按键释放
       MOV   R5,#50              ;延时8秒参数,无操作时间重置------是K1,减1
       DEC   TEMPER_K            ;控制温度值减1
       MOV   A,TEMPER_K          ;准备比较,判断数值合理性
       CJNE  A,#100,$+3          ;是否大于等于100
       JC    WDSD9               ;小于100,正常
       MOV   TEMPER_K,#99        ;大于100,其实是负数,从99开始
       SJMP  WDSD9               ;K1处理完毕
WDSD1: JB    K2,WDSD9            ;K2=1,无按键K2,转去继续判断------判断K2,加1键
       MOV   R7,#20              ;延时10毫秒参数
       LCALL YS500               ;延时,以去抖动
       JB    K2,WDSD9            ;延时后无按键是干扰,准备返回
       JNB   K2,$                ;有按键等待按键释放
       MOV   R5,#50              ;延时8秒参数,无操作时间重置------是K2,加1
```

```
        INC     TEMPER_K        ;控制温度值加 1
        MOV     A,TEMPER_K      ;准备比较,判断数值合理性
        CJNE    A,#100,$+3      ;是否大于等于 100
        JC      WDSD9           ;小于 100,正常
        MOV     TEMPER_K,#0     ;大于 100,从 0 开始
        SJMP    WDSD9           ;K2 处理完毕----只有两个按键,加和减
WDSD9:  MOV     A,R5            ;为了闪烁,R5 是循环次数,送给 A
        JB      ACC.1,S1        ;ACC.1 的值每循环 2 次变化 1 次
        MOV     P1, #0FFH       ;每当 ACC.1=0 时,显示灭,ACC.1=1 时正常显示设定值
        SJMP    S2              ;跳过正常显示
S1:     MOV     A,TEMPER_K      ;读取新设定值,正常显示
        LCALL   B2BCD           ;转换成十进制
        MOV     P1,A            ;送 P1 端口显示
S2:     LCALL   DELAY           ;延时 132 毫秒
        DJNZ    R5,WDSD0        ;延时循环,等待操作
WDSDZ:  NOP                     ;延时循环完,不再等待
        RET
```

程序全文请见仿真项目:温度控制器+.dsn。

8.8.2 温度控制器仿真调试

仿真调试是检验设计原理图和程序是否正确的关键一步,好多问题可以在此过程中发现和解决。

【技能训练 8-4】 温度控制器仿真调试。

目的:验证温控器电路和程序,同时练习编程。

内容:温度控制器电路和程序,演示温度控制过程。

操作:按照以前仿真过程操作,重点单步查看单片机输出控制接口电路和被控对象的动作过程。

项目小结

1. 开关量输入/输出过程中的信号转换和隔离,元件涉及光耦、继电器、各种驱动器件等。模拟量输入/输出,ADC、DAC 典型器件,包括并行接口和串行接口的 ADC、DAC 以及其他方法实现的 AD/DA 转换。

2. 接口电路要根据被控设备的情况来具体选择和设计。

习题 8

一、简答题

1. 开关量输入、输出接口设计一般要完成哪几项功能?

答题要点:电平匹配、极性匹配、时序匹配、隔离干扰、功率驱动。

2. 将连续变化的物理量输入计算机,一般需要经过哪些转换才可以实现?

答题要点：非电物理量经传感器转换成模拟电量(电压/电流等)、用 A/D 转换器件将模拟量转换成数字量、经由接口电路将数字量送入计算机。

3. ADC 常见的有哪些类型？

答题要点：参考 8.3.1 节内容。

4. 对于 DAC，比较并行接口和串行接口的优点和缺点。

答题要点：接口简繁、速度快慢、编程难易、隔离方便等。

5. 将连续变化的物理量输入计算机，一般需要经过哪些转换才可以实现？

答题要点：非电物理量经传感器转换成模拟电量(电压/电流等)、用 A/D 转换器件将模拟量转换成数字量，经由接口电路将数字量送入计算机。

二、设计题

1. 假设现场开关为：断开 0 V，接通 24 V，试画出采用光电耦合的隔离输入电路，将该开关量输入单片机的 P1.0 口。

提示：参考 8.2.1 节内容和图 8-3。

2. ADC0809 与 MCS-51 的硬件连接如图 8-28 所示，试编写程序，要求：

(1)每一路均连续采样 8 次，并进行算术平均滤波。

(2)循环采样 8 路。将 IN0～IN7 每路滤波后的结果对应保存在 30H～37H 内存单元。

提示：参考项目：ADC0809.dsn。

3. 画出 DAC0832 与 MCS-51 的硬件连接图，编写程序，要求分别输出周期为 4.096 ms 的 0～5 V 的方波、0～5 V 的锯齿波、0～5 V 的三角波。

提示：以锯齿波为例，采用 T0 定时 16 μs(16×256=4096)，将 ACC(初值为 0)送去 D/A 转换的同时，启动定时，定时到 ACC+1 并继续送转换。

4. 设计一个利用 DS18B20 来测量温度，并用 LCD 显示的温度表，设计出仿真文件并调试成功。

提示：参考项目：DS18B20T.dsn。

参 考 文 献

[1] 张靖武,周灵彬. 单片机系统的 Proteus 设计与仿真[M]. 北京:电子工业出版社,2008.

[2] 周坚. 单片机项目教程[M]. 北京:北京航空航天大学出版社,2008.

[3] 胡健. 单片机原理及接口技术实践教程[M]. 北京:机械工业出版社,2004.

[4] 何立民. 单片机高级教程:应用与设计[M]. 北京:北京航空航天大学出版社,2007.

[5] 张迎新. 单片机初级教程:单片机基础[M]. 北京:北京航空航天大学出版社,2006.

[6] 侯玉宝,陈忠平,李成群. 基于 Proteus 8051 系列单片机设计与仿真[M]. 北京:电子工业出版社,2008.

[7] 胡汉才. 单片机原理及系统设计[M]. 北京:清华大学出版社,2002.

[8] 周润景,袁伟亭,景晓松. Proteus 在 MCS-51&ARM7 系统中的应用百例[M]. 北京:电子工业出版社,2006.

[9] 傅扬烈. 单片机原理与应用教程[M]. 北京:电子工业出版社,2002.

[10] 张新颖. 单片机原理与接口技术[M]. 哈尔滨:黑龙江科学技术出版社,2002.

[11] 潘新民,王艳芳. 单片微型计算机实用系统设计[M]. 北京:人民邮电出版社,1992.

[12] 王义方,周伟航. 微型计算机原理及应用:MCS-51 系列单片机[M]. 北京:机械工业出版社,1997.

[13] 李广弟. 单片机基础[M]. 北京:北京航空航天大学出版社,2001.

[14] 姜武中. 单片机原理与接口技术[M]. 大连:大连理工大学出版社,2002.

[15] 白驹珩,雷晓平. 单片计算机及其应用[M]. 北京:电子科技大学出版社,1994.

[16] 张友德,赵志英,涂时亮. 单片微型机原理、应用与实验[M]. 上海:复旦大学出版社,2000.

[17] 张晓峰,郭显久. 单片机 C51 项目教程[M]. 北京:中国电力出版社,2011.

[18] 金杰,郭宝生. 基于 Proteus 仿真的单片机技能应用[M]. 北京:电子工业出版社,2014.

附录A C51语言速查表

表 A-1 **ANSI C 标准的关键字**

用途	关键字	功能说明
存储种类说明	auto	函数内部的局部自动变量,执行语句或函数时才分配内存,结束时释放
	const	程序执行过程中不可更改的常数值
	extern	使用在其他文件程序中定义过的全局变量,分配固定内存,直到程序结束
	register	使用 CPU 内部寄存器的变量
	static	内部静态变量,函数体内有效,函数体外被保护。外部静态变量类似
数据类型说明	char	1 字节的整型数或字符型数据
	int	2 字节的基本整型数,根据系统不同而不同,一般 16 位
	double	8 字节的双精度型
	*	1～3 字节,保存对象的地址,即指针
	float	4 字节的单精度型
	short	2 字节的短整型
	long	4 字节的长整型
	enum	枚举类型数据
	struct	结构类型数据
	union	联合类型数据
	signed	有符号数,二进制数的最高位为符号位,所以数值位少一位
	unsigned	无符号数
	viod	声明函数无返回值或无参数
	volatile	该变量在程序执行中可被隐含地改变
	typedef	给数据类型取别名,一般为简化书写
程序语句	if	if- else 条件语句,当作“如果-否则”用
	else	条件语句,当作“否则”用
	for	构成 for(;;){}循环语句,容易实现循环一定次数的控制场合
	do	构成 do {}while;循环语句,先循环后判断条件
	while	构成 while{}和 do{} while;循环语句,前者先判断条件后循环
	switch	多路选择开关语句
	case	switch 语句中的选择项
	default	不满足所有 case 选项的默认选择项
	break	结束本次循环体,从所在循环体中退出,执行循环体之后的语句
	continue	退出本轮循环,跃进下一轮循环,继续判断循环,还在该循环体中
	goto	程序语句,无条件转移,不建议使用
	return	程序语句,返回调用处或带回返回值
运算符	sizeof	计算表达式或数据类型的字节数

表 A-2　　**C51 编译器扩展的关键字**

用途	关键字	功能说明
位变量声明	bit	声明位变量或位类型的函数
	sbit	声明 SFR 可位寻址变量
特殊功能寄存器声明	sfr	声明特殊功能寄存器
	sfr16	声明 16 位特殊功能寄存器
存储器类型声明（既存储区域）	data	可直接寻址的片内数据存储器 RAM(00H～7FH)低 128B,速度最快
	bdata	可位寻址的片内数据存储器 RAM(20H～2FH)16B
	idata	可间接寻址的片内数据存储器 RAM(00H～0FFH)256B
	pdata	“分页”寻址的片外数据存储器 RAM(0000H～00FFH)256B
	xdata	片外数据存储器 RAM(0000H～FFFFH)64KB
	code	程序存储器 ROM(0000H～FFFFH)64KB
中断函数声明	interrupt	定义中断函数,后面接中断号
寄存器组定义	using	定义 MCU 的工作寄存器组
再入函数声明	reentrant	定义再(重)入函数
绝对变量定义	_at_	专门用于对变量(I/O 端口)作绝对定位,必须是全局变量
符号常量定义	define	特别指定一个符号常量代替其他

表 A-3　　**C51 中的基本数据类型**

数据类型	关键字	字节数	表示数的范围
无符号字符型	unsigned char	1byte	0～255 即 $0\sim2^8$
有符号字符型	signed char	1byte	－128～＋127 即 $-2^7\sim(2^7-1)$
无符号整型	unsigned int	2byte	0～65535 即 $0\sim2^{16}$
有符号整型	signed int	2byte	－32768～32767
无符号长整型	unsigned long	4byte	0～4294967295
有符号长整型	signed long	4byte	－2147483648～＋2147482647
单精度型	float	4byte	3.4E－38～3.4E＋38
双精度型	double	8byte	1.7E－308～1.7E＋308
指针型	*	1～3byte	对象的地址
位类型	bit	1bit	0～1
可寻址位	sbit	1bit	0～1
特殊功能寄存器	sfr	1byte	0～255
16 位特殊功能寄存器	sfr16	2byte	0～65535

表 A-4　　**C51 存储模式**

存储模式	默认存储类型	特点
Small	data	直接访问片内 RAM;堆栈在片内 RAM 中 ,速度最快,效率高
Compact	pdata	用 R0 和 R1 间址片外分页 RAM;堆栈在片内 RAM 中
Large	xdata	用 DPTR 间址片外 RAM,代码长,速度最慢,效率低

表 A-5　　　　C51 语言中的运算符

<table>
<tr><th>分类</th><th>运算符</th><th>名称</th><th>功能说明</th><th>举例</th></tr>
<tr><td>赋值运算符</td><td>＝</td><td>赋值运算符</td><td>将“＝”右边的值或表达式赋给左边变量</td><td>a＝0x7f;//将 0x7f 赋给 a
c＝a＋b;//将 a＋b 的值赋给 c</td></tr>
<tr><td rowspan="7">算术运算符</td><td>＋</td><td>加法运算符</td><td>两数相加</td><td>2＋3;//结果为 5</td></tr>
<tr><td>－</td><td>减法运算符</td><td>两数相减</td><td>4－2;//结果为 2</td></tr>
<tr><td>*</td><td>乘法运算符</td><td>两数相乘</td><td>3 * 4;//结果为 12</td></tr>
<tr><td>/</td><td>除法运算符</td><td>两数相除,操作数可整型或浮点型</td><td>20/5;//结果为 4</td></tr>
<tr><td>%</td><td>模运算</td><td>取余运算,操作数为整型</td><td>23%10;//结果为 3</td></tr>
<tr><td>＋＋</td><td>自加 1</td><td>自加 1 运算</td><td>＋＋a;a＋＋;//相当于 a＝a＋1
c＝a＋＋;//先把 a 赋给 c,后 a 加 1
c＝＋＋a;//a 先自加 1,再赋给 c</td></tr>
<tr><td>－－</td><td>自减 1</td><td>自减 1 运算</td><td>类似＋＋,把加换成减</td></tr>
<tr><td rowspan="6">关系运算符</td><td>＞</td><td>大于</td><td rowspan="6">＞、＞＝、＜、＜＝同级为高优先级;
＝＝、！＝同级为低优先级;
关系表达式的值只能是 1(真)和 0(假);</td><td rowspan="6">12＜9;//结果为 0(假)
5＞(2＋1);//结果为 1(真)
2＋3;//结果为 1(真)</td></tr>
<tr><td>＞＝</td><td>大于等于</td></tr>
<tr><td>＜</td><td>小于</td></tr>
<tr><td>＜＝</td><td>小于等于</td></tr>
<tr><td>＝＝</td><td>等于</td></tr>
<tr><td>！＝</td><td>不等于</td></tr>
<tr><td rowspan="3">逻辑运算符</td><td>&&</td><td>逻辑与</td><td rowspan="3">逻辑表达式的值只能是 1(真)和 0(假);0 为逻辑假,非 0 值为逻辑真;</td><td rowspan="3">！2&&4;//结果为 0(假)
1‖2;//结果为 1(真),既非 0</td></tr>
<tr><td>‖</td><td>逻辑或</td></tr>
<tr><td>！</td><td>逻辑非</td></tr>
<tr><td rowspan="6">位运算符</td><td>&</td><td>按位与</td><td>两个字符或整数按位进行逻辑与</td><td>0xf0&0x35;//结果为 0x30</td></tr>
<tr><td>|</td><td>按位或</td><td>两个字符或整数按位进行逻辑或</td><td>0xf0|0x35;//结果为 0xf5</td></tr>
<tr><td>^</td><td>按位异或</td><td>两个字符或整数按位进行逻辑异或</td><td>0x3a^0x55;//结果为 0x6f</td></tr>
<tr><td>～</td><td>按位取反</td><td>字符或整数按位进行逻辑非</td><td>～0xf0;//结果为 0x0f</td></tr>
<tr><td>＞＞</td><td>右移</td><td>字符或整数按位右移,左补 0</td><td>0x3a＞＞1;//结果为 0x1d</td></tr>
<tr><td>＜＜</td><td>左移</td><td>字符或整数按位左移,右补 0</td><td>0x3a＜＜2;//结果为 0xe8</td></tr>
<tr><td>复合运算符</td><td>“＝”前加其他运算符</td><td>复合功能</td><td>＋＝、－＝、*＝、/＝、%＝、&＝、|＝、^＝、＞＞＝、＜＜＝ 共 10 种</td><td>a＋＝b;//同 a＝a＋b;
a *＝b;//同 a＝a * b;
a＞＞＝2;//同 a＝(a＞＞2);</td></tr>
</table>

附录B Proteus常用元器件

表 B　　Proteus 常用元器件

元器件中文名称	元器件型号	元器件中文名称	元器件型号
单片机 8051	AT89C51	64KB 静态 RAM	6264
D/A 转换器 8 位	DAC0832	64KBEPROM 存储器	27C64
ADC 转换器 8 位 8 通道	ADC0808	16×2 字符液晶	LM016L
DAC 转换器 8 位	DAC0808	128×64 图形液晶	LM3228
三态双向总线收发器	74LS245	六反向器	74LS05
四—十六译码器	74HC154	四二输入或非门(OC)	74HC02
8D 三态输出型锁存器	74LS373	双二输入或非门	4001
3-8 解码/多路选择器	74LS138	BCD 码译码器	74LS47
8 位并出串行移位寄存器	74HC164	二输入或非门	NOR
8 位串出并行移位寄存器	74HC165	二输入或非门	OR
RS-232 标准接口	MAX232	二输入异或门	XOR
8 同相三态输出收发器	74LS245	二输入与非门	NAND
8 同相三态输出缓冲器/线驱动器	74LS244	二输入与门	AND
BCD-7 段锁存/解码/驱动器	4511	四输入与门	AND-4
运算放大器	LM358N	五输入与门	AND-5
5V100mA 稳压器	78L05	定时器/振荡器	555
石英晶体	CRYSTAL	5V1A 稳压器	7805
通用电阻	RES	通用瓷片电容	CAP
5K6 电阻	MINRES5K6	100P 瓷片电容	CERAMIC100P
带公共端的 8 电阻排	RESPACK-8	通用电解电容	CAP-ELEC
8 电阻排	RX8	通用电感	INDUCTOR
可调电阻	POT-HG	按钮开关	BUTTON
红色发光二极管	LED-RED	选择开关	SW-ROT-3
绿色发光二极管	LED-BIRG	带锁存开关	SWITCH
黄色发光二极管	LED-BIGY	4 独立拨动开关组	DIPSW-4
10 位柱状绿色发光二极管	LED-BARGRAPH-GRN	逻辑开关	LOGICTOGGLE
七段共阳极绿色数码管	7SEG-COM-AN-GRN	非锁存开关	SW-SPST-MOM
七段共阳极红色数码管	7SEG-COM-ANOD	二极管硅整流器	1N4001
七段共阴极红色数码管	7SEG-COM-CATHODE	二极管极速整流器	UF4001
七段 BCD 码显示器	7SEG-BCD	小信号开关二极管	1N4148
数字式七段数码管	7SEG-DIGITAL	三极管	2N4125
2 位共阳极红色数码管	7SEG-MPX2-CA	NPN 三极管	2N2222A

（续表）

元器件中文名称	元器件型号	元器件中文名称	元器件型号
2位共阴极红色数码管	7SEG-MPX2-CC	通用NPN型双极性晶体管	NPN
2位共阴极蓝色数码管	7SEG-MPX2-CC-BLUE	通用PNP型双极性晶体管	PNP
2位共阳极蓝色数码管	7SEG-MPX2-CA-BLUE	通用晶闸管整流器	SCR
4位七段共阳极蓝色数码管	7SEG-MPX4-CA-BLUE	通用半导体闸流器	THYRISTOR
4位七段共阴极蓝色数码管	7SEG-MPX4-CC-BLUE	继电器	RELAY
8×8LED绿色点阵	MATRIX-8X8-GREEN	9针D型阳座接插针	CONN-D9M
调速直流电动机	MOTOR-ENCODER	9针D型阴座接插针	CONN-D9F
动态单极性步进电动机模型	MOTOR-STEPPER	交互式交流电压源	ALTERNATOR
简单直流电动机模型	MOTOR	交互式线性电位计	POT-LIN
步进直流电动机	MOTOR-BISTEPPER	动态数字方波源	CLOCK
电动机驱动电路	L298	正弦波交流电压源	VSINE
电动机驱动电路	ULN2003A	直流电压源	BATTERY
动态灯泡模型	LAMP	正弦波交流电流源	ISINE
压电发声模型	SOUNDER	逻辑状态源(带锁存)	LOGICSTATE
动态交通灯模型	TRAFFIC	逻辑状态源(瞬态)	LOGICTOGGLE
直流蜂鸣器	BUZZER	脉冲电流源	IPULSE
数字反向器	NOT	实时电压监控器	RTVMON
天线符号	AERIAL	实时模拟电流断点发生器	RTIBREAK